航天科技图书出版基金资助出版

可重复使用新型
航天飞行器结构设计

彭小波 著

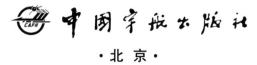中国宇航出版社

·北京·

图书在版编目（CIP）数据

可重复使用新型航天飞行器结构设计／彭小波著
. --北京:中国宇航出版社,2016.8
ISBN 978 - 7 - 5159 - 1172 - 4

Ⅰ.①可… Ⅱ.①彭… Ⅲ.①航空航天器－结构设计
Ⅳ.①V414.1

中国版本图书馆 CIP 数据核字（2016）第 212302 号

责任编辑　彭晨光
责任校对　祝延萍　　　　**封面设计**　宇星文化

出　版
发　行　中国宇航出版社

社　址　北京市阜成路 8 号　**邮　编**　100830
　　　　（010）60286808　　（010）68768548
网　址　www.caphbook.com
经　销　新华书店
发行部　（010）60286888　　（010）68371900
　　　　（010）60286887　　（010）60286804（传真）
零售店　读者服务部　　　　北京宇航文苑
　　　　（010）68371105　　（010）62529336
承　印　北京画中画印刷有限公司

版　次　2016 年 8 月第 1 版
　　　　2016 年 8 月第 1 次印刷
规　格　787×1092
开　本　1/16
印　张　20
字　数　487 千字
书　号　ISBN 978 - 7 - 5159 - 1172 - 4
定　价　168.00 元

航天科技图书出版基金简介

航天科技图书出版基金是由中国航天科技集团公司于 2007 年设立的，旨在鼓励航天科技人员著书立说，不断积累和传承航天科技知识，为航天事业提供知识储备和技术支持，繁荣航天科技图书出版工作，促进航天事业又好又快地发展。基金资助项目由航天科技图书出版基金评审委员会审定，由中国宇航出版社出版。

申请出版基金资助的项目包括航天基础理论著作，航天工程技术著作，航天科技工具书，航天型号管理经验与管理思想集萃，世界航天各学科前沿技术发展译著以及有代表性的科研生产、经营管理译著，向社会公众普及航天知识、宣传航天文化的优秀读物等。出版基金每年评审 1～2 次，资助 20～30 项。

欢迎广大作者积极申请航天科技图书出版基金。可以登录中国宇航出版社网站，点击"出版基金"专栏查询详情并下载基金申请表；也可以通过电话、信函索取申报指南和基金申请表。

网址：http：//www.caphbook.com

电话：(010) 68767205，68768904

序

可重复使用新型航天器是现代卫星和载人飞船技术、运载火箭技术和航空技术综合发展的产物。但是，这种可重复使用新型航天器的设计思想却由来已久。早在 20 世纪 30 年代初，奥地利的维也纳人赫费特、瓦里尔和桑格尔等就曾提出用火箭发动机作动力装置的飞机，试图使用这种火箭在高空甚至空间进行高速飞行，并形成以这种飞行器进行空间飞行的设计思想。这也可以看作是新型航天器的早期设计思想的萌芽。这种飞行器只能使用一次，后来相当多的科学家在可重复使用新型航天器上提出了相关设想，可惜这些设想由于技术条件的限制当时根本无法实现，不过发展一种可重复使用的新型航天器，作为自由进出宇宙空间的思想，却从来没有被放弃过，研究工作也从未间断过。20 世纪中期，冯·布劳恩和钱学森就明确提出了重复使用天地往返运输系统的概念。可重复使用新型航天飞行器是指可以重复使用的、能够迅速穿越大气层、自由地往返于地球表面与太空之间的多用途航天器。

第二次世界大战以来，以美国 X 系列飞行器为代表的飞行器研究异常活跃，进行了多次飞行演示验证试验，取得了重大技术突破。到本世纪初，以 X-37B 为代表的轨道机动飞行器已经成功发射和返回多次，标志着新型航天器的技术水平已经日趋成熟，从此面向空天一体、自由进出空间为特征的新型航天器正式成为世界航天新的关注热点和新的科技领域。新型航天器结构系统是十分重要的分系统，结构设计专业是一门主要学科，它所涵盖的知识面很宽，涉及系统工程、力学、材料、工艺等，是一门多学科交叉综合和工程性很强的学科。

为更好地普及航天科技知识，促进新型航天器事业的发展，总结新型航天器结构设计经验，出版一本介绍新型航天器结构知识的科技读物是十分必要的。

本书编著者是老、中、青三代航天科技工作者，长期从事航天技术研究和结构设计一线工作，多次参加我国各类型航天器的方案论证与研制工作。在编著过程中，充分融合了中国航天 50 多年的结构设计经验和新型航天器的结构特点，收集了大量资料，通过认真分析、严密推敲完成了全书的编写工作，并把自己丰富的知识和经验很好地融入到本书中。本书对新型飞行器国内外研究进展、结构构型、结构设计、结构分析、制造仿真等众多方面作了详细的介绍，内容上具有足够的纵深度和宽广度、前沿性和前瞻性。文笔流畅，内容深入浅出，是一部具有知识性和资料性的航天科技基础技术读物。它不仅有助于航天器结构设计工程技术人员夯实设计基础、提高设计水平、解决实际问题、积累设计经验，同时对其他航天科技、管理人员也是一部很有学术水平和工程应用价值的参考资料。

　　祝贺《可重复使用新型航天飞行器结构》一书成功出版，希望它为我国航天科学与技术的发展做出贡献！

2015 年 6 月

前　言

结构系统是航天飞行器中一个较大的分系统，其对保证航天飞行器任务的完成有很重要的作用。随着世界航天的关注点由传统轨道到轨道/亚轨道/大气层空间一体化的转变，新型航天飞行器技术研究方兴未艾。传统航天飞行器结构技术虽然已经非常成熟和完善，但是还不能满足面向空天一体、可重复使用新型航天飞行器的技术发展需求。因此，目前需要对新型航天飞行器结构技术进行全面系统的总结与技术剖析。由于国内尚没有专门介绍新型航天飞行器结构技术的书籍，因此本书的出版有助于弥补这方面的缺憾，期望能对我国可重复使用航天飞行器结构技术的研究与发展提供思路与参考。

新型航天飞行器结构技术涉及范围较广，包括材料、设计、分析、仿真、制造和环境等相关内容，本书仅一般性地说明上述内容，重点阐述新型航天飞行器的结构特点、基本要求、新材料、新技术和设计方法等。本书共分 7 章。第 1 章为概论，介绍可重复使用新型航天飞行器结构的基本概念、特点、研制阶段和发展历程；第 2 章为可重复使用新型航天飞行器典型结构介绍和国外发展现状；第 3 章为可重复使用新型航天飞行器结构设计完整性要求，包括设计目标、设计特性、使用寿命和设计验证；第 4 章为可重复使用新型航天飞行器结构设计，介绍了包括材料、结构特点、结构构型、结构件、结构连接等方面的相关要求和研究经验；第 5 章为可重复使用新型航天飞行器机构设计，包含传动机构和空间机构；第 6 章为可重复使用新型航天飞行器结构疲劳和损伤容限设计；第 7 章为可重复使用新型航天飞行器结构设计与制造一体化，介绍了当前结构数字化设计、智能化制造和虚拟仿真等方面的内容。

本书在编写过程中，查阅了以美国 X-37B 为代表的可重复使用新型航天飞行器新技术应用情况，书中有不少图片或者文字内容来源于互联网公开信息，供读者参考。

本书引用了一些相关专著的资料，作者在此向这些专著的作者表示衷心的感谢。

长期以来，刘竹生院士始终如一地关心、帮助和指导作者的研究工作。在撰写本书过程中，中国运载火箭技术研究院刘信和、李兴泉研究员及中航工业沈阳飞机设计研究所李贵文研究员给予了大力帮助，提出了许多指导性意见，在此一并向他们致以最衷心的感谢。另外在本书的编写过程中，得到了航天飞行器结构机构设计、分析、制造及试验等各方面专家的支持和帮助；本书的出版得到了航天科技图书出版基金的资助，在此一并表示感谢。

本书在总结过去国内外新型航天飞行器结构研制经验的基础上，力求全面准确地介绍新型航天器结构研制的相关技术。但是随着世界新型航天器的快速发展，结构技术水平也在不断更新和完善，加之编者的专业水平和专业范围有限，书中难免有不足和错误之处，敬请广大读者批评指正。

本书主要面向航天飞行器结构研制的工程技术人员，也可供从事其他飞行器结构设计相关专业工作的技术人员参考，还可作为高等院校师生教学或培训教材。

彭小波

2015 年 6 月

目　录

第1章 概 论

人类探索和利用宇宙的脚步从来不曾停止，随着技术的发展，人类势必将越来越频繁地从地球表面进入宇宙空间，虽然传统的一次性火箭对人类进入宇宙空间起到了不可替代的作用，但是其也存在一定的缺陷。为了更好地实现空天往返运输计划，各个航天大国积极地对可重复使用新型航天飞行器进行研究，并且取得了长足的进展。

20 世纪中期，冯·布劳恩和钱学森就提出了重复使用空天往返运输系统的概念。可重复使用新型航天飞行器是指可以重复使用的、能够迅速穿越大气层、自由地往返于地球表面与太空之间的多用途航天飞行器[1]。其既可以快速、方便地向太空运送有效载荷，也可以较长时间在轨停留和在轨机动，完成各种太空任务，完成任务后还可以安全、准确地降落在地面。因此，其是航天航空技术高度融合的结晶。也可以说，可重复使用新型航天飞行器是今后人类往返于太空的高速巴士。从航天飞机到空天飞机，从空天飞机到以火箭发动机为动力的单级入轨重复使用航天飞行器，再到多级入轨重复使用航天飞行器，可重复使用新型航天飞行器发展是与人类科学技术的进步和对关键技术的认知相适应的。

通常要求可重复使用新型航天飞行器像火箭一样可将有效载荷迅速送入空间轨道，同时在完成任务后又能够像航空飞行器一样安全准确地返回地面基地，并且要求可重复使用新型航天飞行器能够廉价、迅速、机动且可靠地完成天地往返运输任务。对比一次性运载火箭，可重复使用新型航天飞行器具有以下几个特点：

1）发射成本大幅度降低。如何降低发射费用是当前整个航天工业界面临的主要挑战之一，航天运载器实现可重复使用就是降低航天运输成本及提高运载能力的重要措施之一。由于可重复使用新型航天飞行器的全部或部分部件可以重复使用，因此可以极大地减少运载工具的研究和生产费用，只需担负其后期维护费用。

2）发射周期缩短。传统的运载火箭，从研制到发射可能需要一年甚至几年的时间，而可重复使用新型航天飞行器由于无须重新研制和生产，所以大大缩短了发射周期。一般而言，可重复使用新型航天飞行器可以在数周内实现再次发射。

3）能够更为灵活地完成任务。可重复使用新型航天飞行器作为运载工具，既可载物，也可以搭载乘员；作为天地往返的工具，其还可以做较长时间的在轨停留和在轨机动。因此，其可以方便地为空间站予以补给、进行太空作业以及进行科学试验，最后安全地返回地面。

1.1 可重复使用新型航天飞行器结构基本概念

可重复使用新型航天飞行器结构系统是飞行器各系统和有效载荷的综合系统平台，需保证安装的连接强度和刚度及安装精度，同时为热防护系统提供支撑，并具有一定的耐温能力，可承受飞行器在运输、操作、发射、在轨、再入和着陆等环境产生的各种动、静和热载荷，确保飞行器结构的完整性。其品质直接关乎飞行器总体性能，决定着飞行器的使用寿命和维护费用。

对可重复使用新型航天飞行器而言，因为其所使用环境的错综复杂以及自身结构的约束，导致其结构设计是一个庞大的、综合的系统，包括结构几何学、材料学、力学及制造工艺等多个学科，设计结构还应满足轻质性、安全性及可维护性等要求。

针对可重复使用性要求，结构应具备以下具体功能：

1）具有承受来自诸如疲劳、意外损伤和环境恶化所造成结构退化的能力，这种结构能力使得结构退化可以被经济且可接受的维护与检测程序加以控制；

2）若结构存在疲劳、腐蚀或意外损伤，在这个损伤通过检查被测定出来或进行结构修理之前，结构仍然具有足够的剩余强度；

3）与常规飞行器相比，可重复使用新型航天飞行器在材料选择时，应重点关注材料的热性能和热相容性问题。与一次性使用的传统航天飞行器相比，可重复使用新型航天飞行器结构材料需有较好的可重复使用性。

1.2 可重复使用新型航天飞行器发展历程及关键技术

1.2.1 可重复使用新型航天飞行器发展历程

美国、欧洲及日本等国家和国际组织竞相开展可重复使用新型航天飞行器的研究与飞行试验验证工作[2]。

（1）美国

自20世纪60年代开始，美国国家航空航天局（NASA）先后执行了多项可重复使用飞行器的研究计划，包括基斯特勒宇航公司的K-1、先锋火箭公司的探路者、波音公司的两级入轨运载器、轨道科学公司的太空的士，以及NASA负责的X系列飞行器，如国家空天飞行器（X-30/NASP）、X-33、X-37、X-40A及X-43等。这些计划的开展始终围绕着两条主线，一是以火箭发动机为动力的可重复使用运载器的研制，在这方面的典型型号有：X-15、X-20、航天飞行器、X-33、X-34、X-37、DC-X/XA、OSP、RASCAL和HLV等；另一条主线是以吸气式发动机为动力的航天运载器，主要包括X-30/NASP、X-43A高超声速技术验证机和FALCON计划下的高超声速巡航飞行器（HCV）等。上述计划中只有航天飞行器投入了实际使用，其他计划有的进行了演示验证飞行（如X-15、DC-X/XA、X-43A），有的已经停止（如X-20、X-30、X-33、X-34、OSP、RASCAL），有的处于暂停状态（如HLV），还有的正在执行中（如X-37B）。

自1996年美国相继制定了空军《2020远景规划》和《空军转型飞行计划》，出台了最新《航天运输政策》和《国家空间政策》，强调发展快速进入空间和使用空间的能力，确保美国在空间行动的自由，并持续开展核心技术研发计划，使下一代航天运输系统实现快速、可靠、低成本的目标。

2001 年，美国国防部提出了"作战快速响应空间"（ORS）概念并逐步推进。快速响应航天运输是实现 ORS 的重要基础，其发展途径可分三步实现：近期发展快速机动小型运载火箭；中期发展部分可重复使用的航天运载器；远期实现完全可重复使用的航天飞行器。

空间作战飞行器（SOV）是一种能够快速发射的可重复使用飞行器，可将上面级送入低地轨道或亚轨道，是军用航天飞行器（MSP）系列中的主要飞行器，是集发射、操作、侦察与作战于一体的平台。美国空军在 2003 年 11 月发布的《空军转型飞行计划》中明确提出，空军要从以平台为基础的驻防部队转变为以能力为基础的远征部队，具备信息优势、空天优势、精确作战、全球打击、快速全球机动和敏捷的作战保障 6 个方面的 16 种能力，实现空天一体化作战。在这个计划中还提出，应该研制全新的空间作战武器系统，执行进入空间和空间作战任务。这个系统包括亚轨道飞行器（SRLV）、空间机动飞行器（SMV），模块化入轨级（MIS）、通用再入飞行器（CAV）和轨道转移飞行器（OTV），详情见图 1-1。

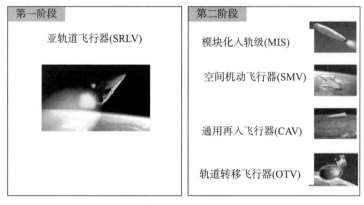

图 1-1 美国太空作战武器系统构想

英文字母 X 有"试验"之意，同时也蕴涵着"未知的"的深层含义。在飞行器设计领域，未知的技术障碍与难题比比皆是，即使是通过风洞、模拟器和计算机也只能构建出一个理想状态下的模型而已，所以必须研制出专门的试验机去探索那些未知领域。

为了探索众多航空航天领域的未知因素，美国开始了 X 系列试验飞行器的研究工作，并以"更高、更快"作为其发展目标。1945 年年初，世界上第一架火箭动力试验机 XS-1（后来命名为 X-1）在美国军方的资助下首飞成功。直至今天，美国已经研发了 50 多种 X 系列试验飞行器（图 1-2），其中最新的 X-51A 验证机已经完成多次飞行试验。2010 年 4 月 22 日美国完成了 X-37B 飞行器的首次发射，X-37B 对飞行器设计与气动技术、无人轨道机动技术、长时间在轨运行能力、制导控制技术、先进防热技术及自主进场与着陆技术提出了很高的要求。X-51 计划是由美国空军和美国国防部高级研究计划局（DARPA）联合主持，将对乘波体技术验证机进行飞行测试，重点检验 Hytech 超燃冲压发动机在飞行中的性能。

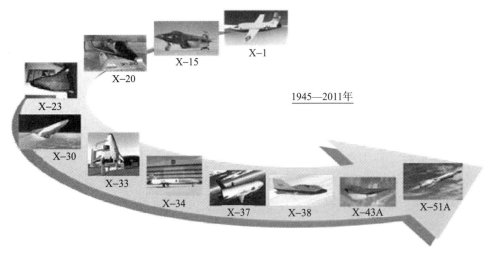

图 1-2　X 系列试验飞行器

2004 年 1 月 14 日美国总统布什公布了美国新的航天计划，提出了乘员探索飞行器（CEV）多功能载人航天器的设想。CEV 有两类任务，一是将航天员送入太空，二是将航天员送到地球轨道之外。CEV 又称为星座项目，由 NASA 探测系统办公室负责。

2009 年 5 月，美国空军研究实验室（AFRL）向工业界发布了可重复使用助推器系统（RBS）方案征求书（RFI），要求工业部门提交第一级可重复使用、上面级一次性使用的 RBS 方案，以满足美国国防部从亚轨道飞行到重型发射任务的广泛需求。RBS 计划（图 1-3）的目标是在 2017—2018 年完成缩比模型的 X 飞行器试飞，以演示低成本、快速响应的技术过程，使技术成熟度达到 6 级，为开展全尺寸飞行器的研制做准备。AFRL 曾经开展过未来快速进入空间技术计划（FAST），针对垂直起飞、水平着陆的快速响应运载器（基准方案）进行了多项地面试验，试验涉及机身结构、控制系统和其他分系统。

美国国防部于 2011 年 12 月 5 日发布的公告中宣布，为实施可重复使用助推器系统飞行和地面试验（RBS-FGE）计划，需进行系统设计、制造和试验，由美国空军研究实验室分别授予安德鲁航天公司、波音公司和洛克希德·马丁公司为期五年的不定期交货/不定量合同，每份合同金额达到 2.5 亿美元，首期合同金额为 200 万美元；三家公司将竞争后续任务订单，以研制 RBS 验证机并进行飞行试验。

从以上情况可以看出，美国对可重复使用航天飞行器的研究从来没有停止，尤其是美国空军，以研制全新的军事空间飞行器系统为目标，按照《空军转型飞行计划》开展以 RBS（SOV）与 X-37B（SMV）为代表的飞行演示验证，稳步推进，以满足美国空军执行进入太空和太空作战任务。

图 1-3 可重复使用助推器系统（RBS）概念模型

（2）俄罗斯

俄罗斯在可重复使用运载器的研制和试验上是基本围绕以火箭发动机为动力和以吸气式发动机为动力的两条主线展开的。为了同美国竞争，自 1978 年苏联开始研制部分可重复使用的暴风雪号/能源号火箭航天飞行器系统，但其在 1988 年只进行了一次飞行试验后就退役封存。20 世纪 90 年代初，俄罗斯实施了基于小型航天飞行器（Molniya）的多用途航空航天系统（MAKS）计划，但由于当时俄罗斯经济危机，该计划也被取消。1998 年，俄罗斯提出，在新型安加拉运载火箭基础上研制可重复使用助推器——贝加尔号，通过重复使用来降低发射成本。21 世纪初，俄罗斯又提出了研发快船号可重复使用航天运输系统，用于取代已服役多年的联盟号系列飞船。俄罗斯政府已将其列入俄罗斯未来 10 年（2006—2015 年）航天计划，其中包括向火星发射基于快船号的载人飞船。

在以吸气式发动机为动力的可重复使用运载器方面，自 20 世纪 60 年代以来，以苏联中央空气流体动力研究院为代表的多家研究机构，长期致力于高超声速技术基础理论研究，在亚/超燃冲压发动机、C/H 燃料、耐高温材料和一体化设计技术等方面取得了重大突破，先后开展了冷计划、针计划和鹰计划等。

冷计划的主要目的是通过飞行试验验证双模态超燃冲压发动机技术，高超声速试验飞行器于 1991—1998 年共进行了 5 次飞行试验，其中后 4 次分别与法国和美国合作进行，最大飞行马赫数达到 6.5。

针计划是 20 世纪 90 年代初由俄罗斯中央空气流体动力研究院与俄罗斯中央航空发动机研究院共同开展的高超声速技术研究计划（IGLA），主要用于研究高超声速飞行器的流体动力学、热防护及其动力系统的可控性与稳定性。针计划进行了大量的地面与风洞试验，取得了很多成果，但尚未进行飞行试验。针系列验证机将由 SS-19 运载系统垂直发射升空，在 80 km 的高度其飞行马赫数将达到 17，此时验证机与 SS-19 运载系统分离，超燃冲压发动机将在 $Ma = 10$ 时点火工作，工作结束后对其进行回收。

鹰计划于 1993 年由俄罗斯航天局启动，后来针计划也被并入到该计划中。鹰计划是军民两用的高超声速飞行器演示验证计划，其主要目的是为 21 世纪研制可重复使用航天运输系统奠定技术基础。

（3）欧洲

自 20 世纪 80 年代，欧洲先后在国家层面启动了部分可重复使用的使神号小型航天飞行器计划、完全可重复使用的两级入轨桑格尔航天飞行器计划和单级入轨霍托尔航天飞行器计划。这些计划都因技术难度过大、研制经费高昂而被取消。目前正在执行的未来运载器准备计划（FLPP），决定研制下一代运载器（NGL）。同美国以军用航天为主导有所不同，欧洲研制 NGL 的目的主要有两个方面，一是满足欧盟的发射需求，二是满足商业发射需求。该计划的目标是在 2020 年将 NGL 投入使用。欧洲在 FLPP 计划执行的第二阶段中，将一次性运载火箭（ELV）纳入下一代运载器（NGL）的综合考虑范围，且最终决策时在 ELV 和 RLV 方案之间进行全面权衡。2008 年 11 月，欧洲空间局（ESA）部长级会议决定重新调整 FLPP 计划，保留了 4 个验证项目，包括过渡性试验飞行器（IXV）、低温上面级技术（CUST）验证机、大推力发动机（HTE）验证机和固体推进验证机。其中 IXV（其验证机又被命名为 Pre - X）将针对采用升力体构型的飞行器的高超声速的无动力机动再入飞行的能力进行验证，旨在测试包括热防护系统、制导、导航和热结构的再入技术，计划于 2012 年年底进行演示验证飞行。

英国科学家还提出了一种云霄塔（SKYLON）单级入轨（SSTO）空天飞行器方案，该飞行器可以从跑道上起飞直接爬升到太空，发射卫星后再自动安全地返回地球。SKYLON 采用佩刀混合动力发动机。佩刀发动机在 $0 < Ma < 5.5$ 范围内采用涡轮喷气发动机的工作模式；在 $Ma > 5.5$ 范围内，其可像常规火箭发动机一样工作。由于喷气式发动机和火箭发动机是结合在一起的，其很多部件彼此通用，因此既节省了质量，在设计上也更加紧凑。该发动机项目由喷气发动机公司（REL）和布里斯托尔大学共同研究。

（4）日本

日本一直奉行独立自主地发展民用航天技术的指导方针，采取寓军于民、以民掩军的策略，其可重复使用运载器的发展一直在国家政策的指导下，围绕着 HOPE 小型航天飞行器计划开展演示验证项目。从 1994 年起，日本先后成功地进行了自动着陆飞行试验（ALFLEX）、高超声速飞行试验（HYFLEX）、轨道再入飞行试验（OREX）以及高速飞行验证计划（HSFD）飞行试验，对防热和再入飞行等关键技术进行攻关和试验。HOPE计划于 2000 年被冻结。

2005 年 4 月，日本宇宙航空研究开发机构（JAXA）公布了《2005 — 2025 年日本航空航天新构想》，为未来 20 年日本航天发展制定了战略方针。在新构想中，发展航天运输体系成为日本提高自主航天活动能力而采取措施的重要部分。其认为，"可重复使用运载器的相关技术是发展航天运输体系的关键所在，为了促进这类技术的发展和成熟，需要在早期阶段开始技术验证工作，同时通过验证不断积累必要的技术"。日本在 2015 年前将以H - 2A 运载火箭和 HTV（H - Ⅱ转移飞行器）为基础，发展轨道间转移飞行器和不载人返回式飞行器技术，积累经验并使可重复使用技术趋于成熟。计划在 2025 年前，发展不载人可重复使用试验飞行器，为日本自主研发可重复使用载人运输系统奠定技术基础。

（5）印度

印度目前正在开展两级结构可重复使用运载器的研制工作。运载器的第一级为带翼体，可飞行到 100 km 左右的高度，速度约为轨道速度的一半，发动机燃料耗尽后，第一级再入大气层，像飞行器一样水平降落在机场跑道上；第二级将有效载荷送入轨道后，再入大气层并利用气囊在海洋或陆地上进行回收。印度已在超燃冲压发动机的研制方面取得了突破性进展，进行了地面点火试验，试验中发动机燃烧了 7 s，模拟了马赫数为 6 的飞行状况。

纵观世界各国可重复使用飞行器的发展，"廉价、可靠、快速、机动"的可重复使用飞行器是航天运输系统始终不变的奋斗目标，该技术既满足了民用航天和技术推动的需求，又对未来各国军事航天有着重要的意义，且其军事用途已成为快速反应的可重复使用飞行器发展的重要驱动力。

1.2.2　可重复使用新型航天飞行器关键技术

国际上普遍认为高超声速气动力/气动热、可重复使用发动机和防热与轻质结构为可重复使用新型航天飞行器的三大关键技术。发动机作为可重复使用新型航天飞行器关键技术之一，其结构具有一体化布局设计特点，本书在此对几种典型的发动机进行简单介绍。

可重复使用新型航天飞行器发动机通常有 4 种类型[3]，即涡轮基组合循环发动机（TBCC）、火箭基组合循环发动机（RBCC）、空气涡轮冲压发动机（ATR）和组合动力循环的吸气式火箭发动机（SABRE）。

（1）TBCC

TBCC 是涡轮发动机和冲压发动机，通过物理结构上串联/并联构成的涡轮基组合动力循环系统。美国黑鸟高空高速侦察机 SR‑71 的推进系统是世界上最早投入使用的 TBCC。近年来，美国在其 RTA、X‑43B 和 HTV‑3X 项目中不断采用 TBCC 组合动力装置，如图 1‑4 所示。

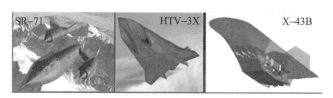

图 1‑4　TBCC 在多种飞行器中的应用

（2）RBCC

RBCC 将火箭发动机和吸气式推进系统结合在一起，组成了一个一体化的推进系统，其整合了火箭发动机、亚燃冲压发动机和超燃冲压发动机。

RBCC 将高推重低比冲的火箭发动机与低推重高比冲的吸气式发动机有机地结合在一个流道中，充分发挥了两种推进方式的优势和特点，在不同的马赫数和高度均能以最优的方式进行工作，实现了经济性和高效性的最佳组合。以 RBCC 为动力的飞行器可以从地面起飞，通过自身加速入轨，目前已被世界各国航天推进界重视。

美国 CCE 计划中以 RBCC 为动力的哨兵（Sentinel）飞行器，如图 1‑5 所示。

（3）ATR

ATR 是一种综合了冲压喷气和涡轮喷气特点的吸气式组合动力系统，其具有大空域、宽速域等特点，如图 1‑6 所示。

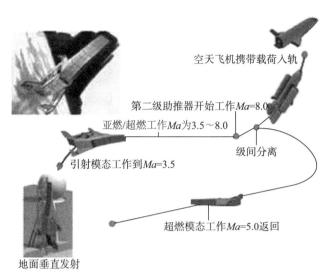

图 1-5　Sentinel 飞行器

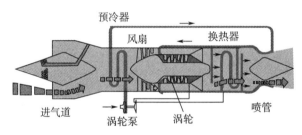

图 1-6　ATR 发动机示意图

ATR 具有较好高空特性，可在马赫数为 0～5 的速度范围、0～30 km 的高度范围内工作。相比于火箭发动机，ATR 可充分利用空气中的氧气，具有更高的比冲；相比于航空发动机，在高空环境下，ATR 可利用自身携带氧化剂与燃料克服空气流量不足的问题，从而产生更高的推力。

（4）SABRE

SABRE 是英国研制的 SKYLON 可重复使用飞行器所采用的动力系统。SKYLON 飞行器可以滑跑起飞进入轨道，执行完成太空轨道任务后，再入地球大气，最终滑跑着陆，详见本书第 2 章。

SABRE 具有吸气式发动机和火箭发动机两种工作模式。

吸气式发动机工作模式：氦介质闭式循环驱动的涡轮和带预冷却的压气机共同工作（Ma 为 0～5），从进气道吸入的空气中的氧气作为氧化剂，通过轴对称进气道吸入发动机后，首先通过预冷器的热交换器降至低温温度（该预冷器热交换器采用一套闭环氦循环回路，使用进入燃烧室前氢燃料散热），冷却后的空气经压缩后进入燃烧室，多余的空气通过溢流管燃烧室燃烧弥补一些推力损失。

火箭发动机工作模式：闭式循环的液氧/液氢高比冲火箭发动机工作，发动机同样使用液态氢作为燃料,但氧化剂为其自身携带的液态氧。

SKYLON 飞行器和 SABRE 发动机是当前世界范围内少有的吸气式火箭动力、单级入轨可重复使用航天飞行器方案,其新颖的设计方案和采用的新技术有很高的借鉴价值。

1.3 可重复使用新型航天飞行器结构特点

可重复使用新型航天飞行器结构因其飞行任务剖面的不同,除可满足传统航天航空飞行器的承受载荷、安装设备和提供构型的三大主要功能,还有其特殊性。

1.3.1 承受载荷

可重复使用新型航天飞行器结构的主要功能是承受载荷,即承受作用在飞行器上的各种静态、动态和热载荷。这些载荷包括:飞行器在地面操作和运输过程中产生的载荷,飞行器发射过程中产生的加速度、振动、冲击和噪声载荷,飞行器机构动作产生的载荷,飞行器在轨运行时由于温度交变、真空状态和变轨运动产生的载荷,飞行器再入大气产生的气动力和气动热,以及着陆冲击载荷等。

在上述载荷下,飞行器结构应该具有以下功能:

1) 飞行器所有结构在以上各种载荷作用下不发生材料断裂或屈服,或者结构的失稳破坏。

2) 飞行器结构应满足运载火箭对飞行器基频的要求,以避免在运载火箭的动态激励下产生过大的动力耦合载荷(共振现象)。

3) 飞行器结构在上述载荷作用下不产生过大变形。例如,在发射载荷条件下,飞行器结构的变形不与运载火箭的整流罩发生碰撞;在轨道温度交变条件下,结构变形造成敏感器与精度基准的位移偏差不超过允许范围。

总之,飞行器结构应具有一定的强度和刚度以承受飞行器的载荷,保证飞行器结构本身不发生破坏或有害变形,进而保证飞行器上其他分系统和有效载荷的正常工作。

1.3.2 安装设备

飞行器结构需要为飞行器上有效载荷和各个分系统的仪器设备提供安装空间和位置、安装界面和接口,以及具体的安装方式和连接件。仪器设备泛指各种电子设备、推进剂贮箱、气瓶和管路,以及天线、太阳翼和有效载荷等。

为满足上述设备的安装需求,飞行器结构应提供以下具体功能:

1) 保证安装的连接强度和刚度,使得所安装仪器设备上产生的载荷不超过其允许范围;

2) 保证安装精度,使得所安装设备,如天线、光学设备等,达到所需的位置精度要求;

3) 提供和改善在太空环境(如高低温和太空辐射等)下的防护能力。

1.3.3　提供构型

飞行器结构相当于整个飞行器的主体骨架，因此飞行器的整体结构型式基本上确定了整个飞行器的构型，或者也可以说，飞行器的构型基本上确定了飞行器的结构型式，因此这两者是密切相关的。具体包括以下几个方面：

1）为整个飞行器提供基本的构造；

2）为整个飞行器提供基本外部形状和尺寸大小；

3）为整个飞行器提供各种接口关系和连接形式，包括飞行器与运载火箭的连接、飞行器本体与展开附件的连接，以及飞行器与地面操作设备的连接等。

飞行器结构除了具有以上承受载荷、安装设备和提供构型三种基本功能外，还具有防热功能，以消减返回地面时在大气中产生的高温对飞行器的影响。

1.4　可重复使用新型航天飞行器结构研制

飞行器的研制是一个从确定要求开始到交付适合发射和使用的飞行器产品为止的过程。可重复使用新型航天飞行器具有领域新、技术新、难度大的特点，其研制在国际上均以演示验证为主，一般要经过可行性论证阶段、概念设计阶段及样机阶段等几个研制阶段，各个研制阶段将完成不同的任务。飞行器结构作为飞行器的主要分系统之一，参与飞行器研制的各个阶段，并完成其相应的任务。

飞行器结构研制程序如图 1 - 7 所示。在飞行器研制过程中，主要经历设计（包括分析）、制造和试验三个阶段：设计是把飞行器系统对结构的要求转化为可实施的具体图样和文件，制造是把设计意图转化为实际的产品，试验是对某些产品进行模拟飞行条件下的地面验证。其中，设计和分析是研制过程中的重点。

分析为设计提供定量的依据，同时又对设计的结果进行验证。在飞行器结构研制中，设计和分析两者密切相关，往往要经过从分析到设计，再从设计到分析的多次迭代才能得到最终的设计结果。因此，分析也可认为是设计工作的一个部分。

1.4.1　可行性论证阶段

可行性论证阶段是开始正式研制过程的前期工作。

在可行性论证阶段中可以进行以下工作。

1）综合分析。首先对准备进行研制的飞行器进行任务需求分析，了解其对结构的要求，并结合现有技术储备、资源条件、研制周期和成本等因素进行综合分析。

2）方案设想。在综合分析基础上得到各种结构方案设想，分析其实现的可行性，对飞行器系统设计选择提出建议；并在与飞行器系统设计协调的基础上，不断论证和修正方案建议，使其在飞行器系统方案中达到可行的程度。

3）提出关键技术研究项目。在必要时，可针对可行方案建议中的技术难点提出关键技术研究项目，并组织实施。

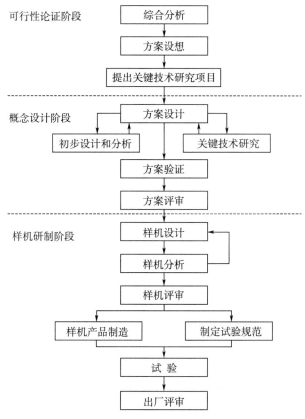

图 1-7 飞行器结构的研制程序

1.4.2 概念设计阶段

概念设计阶段是飞行器结构正式研制工作的开始阶段。在该阶段，要提出和确定完整的结构方案。

（1）方案设计

由于飞行器系统方案是制定结构设计要求的重要依据，尤其是系统的构型方案对结构方案的影响较大，且许多系统指标需要通过结构的指标来实现，因此进行飞行器系统设计是开始结构方案设计的较好方式。

方案设计的目的是确认和修正任务对结构的要求，并依据任务要求和实际条件提出和筛选各个结构方案，最终确定较理想的飞行器结构方案。

方案设计不要求细节设计，但需进行系统性的设计及资源分配和分析，并确认方案可以满足设计要求。

在概念设计阶段，应该引入必要的可靠性分析手段，考虑必要的可靠性措施，以保证设计方案的合理可行。

方案设计是整个飞行器结构研制过程的基础，方案的好坏将直接影响飞行器结构的性能和质量，因此它是研制过程中最重要的环节。

（2）初步设计和分析

初步设计和分析可以使方案设计得到进一步深化。在比较和筛选几个开始形成的原理性方案时，往往由于没有足够的信息只能依靠简单的评价来进行初步选择。为了进一步评估初选后保留的各个设计方案，需要进行初步设计和分析，使得各个设计方案具体化，以便进行定量分析。根据各方案给出的定量分析结果，可以进行更可靠更确切的方案比较，准确地确定最终的方案。

根据初步设计和分析的结果，还可以对原方案进行适当的修改和完善，因方案设计、初步设计和分析也可是一个反复循环的过程。

（3）关键技术研究

在方案设计中，可能要采用以前尚未应用过的新技术，包括新构型、新材料和新工艺，或者存在关系到整个方案成败的关键技术难点。这些问题在确定最终方案之前要有明确的解答，因此，在必要时可以专门立项对其进行研究。在研究项目中，通过关键部件的数字样机的研制（包括设计、分析、试制或试验等工作），可确认新技术应用的适用性，并且获得对关键技术难点的解决方法。

（4）方案验证

结构方案确定后，必须对方案进行验证，以证实方案设计的合理性。由于一般不可能提供结构的实物，对方案的验证一般采取分析和类比等方法进行。对构型和布局要求的验证可以结合系统方案的验证，采用计算机仿真分析等方式进行。

（5）方案评审

方案评审是结构概念设计阶段中的关键节点。评审的重点是审查方案的合理性和可行性，审查方案是否存在颠覆性的技术问题，对关键技术研究的结果进行评价，以及确认方案验证的结果。方案评审结论以及评审规定的行动项目的完成是下一步样机设计以及采购材料和外购件的基础。

1.4.3　样机研制阶段

样机研制阶段的重点是通过样机产品的设计、制造和试验，对飞行器结构的设计进行全面验证，验证包括：设计对相关要求的符合程度，设计所采用的分析方法和分析结果的正确性，设计所采用的材料和工艺的合理性和可行性，设计所需地面试验的合理性和可行性，以及设计的可靠性和质量保证措施等。

进入样机研制阶段的飞行器结构的研制即进入了工程实施阶段，也就是通过飞行器结构实物的生产和试验来验证设计。通过验证来发现和解决技术性能、工艺质量和可靠性等方面的问题，协调各种接口关系，并进一步完善结构设计。

（1）样机设计

概念设计阶段结束后，设计将处于这样的状态：结构的总体功能和技术指标已经实现，然而还需要补充大量的设计细节才能达到可以进行产品制造的程度。

因此，样机设计的主要目的是给出制造飞行器结构产品所必须具备的全部信息。设计工作包括，确定和优化零部件的各种几何和物理参数，提供制造产品的工程图样，制定相应的装配、运输、操作和贮存等技术规范以及相应的验证和质量保证计划。

样机设计是飞行器结构制造的依据，其好坏将直接影响飞行器结构产品的性能和质量，因此其是研制过程中非常重要的环节。

（2）样机分析

样机分析与样机设计相配合，使用诸如结构静、动力学分析，机构运动学和动力学分析，可靠性分析及优化设计分析等各种手段，为样机设计提供相关的理论基础和实践数据，并验证样机设计的有效性。

当发现样机设计的某些不足之处时，样机分析可以对样机设计进行必要的修改和补充，因此样机分析与样机设计实际上是一个反复循环的过程。

（3）样机评审

样机评审目的是确认飞行器结构样机设计的正确性和可行性，并且明确下一步样机制造和试验的要求和计划流程。只有样机评审通过之后，方可开始样机零部件的制造。

（4）样机产品制造

样机产品制造包括零部件制造、零部件验收、样机产品装配和样机产品验收等整个样机产品的生产过程。

在零部件的生产过程中，对材料、工艺以及产品质量必须尽可能按照飞行产品要求进行严格验收，生产出的零部件（包括外购或外协的零部件）经过合格检验，确认其符合技术要求后进行样机装配，产品装配以及产品质量也必须尽可能按照飞行产品要求进行严格验收。

（5）制定试验规范

应根据试验要求以及有关规范或标准来确定需要进行的试验项目，制定出相应的试验规范，形成试验大纲或试验实施细则等文件，以保证需要试验验证的项目得到合理验证，且所得到的试验数据足够充分准确，以给出明确的试验验证结论。

（6）试验

试验是设计验证的最有效手段，也是其最主要手段。

在样机产品装配完成之前，应完成试验方案的设计，制定试验规范，并着手准备试验。

将设计分析结果与试验数据相对照，并且采用与试验相关联的数学模型进行进一步分析，从而得到试验验证的结论。试验是对设计思想和设计方法的验证，从而修正设计理念，积累设计经验，并解决方案设计中的一些遗留问题。

（7）出厂评审

在完成所有的试验和相关测试后，应对样机设计、工艺过程、检验和试验的数据及结果进行全面总结和评估。出厂评审是对评估的结论进行审核，具体包括：对试验验证的符合程度、整个研制过程中遇到所有问题的解决方案方法和设计风险的工程评价。

参 考 文 献

[1] 杨勇，王小军，唐一华，等.重复使用运载器发展趋势及特点.导弹与航天运载技术，2002（5）：15－19.

[2] 沈海军，程凯，杨莉.近空间飞行器.北京：航空工业出版社，2012.

[3] 陈宏，何国强.RBCC和TBCC组合发动机在RLV上的应用.火箭推进，2008，34（3）：39－43.

[4] 牛文，李文杰.SKYLON飞行器与SABRE发动机研究.飞航导弹，2013（3）：70－75.

第2章 典型航天飞行器结构介绍及国外发展现状

2011年7月21日5时，美国亚特兰蒂斯号航天飞机顺利降落在肯尼迪航天中心，其最后一次太空飞行任务圆满完成，从此世界航天活动进入了后航天飞机时代。航天飞机的退役并没有令空天飞行器项目偃旗息鼓：在美国，X-37B、追梦者、XS-1等空天飞行器项目正接踵而来；在欧洲，太空船2号、IXV及云霄塔（SKYLON）等项目也在不断实践中。

2.1 航天飞机结构系统概述

航天飞机是国际上已实现的可搭载航天员和货物往返于太空的多次重复使用航天器。

航天飞机结构由前机身、中机身、后机身、机翼、体襟翼和垂直尾翼等部分组成，如图2-1所示。

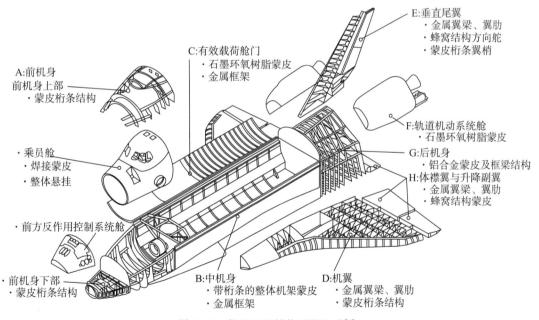

图2-1 航天飞机结构系统组成[1]

2.1.1 前机身结构

在前机身内部设有乘员舱，在乘员舱前方的前机身上部设置反作用控制系统（RCS）的前舱，下部设置前起落架舱、前起落架及其舱门，在前机身的前端设置机头锥，驻点位置提供热防护。

前机身采用半硬壳式结构，如图 2-2 所示，由上、下两部分壳体构成，其由 2024-T81（2A12）铝合金纵梁加强板、框架和舱壁组成。结构框由框架与腹板组成，壁板由蒙皮与桁条组成，蒙皮与桁条、壁板与结构框均采用铆接连接，桁条跨度为 76.2～127 mm，结构框跨度为 762～914.4 mm。

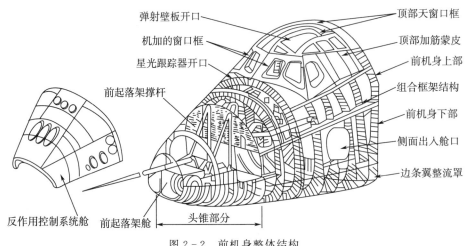

图 2-2　前机身整体结构

机身纵向 X0378 截面上设有前机身的铝合金前端框，前端框由上、下两部分组成，为机头锥提供安装面。机头锥主体采用增强型碳/碳复合材料结构，机头锥组件如图 2-3 所示。机头锥连接件采用耐热的因康镍 718 和 A286（GH 2132）不锈钢等制成，并设置在机头锥底部。机身一侧的连接部位设置纵梁及支杆，以实现稳定连接。为适应气动加热引起的热膨胀及结构变形，设计时对变形协调能力进行了深入设计。由于碳/碳复合材料具有导热性，因此附近的铝合金结构和金属连接件均采取了内部绝热措施。

舱体结构由框架和壁板组成，其材料选用 2024（2A12）铝合金。壁板由拉伸成型的蒙皮与桁条铆接构成，框架采用铆接方式与壁板连接。舱体通过 16 个紧固件连接在前机身结构上，可以拆卸。

前起落架舱由 2 根支撑梁、2 块壁板、前起落架支柱、撑杆、作动器连接件和舱门连接件组成。舱门分为左右两块，采用铰接的形式连接在前机身上，并与起落架之间设有联动机构，可在起落架收起后关闭。舱门采用铝合金蜂窝结构，并设有防热层和压力密封件。

前机身设有天线支架结构、可伸展的大气数据探测仪连接结构以及星光跟踪器观察孔舱门等结构。除 6 扇前窗、2 扇天窗、侧面窗口和前部反作用控制系统发动机周围一些部位外，前机身全部用可重复使用的防热瓦覆盖。

乘员舱（图 2-4）共分上、中、下三层，由上层驾驶舱、中舱和下层仪器舱组成，中舱后方连接气闸室。乘员舱由 2219（2A16）铝合金板加工而成，舱体为截锥形，前、后舱壁均为平面。为保证良好的绝热性能，舱体与前机身只设置 4 个连接点，其中 2 个连接点位于上层地板与后舱壁交接处，其法向载荷承力点位于前舱壁中线处，横向载荷承力点位于后壁板下方。后舱壁上设有一个可移动的壁板，其是前机身制造和组装时进出乘员舱的通道，也为气闸的拆装操作提供了条件。

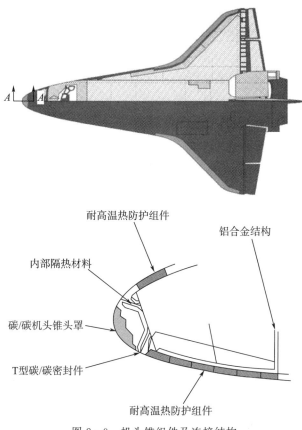

图 2 - 3　机头锥组件及连接结构

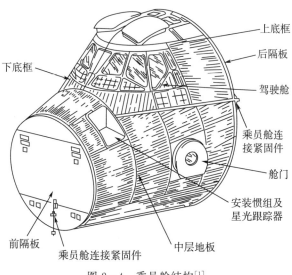

图 2 - 4　乘员舱结构[1]

驾驶舱位于乘员舱最上层,共设 6 个工位,其中包括指令长工位、驾驶员工位、有效载荷工程师工位、在轨任务工程师工位和有效载荷操作工位。在早期研制中,驾驶舱设有机组成员弹射系统,该系统包括弹射座椅、逃逸口盖、能源装置及作动装置等,但正式飞行产品中用工作座椅代替了弹射座椅,见图 2-5 和图 2-6。

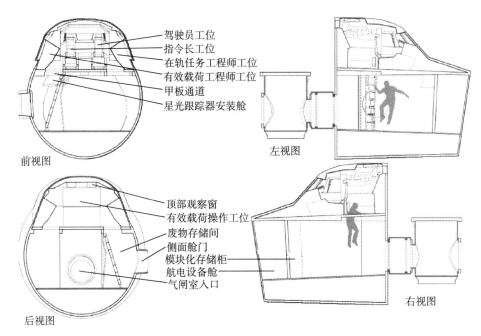

图 2-5 乘员舱剖视图

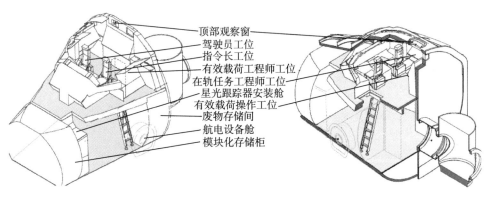

图 2-6 乘员舱布局

中舱设有乘员舱仪器设备和 3 个仪器舱。乘员进出舱门设置在中舱左侧面,舱门直径为 1 010 mm,其中央设有直径为 254 mm 的观察窗。进行了气密处理的舱门通过铰链、抗扭构件和支撑结构连接在舱体上,可以从内外两侧打开和关闭,密封件在舱门关紧时由闭锁机械装置压紧。研制飞行时,中舱装 2 个睡袋、2 个饮用水箱和测量装置,正式飞行中又增设了厨房和 3 个座位,若移去睡袋还可增设 3 个座位。

气闸室位于中舱，可同时容纳 2 名身穿航天服的航天员。需要时可将气闸室从中舱移至有效载荷舱内，但航天员可不穿航天服进入有效载荷舱的空间实验室。若增设隧道式对接件并将气闸室安装在对接件上方，则乘员舱和空间实验室均可在不减压情况下开展舱外活动。当气闸室装在有效载荷舱内时，则必须在气闸室外设置隔热层，以免受太空环境的影响。

乘员舱共有 3 个舱口：正常进出口、气闸室/中舱进出口和出舱活动的进出口。轨道飞行器共有 11 个观察窗，包括前方 6 个风挡、顶部 2 个天窗、后方 2 个后观察窗、侧面 1 个舱门观察窗。这些观察窗采用 3 层结构：外层窗板与前机身的结构壳段连接，是采用耐熔氧化硅 CGW7940 韧化玻璃的防热层，其外表面可耐受 482 ℃的高温，内表面可耐受 426 ℃的高温；中层窗板与乘员舱相接，是防热层和承压层的备用层，其材料与外层相同，中层可在 115 ℃的温度下承受 59.29 MPa 的压力和 1.7% 的相对湿度；内层是采用硅酸铝 CGW1732 回火玻璃的承压层，其内、外表面镀有高效抗反射镀层，以增强可见光传输。每个观察窗均备有遮光/滤光罩以减弱入射光线，但只有当有需要时才进行安装，见图 2 - 7。

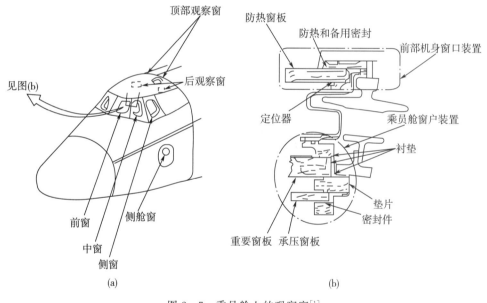

图 2 - 7　乘员舱上的观察窗[1]

2.1.2　中机身结构

中机身主要用于构建有效载荷舱，支撑载荷舱门、伸展机构、系留装置及有效载荷，并与前机身、后机身和机翼对接。中机身前后两端不封闭，通过纵梁与前机身和后机身的隔框相接。中机身主体为铝合金结构，长为 18.28 m，宽为 5.18 m，高为 3.96 m，质量为 6.12 t，见图 2 - 8。

中机身设有 12 个用于维持机身构型并承受机翼和有效载荷作用力的结构框。这些隔框由纵向构件（相当于框缘条）和平面支撑构件（相当于腹板结构）组成，纵向构件采用机加制备，平面支撑构件采用硼铝管桁架结构，两端使用钛合金紧固连接端头。此外，中机身还设有 13 个侧壁支柱式短框。

中机身上端设有板式纵梁和载荷舱门纵梁，板式纵梁可用于支撑和存放机械臂、Ku波段天线和有效载荷作动系统，载荷舱门纵梁上设置 13 个舱门铰链。中机身还装有 2 块支撑乘员舱-后机身电缆的托板，机身底部的管路和电缆由玻璃纤维板支撑。

中机身 X01191～X01307 舱段为中央翼盒结构壳段，其由下蒙皮、上翼盒蒙皮和 7 根纵向安装的中央翼翼肋组成。居中的 1 根翼肋由整体机加缘条、抗剪腹板和垂向加强件组成，其余 6 根采用硼铝管桁架结构。中央翼盒的侧壁为主起落架提供内支撑点，主起落架全部侧向载荷都作用于中机身结构上。

除 X01040～X01307 舱段靠机翼上方的壁板为铝合金蜂窝结构外，中机身其余部位全采用整体机加蒙皮，并设有纵向 T 形桁条。X01040～X01307 舱段机翼对接处的侧壁也采用机加蒙皮，但采用的是法向 T 形桁条。X01278～X01307 舱段机翼对接处的侧壁采用夹层结构蒙皮。

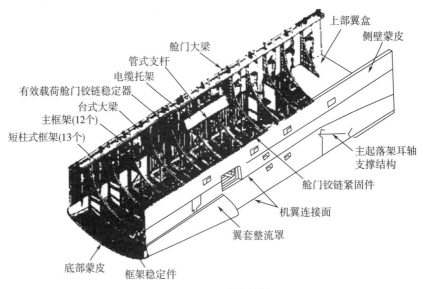

图 2-8　中机身结构[1]

2 个有效载荷舱门铰接在中机身上方两侧，舱门对缝处于中机身上方对称线部位。舱门长为 18.28 m、弦长为 3.04 m、直径为 4.57 m、面积为 148.64 m²。除最前方宽为 2.54 m 外，舱门轮廓基本不变。

有效载荷舱门主要采用复合材料蜂窝/框架结构，其面板由石墨/环氧树脂带和纤维方向为 0°/±45°/0°的石墨环氧树脂织物组成，铺层厚度为 0.406 mm，蜂窝夹芯采用粘合剂粘在面板上，蜂窝夹芯高度为 15.2 mm，外蒙皮还粘接有 200 mm×200 mm 的铝丝避雷网，见图 2-9。

每个舱门均由 5 段组成，共有 28 个中间框，8 个接头对接框，1 个前端框和 1 个后端框。

舱门框架由多层石墨/环氧树脂浸渍增强织物构成，航天员舱外活动把手位于抗扭盒部位。

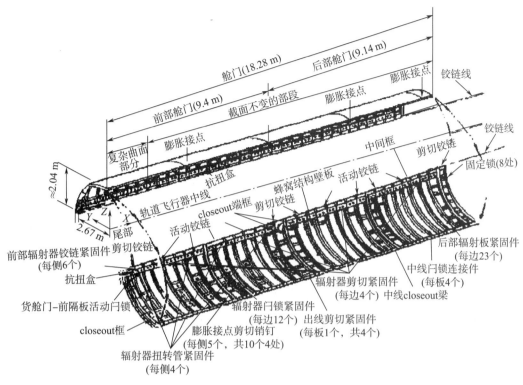

图 2-9　有效载荷舱门结构[1]

　　前方 9.15 m 的舱门内装有可展开的辐射器，辐射板铰接在舱门内表面上。前方辐射器可在轨道运行时展开，其由机电作动系统操纵（开锁、伸展、闭锁和收回），后部的辐射器是固定的，如图 2-10 所示。

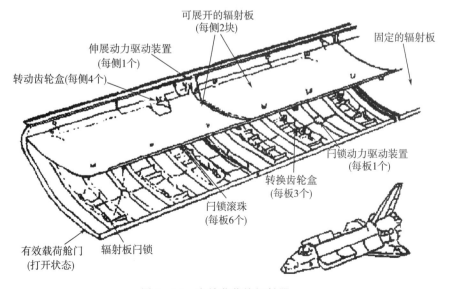

图 2-10　有效载荷舱辐射器

2 个舱门各铰接在 13 个因康镍 718 材料的外铰链上（其中 5 个是剪切铰链，8 个是活动铰链），铰链下半部分连接在中机身板式纵梁上。舱门由专用的作动系统驱动到规定的开启或闭合位置，每套机械装置各由 1 台机电动力驱动装置和 6 个转动齿轮作动器组成。转动作动器间由抗扭管连接，并与动力驱动装置和有效载荷舱门联动装置相连接。

舱门关闭后通过前端框、后端框和顶部中线部位锁定，锁系统由 8 组锁机械组成，每组各由 4 个闩锁及其相应的机构组件和 1 台机电作动器组成。此外，在每个舱门和 4 个膨胀接点上各有 5 个用来连接舱门的抗剪销钉。

前中机身对接面、中后机身对接面、舱门顶部中线和膨胀接点处均镶嵌热密封件和压力密封件，舱门外表面覆盖可重复使用的热防护层，舱门可承受 163 dB 的噪声以及 −112 ℃～+57 ℃ 的温度变化。

2.1.3　后机身结构

后机身由外壳、推力传递结构和内部辅助结构组成，长为 5.48 m、宽为 6.7 m、高为 6.09 m。后机身用来支撑以下结构或与其对接：3 台主发动机、轨道机动系统舱体、2 台轨道机动发动机、翼梁、垂直尾翼、襟翼、2 个外贮箱尾部连接件、2 个 T-0 脱落插座、3 个尾部电子仪器舱及防热罩，如图 2-11 和图 2-12 所示。

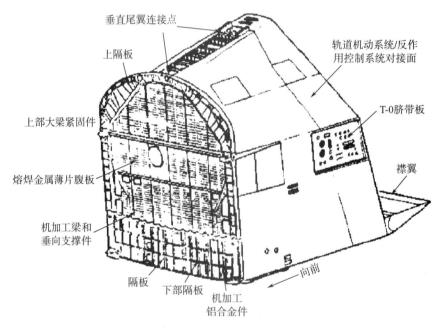

图 2-11　后机身结构[1]

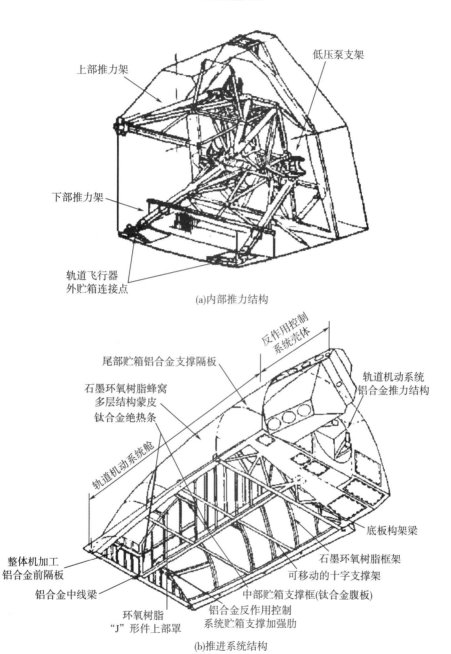

· 扩散连接钛合金框架结构
· 环氧树脂加强

低压泵支架

上部推力架

下部推力架

轨道飞行器
外贮箱连接点

(a)内部推力结构

反作用控制
系统壳体

尾部贮箱铝合金支撑隔板

石墨环氧树脂蜂窝
多层结构蒙皮
钛合金绝热条

轨道机动系统
铝合金推力结构

轨道机动系统舱

底板构架梁

整体机加工
铝合金前隔板

石墨环氧树脂框架
可移动的十字支撑架

铝合金中线梁

中部贮箱支撑框(钛合金腹板)
铝合金反作用控制
系统贮箱支撑加强肋

环氧树脂
"J"形件上部罩

(b)推进系统结构

图 2-12　内部推力结构和推进系统结构[1]

后机身外壳主要由整体机加铝合金蒙皮和框架组成,除了轨道机动系统舱体外均覆有防热材料。

后机身前隔板是中机身和有效载荷舱门的对接面,由机加熔焊的铝合金薄板组成,其上部与垂直尾翼的前翼梁搭接。垂直尾翼支撑框及底板紧固件等高承载区采用机加的扩散连接钛合金组件结构,低承载区采用常规的铝合金蒙皮桁条结构。

后机身腹部设有铝合金机加的防热罩组件,并与1组穹形蜂窝结构连接。该结构用于支撑塑性滑动密封装置,并与主发动机的因康镍材料的防热结构相接,除因康镍结构部分外,防热罩均覆有热防护层。

后机身腹部还设有2个脐带舱门,舱门由铍金属制成,有热屏障保护,舱门关闭后的裸露区由防热材料覆盖。舱门设有机电作动器,在轨道飞行器与外贮箱分离后,舱门自动关闭,覆盖住轨道飞行器与外贮箱管路对接的脐带板。

内部推力传递结构由主发动机承载框架结构、发动机对接装置、作动器、发动机、低压泵和推进剂管路支撑结构组成,主要包括28个机加的扩散连接钛合金组件。钛合金结构通过加温加压连接在一起,扩散连接的钛合金构件被熔成单一的多孔匀质结构,其具有轻质、强度高的特点。大部分钛合金构件粘接了硼/环氧树脂,在尽量减重的基础上加强其结构刚度。

后机身的上部推力结构除了垂直尾翼的支架用钛合金外,其他均为整体铝合金框架结构。

辅助结构用来支撑各种内部设备,除某些部位需用钛合金和玻璃纤维对设备进行隔热外,大部分区域采用常规铝合金结构,常规铝合金结构由托架、肋、构架和紧固件等组成。

尾部推进系统支撑结构由轨道机动系统舱体和反作用控制系统舱体两部分组成,其结构材料为铝合金和石墨/环氧树脂复合材料,左、右两侧舱体长为 6.45 m、尾端宽为 3.46 m、前端宽为 2.56 m、面积为 $40.41m^2$。

推进系统蒙皮有 24 个检修孔,舱体裸露区覆有可重复使用表面防热层,与后机身交界处设有压力密封层和绝热层。反作用控制系统喷管和可重复使用表面热结构之间装有隔热层。

2.1.4　翼面结构

(1) 机翼结构设计

机翼为气动升力面,为轨道飞行器提供升力和控制力,由前翼盒、中段机翼(包括主起落架舱)、抗扭盒、前部翼梁、机翼/升降副翼对接段、升降副翼密封板、升降副翼和翼盒组成。机翼采用多肋-翼梁/桁条加强蒙皮或蜂窝结构铝合金壳体结构,如图 2-13 所示。机身段机翼长约 18.28 m,最大厚度为 1.52 m。机翼与机身下表面用抗剪螺栓沿中央翼盒连接,与机身上表面用抗拉螺栓连接。

机翼最前部的翼盒是主机翼的延伸,其采用铝合金肋、铝合金管及支杆结构,覆有桁

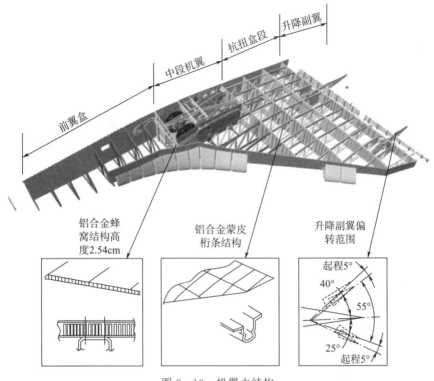

图 2 - 13　机翼主结构

条加强的蒙皮。101 号、099 号和 102 号轨道飞行器的前梁为铝合金蜂窝结构，103 号为铝合金波纹结构。翼盒的前段设计成可以安装可重复使用防热瓦的结构，后段的平面安装增强型碳/碳翼前缘。

中段机翼为铝合金多肋-管系/蜂窝蒙皮结构。中段机翼连接主起落架及起落架舱门。起落架舱门的外侧铰链和拉杆连接在中段机翼的翼肋上，内侧耳轴和拉杆连接在中机身上。起落架舱门为普通的多肋/翼梁结构。

抗扭盒段为构架式多肋结构，用来与机翼展方向加强蒙皮的桁条相适应。为了将热载荷降至最低，4 根主梁采用波纹铝合金结构。但 103 号以后的轨道飞行器的 1249 翼梁、1307 翼梁和 1191 翼梁外段均改用石墨/环氧树脂结构。前梁为铝合金蜂窝结构，是碳/碳翼前缘组件的连接面；后梁则为升降副翼、铰接式上密封板的液压/电气系统组件提供连接面，如图 2 - 14 所示。

机翼尾部连接 2 块升降副翼，该副翼为铝合金多肋、梁/蜂窝蒙皮结构，2 块副翼各由 3 个铰链连接，全部铰链力矩作用在这些点上，升降副翼可向上转动 40°，向下转动 25°。飞行控制系统液压作动器连接在升降副翼前端。

机翼/升降副翼对接段上表面由铰接板组成，其为机翼和升降副翼间的腔提供盖板。$Y_w = 312.5$ 截面外侧的铰接板为因康镍蜂窝夹芯结构，$Y_w = 312.5$ 截面内侧的铰接板为钛合金蜂窝夹芯结构。此处未覆盖防热瓦，因为所选材料能适应上表面高温，如图 2 - 15 所示。

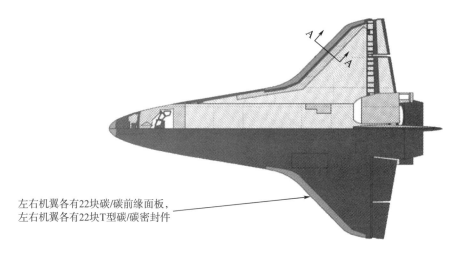

左右机翼各有22块碳/碳前缘面板，
左右机翼各有22块T型碳/碳密封件

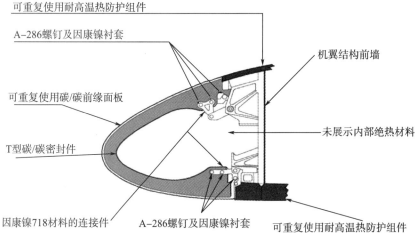

可重复使用耐高温热防护组件

A-286螺钉及因康镍衬套

机翼结构前墙

可重复使用碳/碳前缘面板

未展示内部绝热材料

T型碳/碳密封件

因康镍718材料的连接件　　A-286螺钉及因康镍衬套　　可重复使用耐高温热防护组件

图 2-14　机翼前缘结构及热防护组件连接

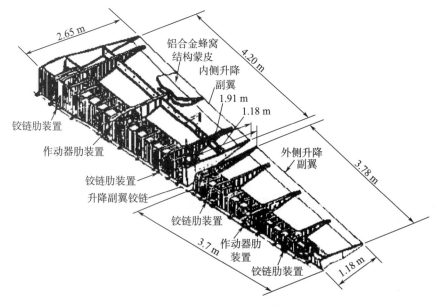

2.65 m

铝合金蜂窝
结构蒙皮

内侧升降
副翼

4.20 m

1.91 m

1.18 m

铰链肋装置

作动器肋装置

外侧升降
副翼

3.78 m

铰链肋装置

升降副翼铰链

铰链肋装置

作动器肋
装置

3.7 m

铰链肋装置

1.18 m

图 2-15　左升降副翼结构[1]

主起落架舱门宽为 1.53 m、长为 3.66 m，在 102 号以前的轨道飞行器上采用蒙皮桁条结构，099 号和 103 号以后的轨道飞行器改为蜂窝结构。其由内侧的 3 个铰链、外侧的 3 个上位锁和前方 1 个上位锁支撑，如图 2-16 所示。

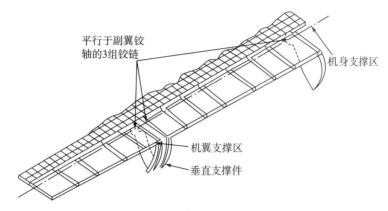

平行于副翼铰
轴的3组铰链

机身支撑区

机翼支撑区

垂直支撑件

图 2-16　机翼的热防护密封板

除升降副翼密封区外，机翼、主起落架舱门和升降副翼均覆盖有防热层，升降副翼的下表面还进行了热密封处理。主起落架舱门设有压力和热密封件。

（2）体襟翼结构设计

体襟翼为铝合金结构，由翼肋、翼梁、蒙皮和翼后缘组成，上、下蜂窝蒙皮用紧固件与翼肋、腹板及蜂窝结构翼后缘相接，并与上方前蜂窝结构蒙皮组成完整的体襟翼结构。体襟翼长为 2.2 m、宽为 6.42 m、最大厚度为 0.46 m。再入时体襟翼为 3 台主发动机提供热屏蔽，再入后为轨道飞行器大气飞行提供俯仰微调控制。

体襟翼有 4 个整体加工的铝合金肋，其通过自动对位轴承与后机身对接。每根肋上有 2 个轴承，其通过轴承与位于后机身的 4 个旋转作动器相连。除 4 个机加的作动器连接肋外，还有 8 个锥形翼肋和 2 个封闭式肋，这些肋均由铝合金蜂窝夹芯和化铣铝合金腹板组成。后缘蜂窝夹芯内设有 2 条潮气排出管和 1 条液体泄出管，以满足水平和法向的液体及潮气泄出要求，如图 2-17 所示。

体襟翼上蒙皮、翼梁端头和整个下蒙皮采用机械连接的方式连接在翼肋上。上方前蒙皮由 5 块可移动的壁板组成，其用快速紧固装置与肋相连接。

体襟翼外表面覆盖可重复使用的热防护层，其前方下底面铰接 1 个压力和热密封件。体襟翼连接到后机身后，用热防护组件对开口区进行防热充填。

（3）垂直尾翼结构设计

垂直尾翼为铝合金结构，101 号、102 号和 099 号轨道飞行器的垂直尾翼由整体机加蒙皮、肋、尾翼盒形件，铝合金蜂窝结构的方向舵/减速板，蒙皮桁条末梢和尾翼盒前缘组成。103 号及其以后的轨道飞行器则采用了铝合金蜂窝结构的末梢和尾翼前缘。铝合金蜂窝结构翼后缘下方设有伺服驱动装置。垂直尾翼通过其前梁上的 2 个抗拉螺栓和后梁上的 8 个抗剪螺栓连接在后机身上。

　　垂直尾翼有 1 个圆锥形密封件，其内部设有 4 个旋转作动器。除了圆锥形密封件外，38.4 m² 的尾翼表面全部覆盖热防护组件，而圆锥形密封件除部分位置裸露，其余部位也覆盖热防护组件，如图 2 - 18 所示。

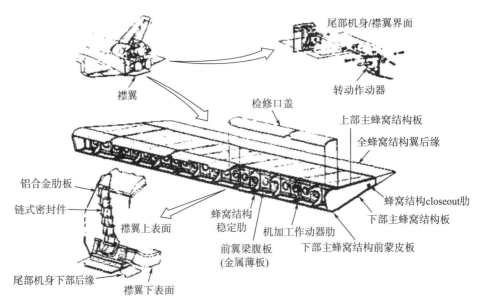

图 2 - 17　体襟翼结构[1]

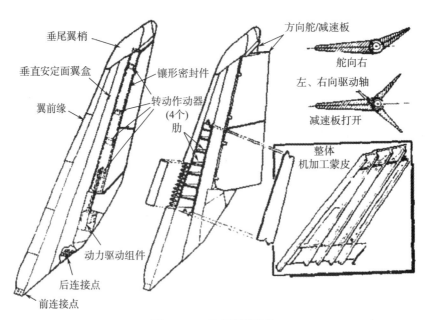

图 2 - 18　垂直尾翼结构

　　垂直尾翼可承受发射时 163 dB 的噪声环境，铝合金结构最高可承受 176.67 ℃的热环境，因康镍结构最高承受 643.89 ℃的热环境。2 块方向舵的舵面及其后缘均有隔热密封件，垂直尾翼覆有可重复使用的热防护层，在垂直安定面和后机身的安装界面部位也设有热防护层。

方向舵/减速板由液压动力装置/机械旋转作动器驱动。当左、右舵面向同一侧驱动并发生同向偏转时，其作为方向舵发挥偏航控制作用，偏角范围为±27°；当两舵面向相反方向偏转时，其作为减速板发挥减速控制作用，单舵最大偏转 49.30°。

2.2 航天飞机轨道飞行器的制造过程

本节以发现号为例，通过一组照片展示航天飞机轨道飞行器的制造、发射过程。

发现号是美国航天飞机机队中的第 3 架轨道飞行器，代号为 OV - 103。发现号从1979 年 8 月 27 日开始制造，最终于 1983 年 10 月推出总装车间，共历时 4 年完成，并于1984 年 8 月 30 日完成首飞。

图 2-19 中分别展示了发现号航天飞机的制造、发射过程，详情如下：

图 (a) 摄于 1982 年 2 月 26 日，发现号的前机身壳体完成分段制造后，罗克韦尔公司的工程师在检查上下部分壳体的接口匹配性；

图 (b) 摄于 1982 年 3 月 9 日，发现号 3 台主发动机在加利福尼亚州的罗克韦尔公司车间安装前，后机身后端框的状态；

图 (c) 摄于 1982 年 3 月 24 日，发现号的中机身壳体被停放在罗克韦尔公司（此时波音已控制了罗克韦尔）的车间内，可以看出机身内有一个长约 18 m 的有效载荷舱，而整体结构仅由拱形隔框和壁板构成；

图 (d) 摄于 1982 年 4 月 6 日，发现号航天飞机的后机身结构部段完成装配后的状态，该部段用于安装轨道控制发动机舱和主发动机；

图 (e) 摄于 1982 年 5 月 5 日，工程师们将发现号的左翼安装到中机身上的画面，可以看出机翼采用整体对接方式安装，机翼主梁安装在图 (c) 中靠近镜头的加强框上；

图 (f) 摄于 1982 年 8 月 4 日，发现号的轨道飞行器已初步成型，前机身下部、中机身整段和主翼已完成对接组装，工程师正在机身内部作业；

图 (g) 摄于 1982 年 9 月 10 日，发现号完成后机身与中机身的对接，正在安装前机身的整体式乘员舱；

图 (h) 所示为工程师正在为发现号安装迎风面的耐高温隔热瓦，为避免再入时被大气烧蚀，轨道飞行器外表面完全覆盖了一层热防护系统；

图 (i) 摄于 1983 年 4 月 19 日，工程师在位于加利福尼亚州的波音车间为发现号进行最后的系统安装；

图 (j) 摄于 1984 年 8 月 30 日，发现号执行代号为 D - 41（亦称 STS - 41 - D）的首飞任务，机组成员 6 人，主要将 3 颗卫星送入太空，并进行了太阳能电池帆板新技术测试，发现号于 1984 年 9 月 5 日在爱德华兹空军基地安全着陆；

图 (k) 和图 (l) 所示为 1995 年 9 月至 1996 年 6 月间，对发现号进行检修和设备升级，发现号服役期间曾进行过多次升级。

图 2-19 发现号航天飞机的制造过程、发射

2.3 X-37B 结构方案概述

2.3.1 X-37B 飞行器概述

X-37B 由 NASA 和波音公司联合研制,其结构布局具有典型的空天特征。X-37B 飞行器结构按部段主要可以分为前舱、中舱、后舱、机翼（包括副翼）、V 尾及体襟翼, 其中副翼、V 尾及体襟翼为热结构,该飞行器三视图如图 2-20 所示。机身结构全长为 8.3 m(不包括体襟翼),大量采用复合材料共固化整体成型结构,在机身侧壁通梁处分为 上下半壳结构,因此可以认为机身无工艺分离面(机身与机翼有工艺分离面)。飞行器结 构系统按功能区域可划分为前舱仪器舱、中舱有效载荷舱和后舱燃料动力舱。X-37B 结 构系统总体分区示意图如图 2-21 所示。

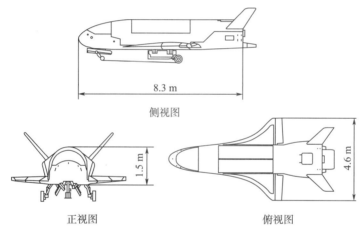

图 2-20 X-37B 飞行器三视图

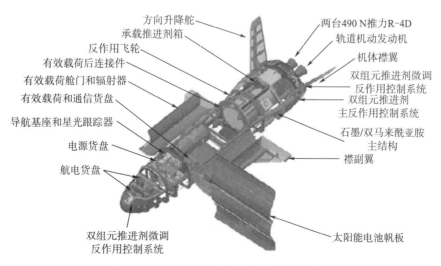

图 2-21 X-37B 结构系统总体分区示意图

　　X-37B 机体结构设计采用了整体结构（Integrated Structure）的概念，即飞行器大量采用复合材料整体成型结构，各零件之间大量采用胶接连接设计，大量减少零件数量的同时也大大减少了紧固件的使用，有效降低了结构质量，提高了结构效率，也大大降低了装配工作量。X-37B 整体结构件主要由碳纤维/双马复合材料夹层结构构成，其上壁板、下壁板、口盖和纵梁等结构都是整体结构件，如图 2-22 所示。

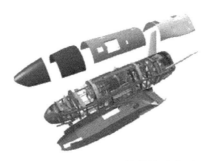

图 2-22　X-37B 整体结构示意图

2.3.2　X-37B 结构选材

　　X-37B 飞行器主结构几乎全部为复合材料结构，主要采用氰特（Cytec）公司的 IM7/5250-4 双马来酰亚胺预浸料体系和 NASA 兰利研究中心研发的 IM7/PETI-5（苯炔基封端的聚酰亚胺）体系。IM7/5250-4 双马来酰亚胺预浸料固化温度在 177～204 ℃之间，使用温度在 59～204 ℃之间。而 IM7/PETI-5 聚酰亚胺体系工作温度范围为 232～260 ℃，高于目前使用的双马来酰亚胺体系，比一般的铝结构的耐温高 37.7 ℃，而且耐热性时长也超过了 15 000 h，这种高温树脂体系的应用可以减少飞行器热保护层的用量，降低机体结构质量。

　　X-37B 金属结构件质量不超过结构系统总质量的 30%，主要用于起落架固定连接结构、起落架承力梁以及仪器、电缆、活门、导管、发动机和贮箱的固定连接结构件。金属结构的主要材料为钛合金及铝合金 7075（7A04）和 2024（2A12）。金属作为传统结构设计材料，适用于受集中冲击载荷较大的起落架固定连接结构。

2.3.3　X-37B 结构总体传力分析

　　X-37B 前舱及中舱的上部均为弱承力结构，在设计上不能承受总体载荷，机身的总体载荷（轴力和弯矩）主要通过机身的下半部来承受。在机身侧壁设置了 2 根连续的大梁，从前舱一直延续到后舱。这 2 根梁的主要作用为传递机身轴力及发动机推力载荷，承受机身的总体载荷，并增加大开口结构的稳定性和刚度。

　　（1）前舱结构分析

　　前舱为电子仪器舱，其从机头开始到有效载荷舱前端结束（有效载荷舱大开口前端框）。前舱结构主要承受飞行时的气动载荷、仪器及自身惯性载荷、着陆时前起落架的冲击载荷等。由图 2-23 可知前舱有 6 个框，按照从前到后的顺序，我们分别称为 1～6 框。

其中 1 框为头框，2、3、5 框为下半框，4、6 框为全加强框，这样的布局使前舱被分为 2 个舱，这 2 个舱用于安装各种电子设备和存储设备等。第 1 个舱的上壁板为仪器舱口盖，在设计上仅承受局部气动力，不传递总体力，该设计有利于快速安装及更换电子设备。从飞行器总体传力角度分析，中舱为大开口构型，需要前舱后段对其进行结构加强，因此第 2 个舱上壁板为固定壁板结构。

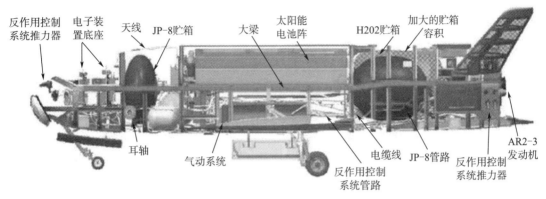

图 2 - 23　X - 37B 飞行器布置图

（2）中舱结构分析

中舱为有效载荷舱，其主要用于携带有效载荷，收放起落架，收放太阳能帆板，同时平衡飞行器总体载荷，包括航向载荷、展向载荷及主起落架载荷。中舱为上部大开口结构，大开口口盖具有散热片结构，在设计上口盖仅能承受局部的气动力和局部载荷，不能传递总体力。中舱在航向上主要布置了 5 个加强框，按照前后顺序，分别称为 6～9 框：6 框为有效载荷舱门大开口前加强边框；7 框为太阳能帆板舱段与起落架舱段的间隔框，同时 7 框与机翼根肋的前交点相连，平衡部分机翼载荷；8 框为起落架舱段的后支持框，同时 8 框与机翼主梁相连，承受机翼载荷；9 框为载荷舱后端框，同时 9 框与机翼的墙结构相连，承受机翼载荷。由图 2 - 23 可以看出，在中舱段还有些弱支持框，例如，在太阳能帆板舱段下部有半加强框，在起落架舱中部有局部加强框。中舱段为重要受力区域，为飞行器受力主要校核区域。

（3）后舱结构分析

后舱从 9 框开始，一直到机身尾端框结束。后舱主要承受航向推力载荷、V 尾载荷、阻力板载荷、体襟翼载荷及局部气动载荷，为发动机及燃料贮箱等提供支持。沿航向向后，后舱截面逐渐变宽。经初步分析，这种设计可以为贮箱、发动机、阻力板驱动机构、体襟翼及 V 尾的舵机提供安装空间。后舱结构有 7 个框，按照前后顺序，将这些框定义为 10～16 框。其中 13～15 框参与平衡 V 尾载荷，12～14 框参与平衡上部的阻力板载荷，15 和 16 框参与平衡体襟翼载荷，16 框为尾端框，参与与火箭接口传力。

V 尾的固定连接结构如图 2 - 24 所示，由 V 尾辅助梁、机身大梁、框及小型隔板等结构构成抗扭力盒段。垂尾大轴固定于盒段之中，盒段之间可以安装摇臂式舵机等，这种空间布局形式有利于结构传力的布置和空间实现。

　　在飞行器后舱综合利用了阻力板开口边梁和侧壁通梁，并在下侧壁板设置 2 根纵梁用于设置与火箭接口连接结构。

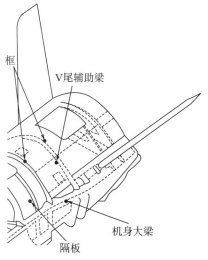

图 2 - 24　V 尾传力结构布置示意图

（4）机翼结构分析

　　X - 37B 机翼为全高度蜂窝夹层整体结构，装配时左右机翼主梁插入机身，在机身对称面内通过钛合金角盒完成对接。机翼主梁与机身 8 框相连，前后梁分别与机身 7 框、9框相连。图 2 - 25 为 X - 37B 机翼有限元分析云图。

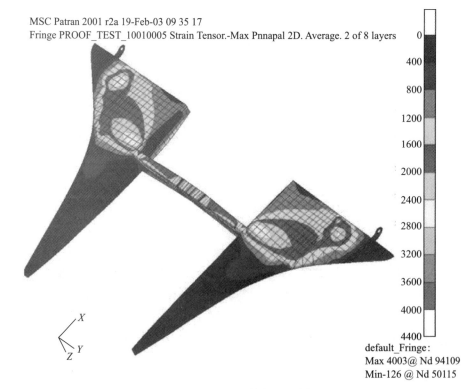

图 2 - 25　X - 37B 机翼有限元分析云图

2.3.4　X-37B 结构系统技术特点

综合分析 X-37B 结构系统，其具有以下特点：

1）防热承力结构一体化；

2）与空天环境适应的复合材料整体结构及相关技术的应用（尤其是以双马来酰亚胺和聚酰亚胺为代表的耐高温树脂基复合材料整体结构是其主要发展方向）；

3）全复合材料飞行器结构；

4）先进的复合材料结构设计方法和思想；

5）虚实结合的试验验证体系；

6）高精度模具技术及大尺寸整体结构成型工艺；

7）复合材料整体结构大量采用胶接/二次固化工艺；

8）复合材料结构与热防护结构的匹配和连接技术。

2.4　云霄塔（SKYLON）飞行器结构方案概述

2.4.1　SKYLON 飞行器概述

SKYLON 飞行器是由英国喷气发动机公司（Reaction Engines Limited）主导设计的可水平起降、单级入轨的可重复使用运载器（如图 2-26 所示）。其长约为 83 m，翼展为 25.4 m，理论起飞质量约 345 t，远超美国航天飞行器的规模（航天飞行器全长为 37.24 m，翼展为 23.79 m，满载质量约 102 t）。SKYLON 飞行器三视图如图 2-27 所示，方案总体布局示意图如图 2-28 所示，表 2-1 列出了 SKYLON 飞行器的主要参数。

图 2-26　SKYLON 飞行器想象图

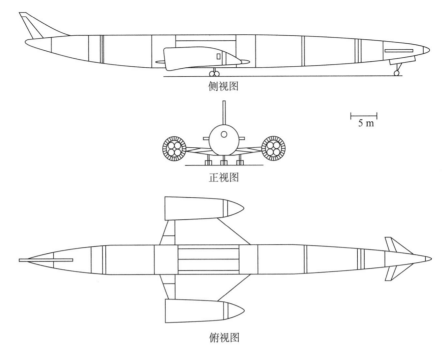

图 2 - 27　SKYLON 飞行器三视图

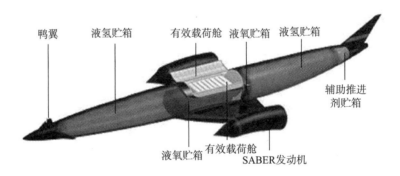

图 2 - 28　SKYLON 总体布局示意图

表 2 - 1　SKYLON 空天飞行器主要参数[2]

尺寸/m	机长	83.3
	机身直径	6.75
	翼展	25.4
质量/kg	自重	53 000
	推进剂质量	277 000
	最大理论起飞质量	345 000
运载能力/kg	赤道上空 300 km 高的轨道	15 000
	国际空间站（轨道高度 408 km，倾角 51.6°）	9 000
	极地轨道（轨道高度 250 km，倾角 98°）	4 800

续表

发动机相关参数	吸气状态最大推力	2×1 350 kN
	吸气模式比冲	35 000 N·s/kg
	火箭发动机最大推力	2×1 800 kN
	火箭发动机比冲	4 500 N·s/kg
使用寿命	重复使用次数	200 次

2.4.2　SKYLON 结构系统

SKYLON 机身由多层结构组成，包括气动外壳、隔热系统、主承力结构和贮箱等，如图 2-29 所示。为了将研制成本和风险降至最低，SKYLON 采用现有的或近期可突破的材料技术，并利用先进的制造技术和新颖的结构方案来实现轻质设计。SKYLON 飞行器一项重要的革新就是采用了非硬壳式结构，其负责承载的主要结构是一个空间桁架结构，该空间桁架结构由碳纤维增强塑料（CFRP，carbon-fiber reinforced plastics）制成，铝合金贮箱通过凯夫拉带悬挂于该结构内。气动外壳蒙皮采用了耐高温的 SiC 纤维增强玻璃陶瓷材料。

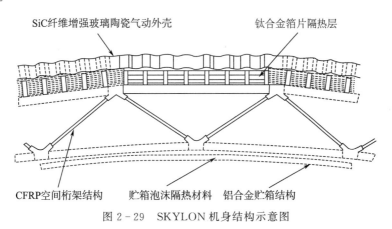

图 2-29　SKYLON 机身结构示意图

（1）气动外壳

SKYLON 气动外壳作为机身最外层蒙皮，需要承受气动压力和气动热，采用承力-防热一体化结构。气动外壳采用被动辐射冷却技术，在上升段飞行期间，外壳的最高温度可达到 582 ℃；再入期间，通过被测蒙皮的主动反馈来动态控制飞行轨迹，使外壳的温度保持在 827 ℃以下。上述温控的实现得益于 SKYLON 的低弹道系数设计以及其较为有效的俯仰控制特性。此外，SKYLON 气动外壳良好的密封性可以阻止再入时热流进入机身内部，从而保障飞行器的安全。

SKYLON 飞行器气动外壳蒙皮采用 0.5 mm 的板材，通过简单的冲压技术形成波纹板结构，如图 2-30 所示。波纹板结构增强了气动外壳的纵向弯曲刚度和强度，并且在机身圆周方向允许适度的结构热膨胀。

图 2-30　SKYLON SiC 玻璃陶瓷波纹板蒙皮

成本是 SKYLON 飞行器研制过程中的重点考虑因素。气动外壳的最初设计采用了 C/SiC 材料，该材料具有低密度（2 100 kg/m³）和较高温度极限（1 527 ℃）的优点，但其成型复杂，需要较长的工时和较高的费用。目前已选定的基本材料为 SiC 纤维增强玻璃陶瓷，该材料成型仅需简单的热压操作。预计通过减少加工时间和提高成型质量（极低的空隙率及较好的过程控制）可将成本降低。尽管该材料的最高使用温度（1 197 ℃）略低于 C/SiC，但仍适用于 SKYLON 的气动外壳（最高温度为 827 ℃）。采用增强 SiC 玻璃陶瓷的缺点是蒙皮的密度有所增加（约为 2 620 kg/m³），导致蒙皮质量增加约 25%，但与其低成本优势相比，该质量的增加是可以接受的。

（2）机身隔热系统

SKYLON 机身隔热系统由钛合金箔片隔热层（TPI）、空气隙和贮箱泡沫隔热材料三层隔热层组成（图 2-29），每层隔热层各自均具有其独特的功能，但在进行隔热系统设计时需要综合考虑，使三者的结合能达到较好的隔热效果。SKYLON 具有较低的弹道系数，因此其再入发生在相对较高的高度（比航天飞行器高 10 km）。整个再入期间，飞行器内部气压非常低（小于 2 Pa），导致分子平均自由程相对较长（大于 20 mm），从而使得气体热导率接近于真空绝热。SKYLON 飞行器中最有效的隔热系统是一个通过紧密排列（间隔小于分子平均自由程）来阻止空气传导的多层金属箔片隔热层。金属箔片隔热层在其厚度方向上共排列了 10 片金属箔片，每片箔片间隔 3 mm。金属箔片由 10 μm 厚的钛合金制成，其表面有低辐射涂层。金属箔片隔热层内外温度变化范围较大，其最内层箔片温度约为 367 ℃，而最外层的箔片温度可达 797 ℃。

在加注推进剂之前，SKYLON 内部空间的气体需被排空，随后在环境压力下充入干燥氮气，以阻止氢气泄漏形成可燃混合气体。由于低温环境及金属箔片之间存在的传导气体，隔热层的抗辐射层会发生"短路"，其表现为一条停滞的空气隙。然而，由于液氢贮箱的激冷效应在这个巨大的空气隙中形成了自然对流，因此在这个区域中，传热的主导模式是对流而不是传导。通过贮箱隔热泡沫和连续的空气隙的组合，可以达到很好的隔热效果。机身隔热系统的设计，除了要确保整个隔热系统具有合适的热导率外，还要防止内部的氮气发生冷凝现象。因为一旦机身内部氮气发生冷凝现象，将会增加飞行器发生危险的可能性，并使隔热系统的热导率增大。因此，贮箱隔热泡沫和空气隙两者的热导率应该相互匹配，以保证贮箱隔热泡沫外表面的温度要高于氮气的露点。在最终的设计方案中，空气隙宽度为 130 mm，且包裹了整个机身内部结构，贮箱隔热泡沫采用了 10 mm 厚的聚氯乙烯泡沫（密度为 60 kg/m³），并直接黏附在贮箱壁外表面。

（3）贮箱

SKYLON 贮箱采用了低贮箱压力加增压泵的方案。低贮箱压力（液氧和液氢贮箱的压力约为 0.1 MPa）允许采用普通的铝制贮箱焊接技术，不会导致不可接受的质量增加。SKYLON 所有贮箱均采用 2014 - T6（2A14）材料，其壁厚在 0.3～0.6 mm 之间。贮箱泡沫隔热材料黏附在贮箱外壁上，以改善其在低温环境下的特性。未来将应用性能更为优越的贮箱材料（如钛合金或铝锂合金等）在 SKYLON 上，以进一步降低贮箱质量，而低温复合材料贮箱也是研究方向之一。贮箱在轴线方向与贮箱基座连接固定，并且允许贮箱在轴线上相对机身结构有适度的膨胀和收缩；在垂直于机体轴线方向，贮箱通过切向带与机身纵梁连接，以承受贮箱切向载荷，并允许贮箱在垂直方向上有适当膨胀和收缩。切向带由绞合的凯夫拉纤维线构成，在低温下具有热导率低、膨胀系数小和强度大等优点。

（4）机身主承力结构

SKYLON 飞行器的结构必须能够承受整个飞行过程中的各种复杂载荷，保持结构稳定。其最大载荷出现在垂直俯仰面上（以 2 g 的加速度拉起机动时），除此以外，后部的垂直尾翼也将产生较大的横向载荷，在偏航飞行期间各个舵面还将产生较大的扭转力矩。

SKYLON 机身主承力结构是一个空间桁架结构，整个机身可近似为梁结构，承受沿其长度方向的各种气动及惯性载荷。空间桁架由间隔 0.3 m 的环形框架（径向支撑气动外壳）和斜向支撑杆组成，如图 2-31 所示。机身纵向设置了 4 根纵梁来承受法向和侧向弯矩载荷：机身上部的 2 根纵梁对称设置于两侧的有效载荷舱门转轴附近，用于支撑舱门并对有效载荷舱的大开口进行加强，同时避免机身刚度发生突变；下部 2 根纵梁对称设置于翼身连接处上部，以支撑机翼。4 根纵梁在每个环形框处与空间桁架结构进行连接。为了便于装配和维护，机身采用了模块化设计，从前到后，机身依次分为前机身段、前贮箱段、中机身段、后贮箱及尾锥段，纵梁在各机身段采用分段设计。

SKYLON 机身结构设计是由刚度主导的，而不是出于对整体和局部强度的考虑。在局部，单个空间构架的设计由其欧拉不稳定性和局部壁板翘曲所决定。为了将应力水平最大化并将结构质量降至最低，需要采用一种 E/ρ 值（E 为弹性模量，ρ 为材料密度）尽可能大的材料。由于碳纤维增强复合塑料（CFRP）具有较高的比强度和比刚度，能较好满足上述要求，且具有较好的耐高温性能，因此其成为了最好的选择。另一个突出的采用 CFRP 的好处是，空间桁架结构主要承受轴向载荷，可以充分利用纤维轴向承载大的特性。

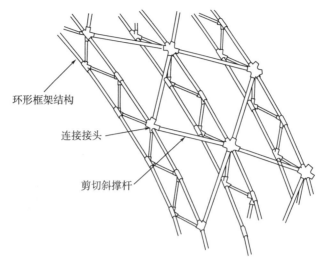

环形框架结构

连接接头

剪切斜撑杆

图 2-31　SKYLON 机身桁架结构示意图[3]

2.4.3　SKYLON 起落架系统

　　SKYLON 飞行器利用起落架系统（图 2-32）完成地面起飞和返回着陆，以及吸收地面滑跑和着陆时撞击能量。SKYLON 飞行器起落架系统质量占飞行器总质量的 1.5%。起落架系统布局采用前三点式布局，前机轮采用双机轮形式，主机轮采用四机轮形式，通过油液缓冲装置实现缓冲性能。根据目前掌握的有限资料分析，可以看到其"借鉴传统设计，紧抓关键技术"的研制思路。

图 2-32　SKYLON 起落架

　　SKYLON 飞行器起落架系统有别于传统飞行器起落架系统，在使用传统设计方法和站位布局的同时，需找到航天飞行器起落架系统研制的关键技术进行重点突破。要实现从航空飞行器到航天飞行器的跨越，起落架系统在太空环境、着陆速度、减摆设计等方面需要进行重点设计和试验验证。从相关报道的分析可以了解到，油液缓冲装置及机轮、轮胎和刹车装置设计是 SKYLON 起落架系统设计的难点和研究重点。相比较美国的航天飞行器，SKYLON 的着陆质量更大，因此需要高效的刹车装置和能量吸收装置以确保飞行器的安全着陆，防止机轮和轮胎因温度过高而引发轮胎爆胎；油液缓冲装置在经受太空使用环境时，需要考虑非金属密封件的失效及高压液压油的泄漏问题，同时还需保证多次使用时的可靠性，SKYLON 起落架系统将油液缓冲装置列为一项关键技术和设计难点。以上关键技术均设计有专项试验进行验证，以保证其任务可靠性。

2.5　IXV 结构方案概述

2.5.1　IXV 飞行器概述

过渡性实验飞行器（IXV，Intermediate Experimental Vehicle）旨在测试过渡性实验飞行器系统，为将来欧洲形成可重复使用滑翔返回式天地往返运载能力做技术储备，其被媒体称为欧洲版的迷你航天飞行器。IXV 飞行器为升力体式构型，航向长度为 4 400 mm（不包含体副翼结构），法向高度为 1 540 mm，侧向宽度为 2 237 mm，全飞行器质量约为 1 800 kg（接近运载火箭的运载能力）。ESA 建造这架飞行器共历时 5 年时间，花费 1.5 亿欧元。相对于美国的 X-37B 飞行器而言，IXV 是更为小巧的能力验证飞行器，如图 2-33所示。

图 2-33　IXV 飞行器及 Vega 火箭

据公开报道，ESA 曾计划于 2014 年 11 月 18 日 IXV 飞行器由织女星（Vega）火箭（图 2-33）搭载从南美洲的法属圭亚那航天发射场发射，到达 320 km 的高度时与 Vega 火箭分离，继续爬升至 412 km 时开始再入，在 120 km 高度时飞行器速度将达到 7.7 km/s，经过约 100 min 的飞行后，最后降落于太平洋（图 2-34）。该次飞行任务中 IXV 将携带一套完整的仪器收集试验数据，测试很多关于 IXV 的重要功能指标，其包括空气动力学、导航系统及控制系统等。Vega 火箭此前仅进行过极地轨道飞行任务，而这次试飞需要将 IXV 飞行器送入朝东航向的亚轨道,这对 Vega 运载火箭来说是次不寻常的任务,ESA 坚持对其装置性能进行更多测试及了解,以防止发射时出现任何问题。但这已是 ESA 第二次推迟 IXV 发射计划,此前 ESA 也曾宣布 IXV 将于 10 月进行发射,足以见得 ESA 对 IXV 发射事件的重视。

2013 年 6 月 19 日,IXV 飞行器完成其重要的里程碑节点测试试验——低空投放试验。一架直升飞行器在意大利地中海撒丁岛附近上空 3 km 的高度释放了一个 IXV 全尺寸模型,以测试模型的飞行处理和降落伞系统。如图 2 - 35 所示,2014 年 6 月,ESA 进行了类似的 IXV 投放试验。这些试验表明 IXV 飞行器在执行太空任务后可以安全回收。

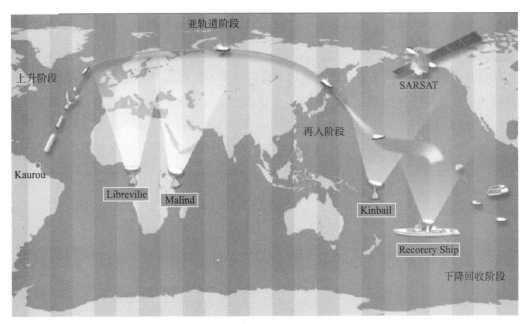

图 2 - 34　IXV 任务剖面

图 2 - 35　IXV 低空投放试验

由 IXV 的名称可知，该飞行器是仅用于试验的技术验证飞行器。在 IXV 飞行器再入试验成功后，ESA 后续将会开展更为深入的 ISV（Innovative Space Vehicle）发展计划。在 ESA 官方网站上，我们可以看到这个可能被命名为 PRIDE 的 ISV 飞行器未来发展趋势的设想，如图 2 - 36 所示。未来的 ISV 飞行器将增加机翼、V 尾和太阳能电池阵等结构，提高机动变轨能力及有效载荷投放功能，添加可实现飞行器水平着陆于机场跑道的起落架。从其任务剖面及具备功能来看，该飞行器接近美国当前的 X - 37B 航天飞行器。

图 2 - 36　欧洲空间局 ISV 发展设想

2.5.2　IXV 结构系统

IXV 结构系统组成如图 2 - 37 所示，该结构系统主要由框（横向构件）、桁（纵向构件）、口盖及壁板组成。主体结构主要选用碳纤维增强复合材料（CFRP）。壁板包含上壁板、下壁板及侧向壁板（2 块）。

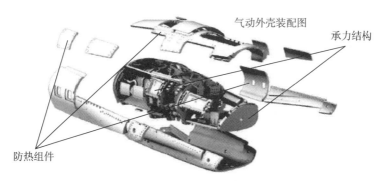

图 2 - 37　IXV 结构系统组成

IXV 结构须承受运载段及再入段载荷，且满足飞行器强度及刚度要求。Vega 火箭要求其 1 阶横向频率不能低于 15 Hz，飞行器与火箭不能发生耦合振动（图 2 - 38）。

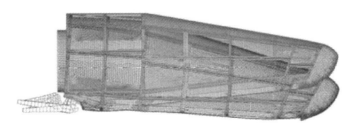

图 2-38　1 阶模态变形（已放大）[4]

　　由图 2-39 可知，IXV 飞行器框结构包含 5 个主承力框，将 IXV 从前到后共分为 4 个舱段。其中第 1 个舱段主要用于安装航电设备及浮力气囊，第 2 个舱段主要为降落伞舱，第 3 个舱段主要用于放置降落伞发射装置及浮力气囊，第 4 个舱段主要为伺服及控制舱。

　　由图 2-33 可以看出，IXV 飞行器与 Vega 火箭通过锥形转接段实现连接，IXV 尾端框中部为口盖结构，同时还可提供与转接段的连接接口。由图 2-39 可知，IXV 第 4 舱段中部为圆柱筒状结构，该结构主要用于传递运载段的载荷，并通过柱筒外侧的 4 个剪切板结构将载荷扩散至 IXV 下壁板及侧壁板结构。

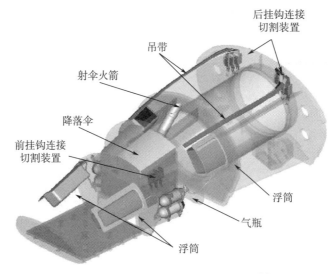

图 2-39　IXV 飞行器框结构示意图[5]

　　IXV 壁板结构是 IXV 结构承力的主要构件，并为防热系统（TPS）安装提供支持。由图 2-37、图 2-40 及图 2-41 可以看出：IXV 上壁板为多口盖结构，较多的系统开口使 IXV 的上壁板在传力路线上存在锯折现象，该设计减弱了上壁板的传载能力和传载效率，这或许是迫于无奈的结构构型。由此可以推断出 IXV 飞行器结构主要依靠下半段结构承载。由图 2-37 可以看出 IXV 的侧壁版和下壁板为复杂的曲面结构，且壁板曲面并不连续，由图 2-42 我们可以清楚地看到壁板结构的不连续处。这种复杂曲面、变厚度且不连续的壁板结构制造材料非复合材料莫属。

图 2 - 40　转运中的 IXV

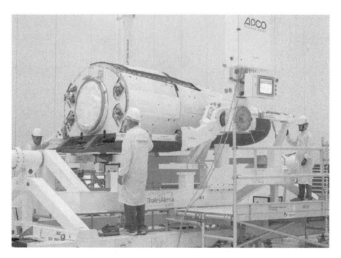

图 2 - 41　测试中的 IXV

图 2 - 42　IXV 壁板结构

2.5.3 IXV 机构系统

IXV 机构系统由飞行器尾部的 2 套体副翼舵面传动机构组成，左右对称设置，如图 2-43所示，通过与 RCS 配合完成飞行姿态的控制。

与 X-37B 不同的是，2 个体副翼舵面转轴轴线方向与飞行器全机坐标系 X、Y、Z 轴均不重合，而是与坐标轴呈一定的倾角关系。这种设计应该是基于气动和控制的考虑，可加强体副翼舵面对飞行器滚转与方位姿态控制的能力。

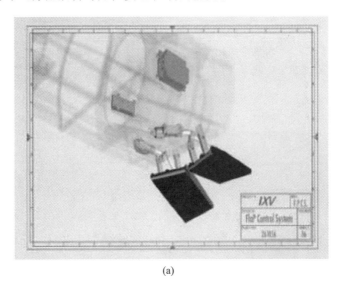

(a)

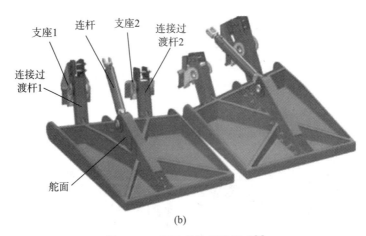

(b)

图 2-43　IXV 机构系统组成[4]

与 X-37B 相同的是，体副翼舵面传动机构同样采用双摇臂传动形式，包括 6 个铰链转动副和 1 个直线移动副，其原理图如图 2-44 所示。其中，2 个体副翼舵面采用 C/SiC 材料，用于承受外部高温环境与载荷。伺服作动器、辅助摇臂、舵机座和辅助摇臂座均安装在飞行器舱内，采用金属材料。连杆可能采用金属材料内芯＋外层热防护套的设计方案。几处外露的铰链轴承现未有资料提及，但出于防卡滞的考虑，应当选用向心关节轴承，现已在耐高温轴承研制技术方面已突破。从图 2-43（a）中的相对比例可以推断，选用的耐高温轴承轴径并不大。

机构系统设计较为特殊之处在于体副翼舵面的 2 个挂点分别连接在同一段矩形连接过渡杆上，而连接过渡杆与连接在飞行器结构上的支座采用销钉连接［如图 2-43（b）所示］，连接过渡杆的杆端同时还与飞行器结构进行螺栓连接。采用这种方案的原因或许是由于体副翼舵面轴线位置已超出飞行器下表面，增加连接过渡杆可使防热方案更为简单、连接接口更易实现。若图 2-43（a）中深色区域为耐高温材料，则连接过渡杆也可采用 C/SiC 材料。

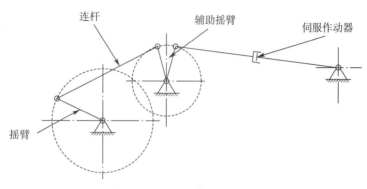

图 2-44 IXV 机构系统原理图

2.6 追梦者（Dream Chaser）结构方案概述

2.6.1 Dream Chaser 飞行器概述

Dream Chaser 号航天飞行器（如图 2-45 所示）为美国内华达山脉公司研制的一款小型飞行器，长约 29.5 ft（9 m），翼展为 22.9 ft（7 m），大约是航天飞行器大小的 1/3（图 2-46），用于执行面向国际空间站和近地轨道的乘员输运和货运任务，但其货运能力并不突出。

追梦者采用升力体结构，最多能够搭乘 7 名航天员，可完成 7 天的太空飞行，并实现了与国际空间站对接，如图 2-47 所示，在空间站停留长达 210 天。追梦者不采用于任何有害材料，因此其可以在全世界任意跑道上着陆，也不需要任何专门的设备。升力体结构的设计可以减小追梦者再入的加速度，使其一般低于 1.5 g，而且可以保护敏感有效载荷并给航天员提供良好的再入环境。追梦者可以频繁地实现脱轨着陆，并在一个小时内将生病/受伤航天员送回地面。

追梦者由火箭顶推不带罩发射入轨，如图 2-48 所示。完成任务后无动力升力再入返航，采用水平着陆，经简单检测与维护后实现高效、低成本的重复使用。

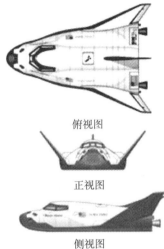

俯视图

正视图

侧视图

图 2-45　Dream Chaser 示意图

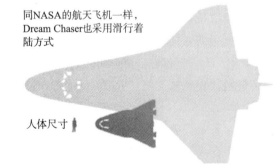

同NASA的航天飞机一样，Dream Chaser也采用滑行着陆方式

人体尺寸

	Dream Chaser	航天飞机轨道器
研制公司	内华达山脉公司	洛克维尔公司
首次试飞	待定	1981
乘员数	最多7人	最多7人
运载火箭	阿特拉斯5火箭	STS
整体长度	29.5 ft (9 m)	122 ft (37 m)
翼展	22.9 ft (7 m)	78 ft (24 m)

图 2-46　Dream Chaser 与航天飞机的数据对比

图 2 - 47　Dream Chaser 与空间站的对接

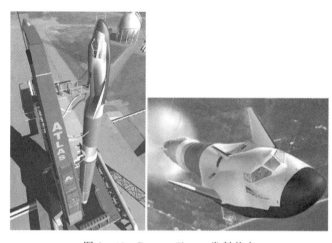

图 2 - 48　Dream Chaser 发射状态

2.6.2　Dream Chaser 飞行器结构发展历程

　　追梦者的设计是直接基于 NASA 兰利研究中心研制的 HL - 20 飞行器，HL - 20 的研制在 1995 年被中止。但此时已完成了从马赫数 0.05 到 20.3 的 1200 次风洞试验，对轨道、操作和着陆等的研究已形成至少 37 份记录报告和 26 份 NASA 技术报告并得到公开。

　　下面对 HL - 20 飞行器的结构方案进行概述。

　　HL - 20 飞行器的结构受飞行任务载荷状态的影响，如图 2 - 49 所示。HL - 20 的主要结构由 2 部分组成：乘员舱和挡热板（如图 2 - 50 所示）。次要结构包括 2 个斜置尾翼，8 个大型进入平板和 1 个中心尾翼，次要结构在图中没有显示。乘员舱作为主要的结构元素，为航天员提供乘坐空间。中部由平底圆柱舱和驾驶舱组成，尾部是圆锥形。从乘员舱外延 4 个框用以支撑挡热板、分系统和进入平板。乘员舱在尾部与助推器连接，并且为其他部件提供支撑。

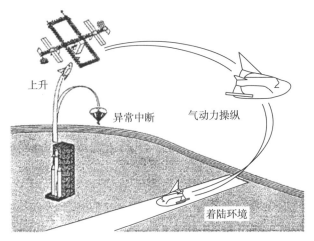

图 2-49　HL-20 飞行器的飞行载荷任务状态

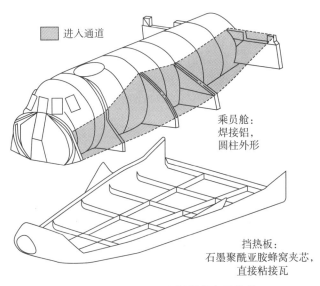

图 2-50　HL-20 飞行器的主要结构

　　当 HL-20 处于发射台、与空间站对接、正常着陆或水上紧急着陆状态下，其入口和出口是必须设置的。前部的舱口可以用于发射前的进入和水上着陆时的逃逸，尾部的舱口可以作为与空间站对接时的通道以及正常着陆时的出口，如图 2-51 所示。

　　挡热板与外伸框和乘员舱相连，提供隔热功能。当其被移开时，可以作为制造和检验压力容器的入口。挡热板由石墨聚酰亚胺蜂窝夹芯构成，并采用了直接粘接的防热瓦概念，即将防热瓦直接粘接到石墨聚酰亚胺蜂窝夹芯上，因为其具有相似的热膨胀系数。

　　HL-20 的分系统位于乘员舱外部一个非加压区域。该区域能够通过进入板进入，包含可回收着陆架、轨道机动系统、反作用控制系统、主要能源、环境控制和生命支持系统，以及电子系统和人员供给。

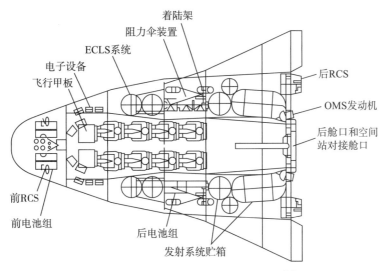

图 2 - 51　HL - 20 飞行器的结构组成[6]

高温可重复使用表面绝热层（HRSI）运用在飞行器的下表面和某些覆盖面，毡式可重复使用表面绝热层（FRSI）运用在飞行器的上表面，先进碳/碳绝热层（ACC）运用在高热流区域，如机翼前缘、控制面、前端和体副翼等，如图 2 - 52 所示。

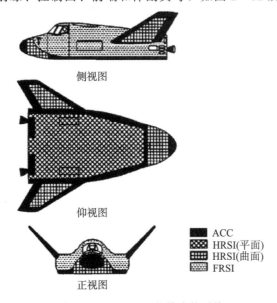

图 2 - 52　HL - 20 的热防护系统

乘员舱采用蒙皮桁条结构，框进蒙皮内，桁条间隔约为 17 in（1 in＝2.54 cm）。乘员舱的加压壳体采用 AL2219（2A16）材料，并采用焊接和机械紧固件来保证加压区域的密封性。乘员舱的主要环形隔框采用的是 AL2219（2A16）蒙皮和铝蜂窝的夹芯结构。

在飞行器的尾部采用更大的环形隔框，用以加固机身、传递翼梁到机身的载荷，也可用来连接轨道机动系统（OMS）。4 条轴向的大梁作为座椅导轨，能够将复合的内在载荷

（人员和座椅等）传递到加固的通道区域，同时 4 条大梁还能减小飞行器的屈曲。翼肋和翼梁能够将机翼载荷传到机身。

2005 年内华达山脉公司开始着手研究商业载人航天器——Dream Chaser。基于对 HL－20 的研究分析，该公司继承了 HL－20 的设计，用以减少技术风险和快速实现设计固化。该公司更新了兰利研究中心对 HL－20 复合材料和结构技术的最新研究，并基于自身的经验和方法发展了复合材料乘员舱技术。设计中增加了液态一氧化氮氧化剂和固体橡胶燃料的固液混合推进器；将 HL－20 的厚平尾翼改为翼型截面尾翼，使其可以在接近地面和着陆时提高操纵质量；采用新型的对接系统来完成尾部舱口与空间站的对接；新型的反作用系统采用无毒、耐储存的推进剂。

另外，Dream Chaser 还开展了风洞和计算流体动力工作，基于 HL－20 原始数据进行微调翼型、控制外形和填充间隙。开展 15% 大小的结构模型飞行试验来验证飞行器的动力特性且测试其飞行控制运算法则。该项目还开展了全尺寸飞行器结构试验。

Dream Chaser 的组成如图 2－53 所示，结构框架如图 2－54 所示，结构系统产品实物如图 2－55 所示。

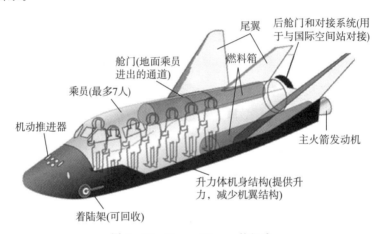

图 2－53　Dream Chaser 的组成

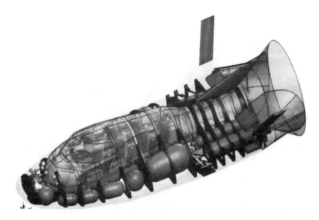

图 2－54　Dream Chaser 的结构框架

图 2-55　Dream Chaser 结构系统产品实物图

　　内华达山脉公司指出，Dream Chaser 面临的挑战包括材料的选择和航天员所处空间结构能否承受任务环境中温度的变化（−54～177 ℃）（不以牺牲强度和其他性能为代价）。最终 Dream Chaser 采用了复合材料组成飞行器的主要和次要结构，包括舱体、舱壁、斜置尾翼和减速伞等。采用的复合材料主要是由预浸渍的碳纤维/双马来酰亚胺树脂构成，组成了织物、单向带或是带非金属蜂窝的夹芯结构。这些材料在高温下可以保留良好的强度；低的热膨胀系数减小了结构内部热梯度的影响；高的硬度减小了应变对挡热板的影响；在再入大气过程中，因其极限热梯度与陶瓷瓦和飞行器的覆盖材料相似，减小了挡热板的热应变对飞行器的影响。综上所述，该复合材料能够有效地保护航天员与货物。

Dream Chaser 飞行器结构的材料特点如下（图 2-56）：

1) 碳纤维/双马来酰亚胺树脂（BMI）复合材料形成该飞行器的主要和次要结构；

2) 主要组成蒙皮采用共固化/共胶接手段与梁或桁条连接；

3) 3D 成型技术加强了组成结构的结合强度。

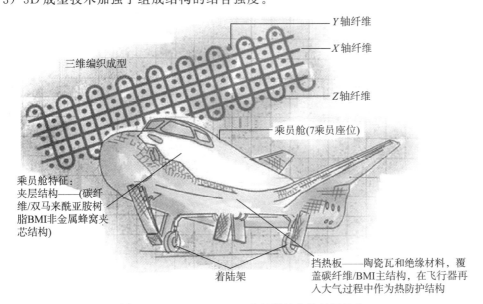

图 2-56　Dream Chaser 飞行器结构的材料特点

　　后航天飞行器时代，Dream Chaser 在总结了航天飞行器经验教训的基础上，不断迈向新的发展水平。其已于 2010 年 11 月 19 日开始开展结构试验（如图 2 - 57 所示），于 2013 年 10 月 26 日完成了无动力投放飞行试验（如图 2 - 58），预计于 2016 年 11 月 1 日，由联合发射联盟的阿特拉斯 5 型火箭执行 Dream Chaser 的首次发射任务。内华达山脉公司的官员认为首飞后还需进行几次测试，预计在 2017 年进行近地轨道的载人任务。

图 2 - 57　Dream Chaser 结构试验

图 2 - 58　Dream Chaser 无动力投放飞行试验

2.6.3　Dream Chaser 飞行器的创新性

Dream Chaser 飞行器的创新性具体如下。

1) 采用翼身融合、高升阻比气动构型，可支持火箭不带罩顶推发射，具有较强的任务适应性，且在机动性、全寿命周期和再入环境等方面与航天飞机相比具有明显的优势。

2) 以可重复使用、高性价比和安全性为目标，不断更新系统方案。

· **起落架**：取消前轮和转向机构，简化系统方案；

· **热防护系统**：使用可在多次飞行后大批量替换的防热瓦，降低维护成本；

· **姿控发动机**：使用非易爆乙醇基燃料，在着陆后可立刻对其进行处理；

· **轨控发动机**：采用推力可调的固液混合火箭发动机，具有无毒易存储的特性。

3) 私人企业参与航天运输领域的商业项目激发了创新源动力，这对于技术发展、降低研制成本和推进项目快速发展具有重大意义。

参 考 文 献

［1］　鲁宇，等.世界航天运载器大全.第2版.北京：中国宇航出版社.2007.

［2］　Bond A. Skylon users' manual 2nd. 2009.

［3］　VARVILL R，BOND A. Application of carbon fibre truss technology to the fuselage structure of the SKYLON spaceplane. Journal of the British Interplanetary Society，2004.

［4］　Tumino G. The IXV project. IAC－08－D2. 2001，6.

［5］　Loddoni G，Signorelli M T. IXV adaptation to vehicle reconfiguration. AIAA 2010－6088.

［6］　Bush L B，Wahls D M. Preliminary structural evaluation and design of the HL－20. AIAA－93－1058.

第3章 可重复使用新型航天飞行器结构设计完整性要求

3.1 可重复使用新型航天飞行器结构的设计目标

结构设计受目标的影响很大，而且由于性能、风险和费用，一些其他偶然事件（如任务约束），或飞行器细节及其结构和工作模式等因素，使得我们不能确切地规定或强求实现这些目标。

下列给出在可重复使用新型航天飞行器结构设计中将遵循的原则[1]。

3.1.1 质量

考虑到结构质量对飞行器性能的重要影响，与设计压力容器时不同，结构设计应仅以严重的飞行着陆、起飞情况，以及包括可重复使用工作环境的积累效应为基础。

出于实用的角度，应采用如下设计思路：使得除飞行以外的载荷由地面设备承担，而不是由飞行设备和结构承担；与空中转场有关的飞行器载荷不应超过其他飞行段的设计水平。

3.1.2 工艺性

为便于制造和修理，结构设计应采用经过验证的工艺过程和方法，并且在制造期间应进行检验。

3.1.3 简易性

结构设计应强调元件、组件及系统的形式和组合的简易性，以便准确确定传力路线，提高计算应力、应变和结构响应的置信度。

3.1.4 维护性

结构设计应使飞行器结构能通过最少的人力物力就可维修或恢复到适航状态。应重视结构材料、形状、紧固零件和密封的设计，以降低维修性的要求，同时也应适当考虑可达性、检验、使用、替换、维修和整修的需求。

3.1.5 可达性

为便于检查和重复使用的整修，结构设计应允许充分接近元件和结构。根据可达性结构应采用如下设计思路：从结构方面考虑，不应对出入舱门和仪表板的移动或装配制定特殊的要求；应优先考虑更换率较高元件的设置，以便替换。

3.1.6　互换性

替换元件、组件或系统后，结构性能不应降低。

3.1.7　维修性

结构性能不能因维修而降低，且设计人员也不应允许出现维修而造成的性能下降。维修后的结构应满足所有适航规定。

3.1.8　贮箱适用性

当飞行器装在发射器上时，结构设计应允许以任意顺序给贮箱进行加注和泄出。当贮箱泄出时，应采取措施防止内压减小到低于外部环境压力值。

3.1.9　费用

结构设计时需考虑飞行器完成 100 次飞行任务的总费用，并尽量使之降至最低，这些费用包括研制、生产、任何使用、检查、修理或完成任务所必需的费用。

3.1.10　各项要求的相容性

为了保证各项要求的相容性，在设计过程中应尽可能早地确立下列要求或限制：
1）安全性；
2）风险/可靠性；
3）可重复使用性；
4）任务持续性；
5）寿命；
6）终止飞行任务；
7）载荷系数；
8）许用的泄漏速率；
9）起飞前的检查时间。

3.2　可重复使用新型航天飞行器结构的设计特性

飞行器结构在其整个使用寿命期内应具有足够的强度和刚度，以承受使用载荷及使用压力而不发生有害变形；结构在预期的工作环境中，应能承受设计载荷和极限压力且不发生断裂或破裂；飞行器中所有压力容器应能承受验证压力且不出现无法恢复的有害变形。如不是在飞行温度下进行验证试验，需考虑在飞行温度下材料特性的下降，以确定验证压力。

校正系数等于在验证温度时预估的破裂压力与在严重设计温度时的破裂压力之比。

在不稳定的压力作用下，压力容器应能承受极限压力和设计载荷且不发生断裂或破裂；当压力稳定时，压力容器应能承受极限压力和设计载荷且不发生断裂或破裂。压力容器最有可能出现的失效模式是泄漏而不是断裂。

若由整个飞行器设计所提供的环境防护不足以将有害影响限制在一定的水平上，那么应采取在这些环境下的防护措施。

有关飞行器的质量、物理、机械、热及尺寸特性，应根据飞行器使用期内预期会出现的所有设计情况来考虑和确定。

3.2.1 可重复使用新型航天飞行器结构的环境条件

可重复使用新型航天飞行器除了需经受在地面的制造、操作、运输、贮存和试验等环境条件以外，一般还需要经历发射、空间轨道运行和（或）返回地面这 3 个特殊的环境条件。发射是指用运载火箭将飞行器送入运行轨道的过程。在发射过程中飞行器要经历声、振动、冲击和加速度等力学环境。空间轨道运行是指飞行器进入空间轨道后提供正常功能和服务的阶段，在该阶段，飞行器要经受真空、微重力、高低温交变、强辐射、原子氧和微流星等太空环境。返回是指当飞行器完成预定的在轨飞行任务后返回地面的过程。返回地面的飞行器要经历再入大气过程中产生的气动力和气动热环境，以及着陆冲击环境等。

可重复使用新型航天飞行器的特点和难点与上述所经历的特殊环境条件有很大关系。其设计要求和试验条件的确定，在很大程度上取决于飞行器的环境条件。因此，为了合理地设计、分析、制造和试验可重复使用新型航天飞行器结构，必须对飞行器经历的所有环境条件有一个全面且正确的了解[2]。

3.2.1.1 地面环境

虽然发射环境是可重复使用新型航天飞行器结构需要考虑的最关键的环境条件，但地面环境条件也绝不能忽视。通常遇到的地面环境有地面自然环境、制造环境、操作环境、贮存环境、运输环境和试验环境，具体说明如下。

（1）地面自然环境

对结构可能有影响的地面自然环境有重力、大气压、温度、湿度、腐蚀和污染。

1）重力。显然，地面上存在重力而在空间轨道上基本没有重力。因此需要考虑地面重力对结构的影响以及两者差别带来的影响。例如，在地面重力作用下结构产生的弹性变形在入轨后会因失重而消失，这对有高精度要求的可重复使用新型航天飞行器设备支撑结构可能造成影响。

2）大气压。飞行器在地面承受 1 个大气压的作用，当其从地面进入空间轨道，外部压力会从 1 个大气压变到真空环境下的无外压状态。这种外部压力环境的变化会使结构经受约 0.1 MPa 的附加内压。因此，需要密封的封闭结构能承受这种附加压力，不需要密封的封闭结构应该增加通气孔，以避免结构受损。例如，蜂窝夹层结构应选用穿孔的芯子。

3）温度。地面温度的变化会使飞行器结构产生一定的变形，这种变形对制造尺寸精度要求较高的构件会有一定影响，特别是对机构的功能可能产生不利影响。因此应该控制飞行器结构在制造、运输、贮存和试验时的温度环境。

4）湿度。地面湿度环境会使树脂基复合材料产生水解作用，降低树脂基复合材料的机械性能。另外，材料的地面吸湿有可能影响到在轨的结构性能，因此应该控制飞行器结构在制造、运输、贮存和试验时的湿度环境。

5）腐蚀。在地面，大气中的水蒸气与制造过程中在材料表面残留的某些化合物融合后会形成腐蚀介质，从而发生腐蚀现象。腐蚀会在材料表面引起斑点、裂纹或镀层剥落等，有可能降低材料或结构的性能。

（2）制造环境

地面制造过程对结构可能造成的影响主要有：

1）局部应力。其会削弱结构强度，缩短使用寿命。例如，钻孔过程中可能引起材料的开裂，尤其是引起复合材料构件孔边的分层；金属薄板弯曲成型中的过度变形也会导致材料的开裂。

2）残余应力（内应力）。其起因如下：原材料制备、铸造和锻造、焊接中不均匀加热、成型加工和机械加工、不同材料零件胶接加热固化及复合材料加热固化等。一般大多数金属件的加工残余应力并不显著，但有时也可能削弱零部件的强度，此时应采取热处理等措施来消除残余应力。应该特别重视复合材料构件加热固化造成的残余应力，因为其可能会造成材料的分层或开裂，由于复合材料的残余应力不能消除，因此在设计和分析中必须充分考虑。

3）局部变形。残余应力的释放会造成加工零件的变形，这种变形过程有时很缓慢，因此对于要求精确形状和定位的零件在加工时应特别注意。另外，由于飞行器构件一般是薄壁结构，在加工时应注意由于重力引起的变形对加工的精确性的影响，必要时应添加中间支撑。

4）氢脆现象。氢脆现象是金属（如钛合金、高强度合金钢）在热加工时原子氢扩散到金属中造成的，其使金属发生脆性断裂，造成零部件的损坏。

（3）操作环境

在加工、装配和试验过程中，经常有大型部件、舱段和整个飞行器的搬运、起吊或翻转等操作，一般应保证操作载荷不成为关键的设计载荷条件。

例如，在起吊过程中，起吊点位置应不会造成结构产生过大应力和变形；起吊过载不应超过 1.5 g；起吊连接点位置应在被起吊件质心的上方以保持起吊稳定；在舱段等大型结构起吊时，应采用可保持舱段形状的辅助起吊装置。

最常见的翻转操作是在质量特性测试中将飞行器从垂直状态转向水平状态。通常把飞行器结构连接在一个 L 形的支架上，随同 L 形支架一起翻转。必须仔细考虑在翻转中结构的连接强度和刚度，增加必要的辅助支承保证结构连接和支承的安全可靠。

（4）贮存环境

在地面绝大部分时间内，飞行器结构是处于停放或贮存状态。需采取合理的停放姿态、停放支撑或贮存设备，以保证飞行器不因重力影响而产生不应有的结构变形。另外，贮存的环境条件应不对飞行器产生不利的影响，必要时需采用专门的贮存箱或贮存间，以保证合适的温度、湿度和洁净度。

（5）运输环境

运输过程中可能遇到如下环境，应保证过程中的运输载荷不成为关键的设计载荷条件。

1）地面搬运。如使用起重机或叉车进行装卸，使用搬运推车进行地面移动，为了不使结构过度受载，搬运中需要采用工作平稳的专用起重机、提供平整的地面条件和设计专用的搬运设备。

2）地面（公路或铁路）运输。公路运输时引起的载荷通常要高于铁路运输。汽车常遇到的运输环境是粗糙的地面，以及地面的凹坑和突变，并且其具有随机性，会引起较大的冲击载荷。为避免运输造成的疲劳损伤或破坏，应根据运输状态采取必要的减振措施或设计专用的运输包装箱。

3）空运。飞行器运输的载荷环境主要是由一些瞬态事件引起的，如着落和飞行中的阵风，以及由扰动空气引起的随机振动。对此，飞行器运输部门通常设有空运的环境规范，可针对产品运输状态，按照运输环境规范采取专用的运输包装箱，该运输包装箱应设有通气的措施。

（6）地面试验环境

地面试验是在模拟飞行器结构的实际环境或载荷条件下，通过试验检测结构的性能是否满足要求。地面试验条件可分成两类：验收量级条件和鉴定量级条件。通常，验收量级的环境条件是实际飞行环境的包络，鉴定量级大于验收量级（例如为 1.5 倍）。

结构必须通过地面鉴定量级的静力和动力环境试验。为此，结构设计应考虑比实际飞行环境更严酷的鉴定量级的环境或载荷条件。

除此之外，地面试验环境还包括太空辐照环境和温度交变环境，在结构部件设计和材料选择时，应对此类环境的影响做充分的考虑。

3.2.1.2 发射环境

发射过程从飞行器起飞时开始，直到在预定轨道上与运载火箭分离时结束。运载火箭通常由几级助推器组成，每一级的推进剂耗尽熄火后，该级的结构、贮箱和发动机就与运载火箭分离，接着下一级的发动机点火。以下对发射环境中的主要飞行事件进行说明。

（1）起飞和最大噪声

起飞会产生复杂而严重的动态环境。当火箭发动机启动时，在短时间内排气速度发生巨大变化，发射台的排气槽处和周围空气中的压力迅速增加，对运载火箭产生不对称的瞬态空气压力脉动，引起运载火箭和飞行器的严重噪声环境。起飞时如涉及两个以上的助推火箭，当其点火不同步时，就会引起运载火箭和飞行器的横向振动；如果运载火箭在发射台的约束释放不同步，将会造成更大的横向载荷。

（2）最大气动载荷

在运载火箭飞行速度接近并超过声速（跨声速期间）过程中，运载火箭周围的空气因被压缩形成了冲击波，在火箭外表面的气流扰动产生了压力脉动，造成了严重的噪声环境。其还与静态空气压力、稳态风、切变风、阵风，以及稳态加速度和操纵助推器的作用力相结合产生更复杂的载荷环境。

阵风和抖振会在飞行器/运载火箭系统中引起低频弯曲振动，运载火箭会像梁一样进行弯曲振动，这意味着飞行器将承受横向的惯性载荷。

（3）飞行器与运载火箭分离

飞行器/运载火箭组合体进入预定轨道后，首先要释放飞行器与运载火箭之间的连接机构，然后利用弹簧、火工推杆或小火箭等来使飞行器与运载火箭分离。由于释放装置一般采用火工装置，因此对于释放装置附近的飞行器结构应考虑冲击影响。

（4）稳态加速度飞行

除了以上一些动态飞行事件外，发射过程中的大部分时间是整个运载火箭和飞行器组合体在火箭发动机稳定的推动作用下作加速飞行。飞行中，火箭发动机推力是基本不变的，但因火箭推进剂的不断消耗，运载火箭和飞行器组合体的质量在逐渐减少，因此组合体的加速度会逐渐增大。综上所述，各级火箭飞行的最大稳态加速度发生在各级火箭发动机正常燃烧的末期。通常，整个运载火箭的最大稳态加速度发生在一级或二级火箭飞行的末期。

3.2.1.3　轨道环境

飞行器的轨道环境有两类：在轨工作环境和在轨空间环境。

在轨工作环境是由飞行器执行飞行任务引起的，如太阳翼、天线等附件的展开和定向运动，飞行器的自旋、变轨和姿态控制等。这些事件会对飞行器结构和机构产生载荷。所产生的部分载荷可能对飞行器结构影响较大，如太阳翼展开锁定时的冲击和飞行器自旋运动产生的离心加速度等。虽然大多数任务产生的干扰力并不大，但必须考虑飞行器的动态特性，以避免飞行器在轨结构的基频与姿态控制系统控制回路的频率发生耦合，引起飞行器姿态失控。

在轨空间环境随轨道高度而变化。近地太空环境包括：真空，热辐射，带电粒子（电子、质子、离子）辐射，紫外辐射，中性原子和分子颗粒，微流星和空间碎片，磁场和重力场。这些环境条件大部分对飞行器结构有影响，特别是对飞行器所采用的材料有较大影响。以下重点说明相关的太空环境条件。

（1）真空

空间轨道环境的真空度可以达到 $10^{-2} \sim 10^{-11}$ Pa，真空对材料可能产生如下影响：

1）材料的蒸发、升华和分解效应。这些效应可造成材料的质量损失和改变，降低材料的原有性能，特别是会对聚合物的性能产生影响。另外，这可能引起材料表面变粗糙、表面氧化和保护层脱落等。

2）材料除气（outgassing）效应。原先吸附在材料表面上或溶解在材料内部的气体在真空状态下会被释放和脱离材料，造成除气效应。材料除气产生的可凝聚挥发物可能凝结在某些设备和关键表面上而造成污染。

（2）温度交变

空间轨道上的宇宙空间背景的辐射能量极小，相当于 4 K 低温下的黑体辐射。飞行器的温度取决于飞行器内部有源发热部件辐射的热量、飞行器从外热源（太阳辐射、行星辐射和从行星反射的太阳辐射）吸收的热量以及从飞行器向深空辐射的热量。

上述外热源对飞行器结构会产生不均匀的加热，并且由于飞行器在太阳的辐射区和地球的阴影区交替运行，使得飞行器结构，尤其是外表面暴露的结构，将产生长期温度交变的温度场（可达 ± 100 ℃或更大）。这种不均匀且交变的温度环境将影响材料性能，引起结构变形，导致材料性能降低并产生温度应力，由此降低结构寿命或造成破坏。

（3）紫外辐射

在太空环境中，太阳紫外辐射对金属、陶瓷、玻璃材料和高分子聚合物等都会产生影响，其中对高分子聚合物的影响特别大。紫外线照射可使高分子聚合物分解、变色，分子量降低，弹性和强度降低，其他机械性能减弱。

紫外辐射对复合材料、黏结剂和密封材料等的性能有明显影响：可以使聚合物硬化和变脆，使橡胶变硬或变软成黏性物质，还使黏结剂除气率增加等。

（4）原子和分子粒子

飞行器在地球轨道上会遇到几类原子粒子和分子粒子。原子粒子和分子粒子可能磨蚀飞行器表面暴露的材料，改变材料的表面状态，尤其是造成表面涂层性能的严重降低。

美国航天飞行器的试验研究发现，原子氧（AO）是危害最大的原子粒子。在太空中原子氧实际上是静止的，当轨道飞行器以高速撞击其时会发生磨蚀现象。原子氧的磨蚀作用主要发生在飞行器飞行方向前部暴露的表面材料上。

通常原子氧对金属材料的影响不予考虑，但其可以迅速磨蚀聚合物基的材料，如塑料膜和复合材料中的环氧树脂基体材料。

（5）微流星和空间碎片

飞行器可能与自然碎片（如微流星）、人造碎片和故意（敌意）的投射物发生碰撞。飞行器与空间物体碰撞的危害程度取决于：冲击速度（可能高于轨道飞行器运行速度的两倍），物体的质量、密度、形状、刚度、强度和熔点（高速冲击时具有低熔点的材料可能熔化甚至蒸发），以及飞行器被击中的部位。

为了保护飞行器不发生有害碰撞，可以通过空间碎片的轨道预报改变飞行器轨道，躲避大或高密度的碎片；而对小碎片的碰撞可通过在结构中添加保护层进行保护。

3.2.1.4　再入环境

再入环境是指飞行器返回进入大气层后遇到的环境条件，其主要包括以下环境条件。

（1）再入气动加载和气动加热

在飞行器上装有变轨发动机，其能使飞行器脱离原来的运行轨道进入再入轨道，这就要求飞行器能够承受气动载荷。

飞行器从真空的轨道环境进入稠密大气层时，由于飞行器对空气的压缩以及周围空气的激烈摩擦，其表面各处将受到高速气流产生的气动加载和气动加热。

（2）着陆冲击

飞行器再入大气层后，可利用产生的巨大升力做滑翔飞行，逐渐减速下降，最后像航空飞行器那样在预定机场的跑道上水平着陆。此时，飞行器受到的力学环境类似于航空飞行器着陆环境。

3.2.2　可重复使用新型航天飞行器结构的载荷

载荷对航天飞行器结构（包括机构）的影响最大，因为航天飞行器结构最基本的功能就是承受载荷，使飞行器结构本身及其所支撑的设备不发生破坏或失效。也可以这样说，载荷条件对飞行器结构或机构的设计、分析、制造和试验起着举足轻重的作用，所以必须认真对待。

3.2.2.1　载荷与压力

（1）使用载荷的确定[3]

无论在对接状态还是在非对接状态中，均应按照设计情况确定飞行器的使用载荷。这些载荷应与3.1节阐明的设计目标一致，且应与使用压力准则（3.2.2.1节）、热特性准则（3.2.3节）和材料特性准则（3.2.4节）保持一致。

应恰当地考虑（包括但不限于）以下各项的影响及其干扰、分散度及时间历程：

1）飞行器的内外几何形状；

2）飞行器的质量分布、刚度和阻尼，包括由载荷等级及热环境引起的特性变化和由弹性变形引起的载荷再分布；

3）气动特性；

4）自然、人为及诱导环境；

5）推进系统、操作系统及其他飞行器系统的相互作用；

6）轨道特性。

考虑到操作过程和次序，以及诸如发动机点火顺序、发射释放、导航、高度控制、级间分离和交会对接这些可控变量的指令值，确定使用载荷时应基于这些参数的实际组合。

由所能出现的严重飞行状态中的内部与外部载荷的组合得出使用载荷，传统上需要几次循环的载荷预测和评估。首先进行结构的理想化，最初是根据刚体气动力学、飞行器外形、飞行剖面和质量的初步设计资料得到使用载荷。当对部件结构、传力路线和弹性响应有了详细的认识后，便可以确定内部载荷和动载荷对使用载荷的贡献。若该处理能满足任务及大纲要求，则开始着手进行载荷的再分配和结构的改进或完善，进而得到最后设计；若设计结果的置信度不够，则需进行另一轮的载荷预测及评估。

目前还没有既能确保稳妥而又不影响其他使用任务要求的标准。由于载荷的偏差、原始数据缺乏，以及载荷分析的方法并不是基于人为的判断等因素，所造成的一些不确定因素对各个子结构可能是稳妥的，但综合起来对整个结构就未必是稳妥的。例如，载荷的不确定性经常与其他不确定因素（偶然事件，制造和材料特性等）相关，且包含在安全系数内；若所有承包商均采用同样的安全系数，则会导致设计的不稳妥性和不一致性。因为可见性是必须的，本文推荐的方法是编制文档，分门别类，并定量地考虑所有可能影响设计决策的不确定因素。

为了加速和改善确定载荷的过程，目前着重强调自动化方法和诸如 NASTRAN 的有限元计算机程序。现在尤其需要一种能定义和处理不确定性的合理方法，而不是利用任意的因子或任意的载荷组合的方法（如蜂窝值）。实现所需方法的努力包括改进概论的数值，以便更好地表征使用环境；根据特定置信度下出现的概率，按统计分析确定使用载荷。此方法需要获取大量的用来描述载荷特性的所有载荷原始参数试验数据，而该要求目前就限制了其在初步设计中的使用。但是，对了解载荷、环境和其他变量对结构灵敏性的内在关系，确定可靠性目标和有了可用的试验数据后对设计的评估，概率法都是十分合适的。应用该方法时可按表 3 - 1 确定整体的概论极限水平，并根据不超过此值的标准得出单项载荷的水平。

目前对往返飞行器结构载荷情况的定量认识程度只能做到在低置信度下估计其不确定因素。本文给出的概率值均是单一载荷的贡献，而非整体结构的失效概率。在这些情况下，应用统计方法将这些单一载荷组合起来，可获得使用载荷。

表 3 - 1　使用载荷概率

任务阶段	概率值定义	使用载荷概率水平 （95% 置信度）
准备发射	无须把飞行器从发射台返回装配场的概率；在发射前地面环境中，没有因结构能力的限制而实施特殊的紧固程序的概率	99%
发射	在发射阶段地面环境中没有因结构能力限制而延迟发射的概率	99%
爬升	在预期的上升阶段的环境中，没有因结构能力限制而延迟发射的概率	95%
分离	在分离阶段的环境中没有因结构能力限制而中断任务的概率	99.9%
太空	在有关的环境中，没有因结构能力限制进行不正常的太空操作的概率	99%
再入	没有因与预期的再入环境有关的结构能力限制而改变再入飞行计划的概率	99%
大气层飞行	在预期的大气层环境中，没有因结构能力限制而延迟再入或选择另外着陆地点的概率	99%

（2）使用压力的确定

当压力对结构承载能力可能有危害时，额定压力（如在燃料箱、乘员舱及货舱中）的设计使用值应以安全阀开启的上限为准。当压力使结构承载能力增大时（如在屈曲时），应按工作压力的下限值确定严重使用压力值。

非额定压力（如在通风舱或火箭助推器中）应按合理方式考虑和确定。当一个特定的设计点可能存在压力工作范围时，应确定其压力的上下界供设计使用。当压力使结构承载能力下降时，最大压力应是此处使用压力值；当压力使结构承载增加时，在确定严重使用压力时考虑使用最小压力。

3.2.2.2　设计系数

必须明确每一个使用的设计系数，包括安全系数、特殊系数及不确定性系数，应当明确所有有关设置设计系数的理由。

（1）安全系数

目前，许多设计系数，包括危险系数、材料不确定性系数和载荷不确定性系数，都集中到一个安全系数中。要避免这种系数的集中，建议仅考虑与结构承载能力有关的不确定因素时使用安全系数，这些不确定因素由于无法估计残余应力、制造过程不理想或不能通过控制制造过程产生理想的或等同的结构时，不能按合理方式分析或计算。另外，建议仅把安全系数用在由力学方式引起的使用载荷和使用压力上，而不用在温度或温度梯度上。

目前，航天飞行器结构安全系数不是固定值，表 3-2 给出了用于不同使用载荷或使用压力的安全系数推荐值。针对这些数据，需按最高的设计技术水平（例如，具有足够数据时的断裂机理和统计分析）进行校核和修改验证，并且应与结构可靠性的期望水平相一致。

表 3-2　安全系数

元件	系数		
	屈服	极限	验证
一般的、无增压结构的窗、门和舱盖	≥1.0	1.5	2.0
		3.0	
增压结构、压力管路和压力接头	≥1.0	1.5	1.5
		2.0	
		2.5	1.5
主燃料箱压力容器	1.1	1.4	1.05
		2.0	1.5

注：对于增压结构，指定的 2 个极限安全系数按下式使用：

　　1.5×使用载荷＋1.0×使用压力（1.5×限制压力下的使用载荷）；

　　0×使用载荷＋2.0×使用压力（2.0×零使用载荷的限制压力）。

（2）系数

使用依据。

（3）危险

考虑当结构包含压力或其他贮存能量时的乘员安全。

（4）应力集中

考虑局部高应力集中（例如在孔、拐角或圆角处）。

（5）连接件

考虑复杂接头处或连接件处的未知应力。

（6）材料

考虑材料性能，包括分散的、有缺陷的、脆性或易碎性材料，以及工艺控制过程中的材料性能变化。

（7）铸造

考虑在工艺过程中控制变化，如对冷却速率和铸件尺寸的敏感性的控制。

（8）焊接

考虑工艺控制过程的变化及重焊等。

（9）屈曲

考虑由末端条件、构造和切口等产生的未知应变。

3.2.2.3　安全余量

安全余量应是正值，在相应的所有严重情况中，所预期的温度下，按允许的极限水平和屈服水平确定。

对于最小质量的设计安全余量，应在符合实际情况的前提下尽可能小。

3.2.2.4　静气动弹性

飞行器结构应具有足够的刚度，使得静气动弹性变形不致引起结构失效，或使结构稳定性和操纵性降低到规定水平以下。

（1）发散

飞行器在动压达到下列值时不能出现发散。

1）按照散布爬升和再入设计的轨迹上的任何设计点处，其预期最大动压的 1.32 倍；

2）按照散布的应急中断飞行的轨迹所预计的最大动压；

3）在大气飞行阶段，无论带与不带操纵面控制，任何设计点上的预计最大动压的 1.32 倍。

在 3）中，应在等密度和等马赫数下分别确定其动压余量。

进行该评估时，应相应地包括如下各因素：变形和刚度的定态和瞬态热效应，所有严重情况加载的幅值及其分布，操作面助力系统的刚度、特性、容差、偏心和空行程。

（2）操纵面反效

对于任何给定的飞行范围，助力控制的气动操纵面应在散布的飞行包线范围内，且在任何马赫数下所预期最大动压的 1.32 倍时不能出现反效。动压余量应在等密度及等马赫数下分别给出。

在所有有关条件下，结构及飞行操纵系统的评估应考虑气动弹性修正的操作效率。

在应急中断飞行期间，应具有足够的操纵效率，以保证飞行器及乘员安全返回。

（3）屈曲和局部失稳破坏

当施加设计载荷时，屈曲不应使易发生失稳的元件断裂，且由使用载荷引起的屈曲变形也不能降低任何系统的功能，或使未考虑到的载荷发生变化。

屈曲强度的评估应考虑：总体失稳，局部失稳或平板失稳，由主、次应力联合作用引起的局部失稳破坏，以及蠕变。

在力-热载荷的联合作用下，应对所有承受压应力的结构元件进行屈曲失效检测。

3.2.2.5　动态气动弹性

结构设计应做到：防止所有耦合振动模态的危险性失稳，使与结构柔度有关的载荷及动态响应的不利影响降至最小，以及使结构与其他飞行器系统的反作用最小。

结构分析时应考虑：

1）构型影响，如其可导致耦合响应的重心偏移；

2）非对称刚度分布；

3）飞行器发射台释放约束装置的特性变化；

4）由发动机点火次序及燃烧不均匀（包括发动机熄火情况）所产生的推力载荷变化和非对称推力的影响；

5）非对称气动力影响。

除达到强度要求以外，为满足动态及弹性要求，还应对下列各项进行评估：由于结构温度引起的刚度变化，以及随着载荷水平增大而引起的内力重新分配；间隙及空行程的影响。

（1）动态气动弹性不稳定性

①经典颤振

飞行器在达到一定动压时不可产生颤振，具体同 3.2.2.4 节中对发散的估算。

这种估算除应考虑操纵系统的特性、偏移、助推器-轨道器结合面刚度和低温贮箱支承结构自由度的影响以外，还应考虑所有相关的气动、弹性、惯性和阻尼参数及耦合机理（例如机械、弹性和气动耦合机理）。若在大气层中出现飞行器分级，除考虑在分离航天飞行器上升面或操纵面的位置以外，不再考虑振动模态特性的变化；如在大气层中分级飞行，应考虑振动模态特性的改变和操作面的特性，以及在分离的航天器上升面及操作面位置产生的影响。

②失速颤振

与大攻角机动中的升力面和安定面有关的分离气流的影响，不应导致结构失效。在动压达到这类机动中所预期的动压的 1.32 倍时，飞行器不可产生失速颤振。

应进行飞行器失速颤振特性的参数估算，以确定避免产生极限环振荡响应所必须的气动弹性特性。极限环振荡响应会对结构产生不利的载荷，进行估算应考虑：

1）在所有预期的攻角和速度情况下的分离流特性；

2）气动面的刚度、惯性和阻尼特性；

3）所有重要的自由度。

③壁板颤振

飞行器外表面在所有动压达到下列值时不可产生壁板颤振。

1）在飞行中的任何马赫数下所遇到的预期局部动压的 1.5 倍；

2）散布的应急中断飞行轨迹上预期的最大动压。

动压余量应分别按等密度及等马赫数给出。

进行颤振防护的壁板结构设计时，应以下列参数为考虑基础：壁板刚度、边界约束、壁板支撑结构刚度、中间面应力、热环境、局部动压和马赫数，压差（包括通风影响）及流体流向。

在所有包括一阶振型颤振模式和行波及驻波现象中，应防止出现壁板颤振。

④操纵面嗡鸣

无论操作面是否采用作动控制，动压达到飞行中可遇到的预期最大动压的 1.32 倍时，飞行器不可发生操纵面嗡鸣。动压余量应分别在等密度及等马赫数下给出。

当达到最大动压或任何马赫数下，沿着散布应急中断飞行轨迹的操纵面不应出现明显的嗡鸣，继而使结构失效和飞行器操纵失灵，危害乘员的安全返回。

当有可能使用阻尼器时，应在初步设计阶段制定标准，以便飞行器结构具有足够的空间、刚度和强度以容纳阻尼器。

下列考虑应反映在设计中：

1）应仔细选择气动布局，使流动分离产生的嗡鸣减到最小；

2）应提供高抗扭刚度和转动刚度，以确保最高的实际转动频率；

3）设计应把轴承、作动筒、作动机构及接头的公差考虑进去，以便使空行驶减到最小。

（2）动态耦合

①飞行操纵系统与弹性模态

飞行器不应出现失稳，或在其他操纵系统与弹性模态之间产生危及适航性能的干扰。需详细确定结构特性，以便能利用分析方法对操纵系统和弹性模态产生的干扰进行预测；应用分析方法并辅以实验，来验证其非期望的相互作用。这种分析应考虑发动机推力的影响，并设想一些在飞行阶段的临界时域内造成结构阻尼及刚度的最坏情况的数值。

应对选取的操纵系统会产生的影响和关于载荷及动态响应的设计方案进行评估。利用合适的操纵系统参数，诸如稳定性和相位余量的规范，来防止出现危害性影响，但是这样做应以不降低性能为前提。应按整体系统功能评估载荷-抑制操纵系统，包括评估其参数灵敏度。这种评估应考虑以下影响：

1）由诱导环境和自然环境引起的结构及操纵系统响应；

2）飞行器和操纵系统的参数变化及构型的变化；

3）弹性模态；

4）非线性系数和随时间变化的系数；

5）处于飞行中的飞行员；

6）作动系统控制的硬件。

从导航和操纵系统间最小有害相互作用的准则出发，在下列元件的设计时应给予特殊考虑：作动筒，传感器装置，接头，发动机支撑结构，集中在被动操纵系统上的结构元件，控制与制动火箭装置，转动机构，操纵面和附件。

②结构与推进系统（POGO）

在所有飞行任务状态下，飞行器设计均不能允许结构与液体推进系统出现不稳定耦合。

应利用数字模型来评估结构与液体推进系统的耦合。这种模型应包括由试验确定的物理特性，且在可能情况下考虑以下因素：

1）飞行器结构与推进剂供给管路及贮箱-液体系统的弹性耦合模态；

2）发动机特性，包括发动机支架柔性、涡轮泵传动功能、空穴特性及推进剂流速；

3）供给系统特性，包括柔性支撑、贮存器、压力容量补偿器、液体或气体喷射、液体阻尼及流动阻力。

建议阻尼增益余量至少取 6 dB，结构相位余量至少取 30°。

（3）动态诱导环境

①噪声、振动与冲击

结构对声响及气动噪声、振动和冲击的响应不能引起结构失效、系统故障或元件故障，也不能使相关性能降低到规定的限制之下，还不能使飞行器使用寿命减小或危及乘员的安全和工作。

局部结构刚度和传递特性，以及设备安装硬件（如支架、壁板或桁架）应能使外加冲击和振动环境限制在与元件或系统规范相符合的水平上。

设备紧固装置的局部共振应同飞行器的共振、结构和附近设备的共振分开。设备紧固装置硬件在安装时应施加预载，以防止安装底座与支撑结构之间在动态环境使用载荷作用下出现间隙。

②抖振

在任意设计点，包括大攻角环境和跨音速马赫数环境中，飞行器设计应使机身上及气动面上的抖振引起的有害影响减到最小。抖振现象不应损害飞行器操纵性或结构完整性，也不应对乘员或货物构成危险。其产生的加速度不应超过规定值。

3.2.3 热特性

飞行器结构应能承受由于自然、人为及诱导的热环境所引起的热能传导对结构表面的热辐射特性、结构材料特性及热防护系统（包括绝缘材料）的影响，而不发生失效。

对于所有地面操作情况及飞行情况，用来抵抗热源和热沉的热防护系统应能保持飞行器结构和元件处在设计限定的温度以内。应利用包括热源和热沉的瞬态分析，预测热防护系统的性能（即将给定结构限定在给定温度下，此防护系统所需的系统单位质量）及系统和结构的温度及温度梯度；应把热防护系统和飞行器结构作为一个完整的系统进行分析[4]。热防护和结构系统应在温度、弯曲和载荷方面彼此相容的同时，也与其他元件相容。

热防护系统的分析及设计应考虑以下因素：

1）随时间和温度变化的特性（如氧化、脆变、退火和蠕变）；

2）非相关影响（如应力-加速氧化）；

3）通用的温度相关特性（如许用强度、局部失稳许用值及疲劳许用值）；

4）关键之处的外形尺寸稳定性，尤其是前缘、机头部位及操作面外形；

5）密封要求；

6）工艺性、整修及再使用要求；

7）局部粗糙度或分布粗糙度的影响，外部突跃点与边界层位移厚度相比应较小，突跃阶梯应朝向临界加热处的当地气流的顺流方向，波纹起伏和光滑外形上的其他局部偏差应平行于临界加热处的当地气流方向。

应利用分析方法和热流加热实验对蒙皮设计中的加筋与膨胀适应特性进行研究。

1）非烧蚀热屏蔽：应研制实用的方法以探测由于温度或温度随时间的变化而引起的损伤。

2）烧蚀热屏蔽：应在上升、再入及应急中断阶段提供足够的热防护，同时应防止在存放、地面操作、发射及太空环境阶段结构功能减低。考虑到诸如非热解厚度、残余碳层、除气及其相关影响之类的参数，用于多个飞行任务的屏蔽应按照非破坏性检测规则设计，以便重复使用。应设计包括各种清洗气系统在内的低温热防护系统，以防止或适当地限制系统中未密封的大气气体（包括水蒸气）在飞行器之内冷凝或冷冻。

3）绝缘：应对能导致结构失效的诸如断裂、焊接脱离或密封失效（由热循环、噪声、振动或吸湿等情况引起）的系统失效进行辨别和评估。在绝缘使用寿命期内预期的情况下，利用模拟做绝缘系统的重复实验，对用解析方法辨析出的绝缘失效范围、模式和分布进行验证。

4）保护层及表面处理：当进行保护层和表面处理时，应考虑可能由于涂料的凝固、侵蚀或升华，或者是由于涂料或涂层基底分子扩散而引起的涂层基底或周围结构性能降低。应考虑来自受热的保护层材料的排气物毒性。

3.2.4　材料特性

与常规航空飞行器相比，可重复使用航天飞行器在材料选择时，应更着重关注材料的热性能。在同一设计点选择两种以上材料时，还应重点考虑材料的热相容性问题。与一次性使用的航天飞行器相比，可重复使用航天飞行器在材料选择时，应更着重关注材料的可重复使用性。

先进复合材料主要指结构性能相当于或优于铝合金的复合材料，是由两种或两种以上具有独立物理相的材料，通过复合工艺组合而成的新型材料。其一经问世就显示出了强大的生命力，目前先进复合材料在航空和航天结构中获得了广泛的应用，且随着技术的进步，复合材料在结构系统中所占的比重也越来越高。其比强度高、比模量高、性能可设计和易于整体成型等特点，将大大减轻结构质量[5]。除了减重以外，应用先进复合材料还可以使飞行器结构件的数量减少，结构零件的整体化趋势也越来越明显，这样可以大大减少连接标准件的数量，简化飞行器装配的过程。

　　自 20 世纪 60 年代先进复合材料问世起，以美国为代表的先进技术国家一直致力于复合材料体系的技术研发和工程应用，现已经积累了半个世纪的复合材料使用经验，建立了完善的复合材料设计、制造和验证方法。美国从 1987 年起就在可重复使用轨道飞行器研制计划中进行碳纤维复合材料液氢贮箱研制，随后又开展了碳纤维复合材料液氧贮箱的材料可行性研究。2001 年 8 月，NASA 和洛克希德·马丁公司合作研制出了第一个缩比试验型复合材料液氧贮箱并顺利通过试验，该缩比试验型贮箱比同型金属贮箱轻 18%。美国 X-37 计划中的飞行器都大量使用了复合材料：Refly/X-40 的中央机身和翼盒结构试验件由石墨/环氧复合材料制成；X-40A 机身由碳纤维环氧树脂和铝合金制成；X-37A 和 X-37B 的机身等部段的主要结构部件采用碳纤维/双马来酰亚胺制成的蜂窝夹层结构，并采用了模块化 PETI-5 机翼，这种机翼能比双马来酰亚胺结构轻 2%，并可在 232 ℃下长期工作[6]。先进复合材料在飞行器（尤其是主承力结构）上的广泛应用，可显著降低结构质量，提高结构效率和系统性能。目前国外以 T800 级中模高强碳纤维为增强材料的第二代先进树脂基复合材料已经发展成熟，并成功应用于大型飞行器的主承力结构，例如，B787 飞行器的复合材料用量高达 50% 以上。相关的技术储备和设计研发经验已成功向航天器结构转移，美国波音公司制造的 X-37B 技术验证机实现了机体结构的全复合材料化，并具备了完善的材料性能数据和先进的复合材料制造工艺技术[7]。从未来的发展趋势看，航天飞行器的复合材料结构必将得到更广泛的应用，且将能够在高温和复杂环境下使用的复合材料结构、结构的耐久性和可重复使用性等方面着重进行研究。

3.2.4.1　材料和工艺控制

　　1）建立覆盖材料、材料工艺和制造方法的标准，确保制造可重现且可靠结构的基础。

　　需要材料标准来保证所采购材料的一致性，并用批次验收试验或统计过程控制来保证任何时候材料性能都不会出现偏离。通过建立工艺方法的标准来保证能生产出可重现且可靠的结构，在每一个材料标准中定义的工艺鉴定与验收试验的方法应代表拟采用的制造工艺，生产试验件的工艺参数与制造真实产品零件所用的工艺参数应尽可能一致，试验件与产品零件都必须符合材料标准与工艺规范。

　　2）除非完成包括差异性试验在内的附加鉴定，一旦确定了生产工艺，就不得改变。

　　确定工艺容差、材料处理和贮存限制，以及能判断零件质量的可测量与追溯的关键性能十分重要。

　　3）为提供合适的设计数据库，应确定环境对材料体系关键性能和相关工艺的影响。

　　除了大气环境的试验外，变化因素应包括极端的使用温度、吸湿量，以及长期耐久性的影响。在评定与结构胶接有关的材料、工艺和界面问题时，环境影响和长期耐久性方面的鉴定试验特别重要。

　　4）采用由试验证据支持的分析，或进行试样、元件或组合件级试验来证实标准（或规范）允许的偏差。

　　对于新的生产方法，应采用实际尺寸的结构，通过与材料和工艺鉴定试验以及与编制相关标准（或规范）时所用方法一致的方式，来验证工艺是否是可重复的。在对结构试验和分析相关性研究的大量投入前，需要进行与产品设计和制造细节相关技术问题的整合，还要保证为控制与产品结构细节有关材料和工艺所规定的质量控制方法的适用性。

3.2.4.2　制造实施

需要有工艺规范和制造文件来控制复合材料的制造和装配。制造的零件要满足鉴定和设计数据库建立及结构试验验证中证实的产品容差。

需要完整的生产记录来支持零件和允许的偏差（缺陷、损伤和异常）。需要验证数据来判断所有已知缺陷和损伤；异常时允许继续使用，而不必重新加工或进行修理。

要通过生产样件和质量评估来鉴定已认证的飞行器产品的新供应商，以保证等同生产和再现性。需要针对制成后无法检测且需要检测的产品进行工艺控制，为避免可靠生产的制造缺陷，需进行某些关键结构细节的破坏检测。

3.2.4.3　结构胶接

胶接结构包括多种胶接面（如复合材料与复合材料、复合材料与金属或金属与金属），其中在胶接前至少需要对一个胶接面进行额外的表面制备。控制不同类型胶接结构的技术参数，保证其一般性能是类似的。在对诸如表面制备这样可重复且可靠的工艺步骤进行验证后，要制定完成鉴定的胶接工艺文件。其需要了解由于工艺允许的预期变异性对结构性能的影响，进而推荐对工艺限制以外的情况进行表征。对于复合材料进行胶接的情况，必须对所有已固化基底进行合格的表面制备，来激活其化学结合表面。胶接结构中的所有金属胶接面，也要用合格的制备工艺将其表面化学激活。

对任何胶接接头，由于其会引起飞行器灾难性的破坏，必须采用下列方法之一来证明其承受使用载荷的能力。

1）必须用分析、试验或同时使用这两种方法来确定每个胶接接头的最大脱胶，必须通过特性设计来防止每个胶接接头产生大于这一尺寸的脱胶；

2）必须对每个制件进行验证试验，即要对每一个关键胶接接头施加最严重的设计使用载荷；

3）必须具有可重复且可靠的无损检测技术，以保证每个接头的强度。

3.2.4.4　许用机械性能

在设计环境中（如受到单向应力或联合应力作用下），结构及连接件的许用机械性能值应按批准的原始资料获得。在确定许用机械特性时，应考虑温度、热循环、热梯度及有害环境的影响。

通常由于温度的升高会降低结构材料的弹性模量、屈服强度以及极限强度。随着暴露时间的增加，受到的影响就越明显，长时间的暴露会导致老化、超老化、再结晶、合金耗散和淀积相溶解。另外，温度的升高也会影响材料的抗腐蚀性，对于低温条件下应用的材料，应考虑温度对材料脆性的影响。

3.2.4.5　失效机理

制造结构用的材料在飞行器使用寿命期内不能由于裂纹、腐蚀、蠕变、冲击或辐照而失效。

（1）疲劳

结构材料的疲劳寿命特性应由相应的周期加载及温度条件的试验确定。

裂纹发生和裂纹扩展特性均由估算获得。估算时应假设：加工的结构含有不能用一般的检验方法或验证试验探测出来的最大尺寸的裂纹。对于这种制造材料，将最大可能的初始裂纹扩大成足够产生断裂所需的应力循环数，可使用时间应超过按一定使用寿命所规定的疲劳寿命。若估计或已知结构工作所处的环境会加速裂纹增长，那么需要进行分析或试验来考虑这种环境影响。

（2）脆断

具有厚截面结构的设计应考虑金属对脆断的敏感性。为了确定临界裂纹的大小，应对许用初始裂纹大小及计划在此结构中使用的候选材料可能出现的断裂模式进行断裂分析。应进行试验确定断裂韧性、裂纹增长特性及结构材料应力强度因子阈值，在给定拉伸载荷下选用材料时，应尽可能选用在计划的工作温度下具有足够的断裂韧性的材料，以便在设计使用的应力水平上所预测出现的表面裂纹及隐蔽裂纹的临界尺寸大于截面厚度。贯穿整个厚度的临界裂纹的长度应能用普通检验手段容易地探测出来。当普通检验手段不可用时，就要考虑使用验证试验作为确定可能存在临界裂纹尺寸的办法。考虑到即使采用严格控制的生产工艺生产的非金属脆性材料的机械特性也存在分散性，因此应在统计的基础上选取诸如陶瓷这类脆性非金属的许用应力值。在使用载荷的应力水平下不允许由这些材料制造的元件的失效概率超过 10^{-6}。

应注意脆性非金属材料在设计时需要仔细考虑重复载荷、工艺控制、非破坏性检验及验证试验对许用应力选取的影响。

（3）应力腐蚀开裂

应用试验确定在预期的使用环境和严重温度下，结构材料的持续应力裂纹增长特性。

对于具有应力阈值和无应力阈值的材料，要检查其随时间变化的应力特性。一般应避免使用应力阈值小于 50% 临界断裂强度因子的材料。仅当由最严重情况的断裂分析表明使用低应力阈值不会骤然出现提前结构失效时，才能允许使用具有低应力阈值的材料。除非由分析或试验表明在规定环境下，持续表面拉伸应力（来自残余应力、工作载荷、装配应力或其他原因）低于应力腐蚀裂纹应力阈值，或者涂层足以保护此金属不受环境影响，否则在不同热处理水平、回火以及在预定使用环境（包括洗涤剂及试验液）的作用下，对应力腐蚀裂纹敏感的金属和其他材料都不能使用。应采用能避免持续残余表面拉伸应力、应力集中及应力-腐蚀开裂危险性的金属加工技术和材料工艺技术。

（4）氢脆裂

设计应考虑结构材料对氢脆裂的敏感性。

钢和钛合金对氢脆裂特别敏感。

凡是使用了能把氢气带进材料的制造工艺都要将材料烘干以清除氢气。当经验不能证明使用的烘干方法有根据时，应利用有预制裂纹的试样进行持续应力强度阈值试验以确定这种方法合适与否。飞行器工作期间在使用气态氢的地方或气态氢与金属结构接触的地方，当无可用的数据时，应用有预制裂纹的持续应力试样在预期的工作环境中试验估算材料对氢脆裂的敏感性。

（5）电化腐蚀

应避免在预期的环境情况下材料受到电化腐蚀。

应考虑电解序列中的相互位置、特定环境暴露区域及电绝缘连接件的使用。为了满足导电要求，在非相似金属必须直接接触的地方，连接件应采用在外部密封的方式以防止两种金属与电解质接触。

（6）宇宙尘碰撞损伤

应考虑由宇宙尘碰撞形成的击穿、分裂、陷口或腐蚀而导致的材料特性（如强度或韧性）的降低。

（7）辐射损伤

在设计中应确定并考虑材料受到的来自外部和机载辐射源的辐照而产生的影响。

电磁和粒子辐射的辐照可使结构材料，尤其是使有机材料的机械特性和表面特性降低。

（8）防护层和表面处理

飞行器金属和非金属表面的涂漆及处理应足以在飞行器使用寿命期内，所有可能出现的环境作用下，防止对结构强度不利的性能降低。

热控涂层材料应考虑涂层基质或周围结构的降解，该降解可能是由涂层凝聚浸透、冲击、升华，或者涂层/基质元素的扩散引起的。

应考虑由于涂层材料受热而释放的气体的毒性。

3.2.5　其他特性

3.2.5.1　设计厚度

除了用机械或化学方法铣切的压力容器以外，每个金属结构件的设计厚度 td 应是由以下任何一种关系式可以得到的最小厚度。

$$td = 按照正负容限相等提出的平均厚度或 td = 最小厚度的 N 倍$$

式中，对强度设计，$N=1.10$；对稳定性设计，$N=1.05$。

上式用到的平均厚度和最小厚度应包括金属材料的累积损伤许用值或由于多次受到设计环境作用而产生的损耗许用值，用机械或化学方法铣切的压力容器的设计厚度应为最小厚度（即平均值减去容限的下限）。

非金属结构件的设计厚度应以其合理性分析为依据。

由于材料热化学烧蚀特性的不确定性，烧蚀材料的设计厚度应增加预测的烧蚀损失几何厚度的 25%。对于余留的绝缘要求的厚度不再使用系数值或增益值。

3.2.5.2　泄漏

加压结构设计应保证在执行任务期间出现泄漏时，也可将任务成功完成。对于必须保持某一规定压力的受压结构，应对结构连接、门及入口舱盖周围的密封、蒙皮渗透压及压力接头通过试验确定泄漏速率。

泄漏绝对不能超过毒性和易爆液体安全要求中所叙述的水平或危及系统功能或额定寿命的水平。

3.2.5.3 排气

应分析除了压力容器以外的所有隔舱，以确定所有的舱壁的内外压差及隔舱环境限制在许用限制之内。应提供足够的隔舱排气以限制这些压差。另外，为设备提供排气的舱壁应设计为可以承受可达到的最大压差。为了满足所有飞行器和系统对排气的要求，应根据试验、分析或两者结合起来验证排气的适用性。

若夹芯板需要排气，那么应考虑由于吸入雾气后的冻结而导致机械性破坏的可能性。若夹芯板不排气，那么蒙皮内外的压差大小可以利用内部真空或惰性气体予以限制。

排气不应对飞行器引起不良的气动影响，也不应限制飞行器可以工作的轨迹。

作为隔舱排气设计的最低要求，应适当地考虑以下要求和限制：喷入隔舱的排除流体对隔舱中设备的影响，隔舱设备所需的环境，与发射前阶段和发射阶段的气流系统（例如地面空调、隔离净化和推进剂烟雾排气）相容，喷射流体与外部流体的相互作用，舱壁的强度及结构特性（包括壁板颤振和对随机噪声的响应），以及隔舱中设备的强度及结构特性。

若没有制定防止贮箱空油时破坏压差存在的规则，那么压力容器应设计成能承受比周围外压低的内压。

3.2.5.4　机械元件

应将舱门设计为能承受：门内外的最大压差，热载和热梯度，以及静载和动载。

门应始终保持在原位，锁及驱动机构在极限设计条件作用下不应出现开锁。

应使机械后移间隙最小。

3.2.5.5　减速装置

应将减速器系统看作受到与硬结构同样的准则限制的结构系统。应设计气动减速装置，以便在规定限度内的使用环境中，减速、稳定和操纵航天飞行器下降时对航天飞行器不引起有害性变形、振动或冲击波。应由分析和试验确定由于减速器系统展开所引起的载荷及应力。应由分析和试验确定可伸展减速器装置引起的载荷及应力。

考虑到诸如磨损、疲劳、湿度、真空、辐射、连接效能、不均匀载荷、线路会聚和由于温度而导致的材料性能降低等已知的有害现象，应定义包括安全系数在内的结构设计系数，并用于减速器设计中。

3.2.5.6　宇宙尘防护

应规定由于宇宙尘碰撞而造成的不可接受的损伤概率，并进行飞行器设计时应保证不超过该概率值。

飞行器应设计成可防止宇宙尘对结构或元件造成损伤。该损伤能危害飞行器适航性并在规定的概率内降低其使用寿命。

分析应考虑由粒子碰撞导致的冲击载荷，该粒子碰撞可以引起蜕变和裂化。装液体的压力容器设计应考虑由宇宙尘碰撞引起的通过液体传递时能引起容器结构破坏的压力脉冲。

目前宇宙尘环境和结构对宇宙尘碰撞的响应并不是十分清楚，尤其是较为复杂的多壁结构，这些未知因素降低了在可靠性计算中的置信度。

3.2.5.7　辐射防护

如果由飞行器设计提供的内在的防护能力不足以保证在每次任务的持续时间内不超出允许的辐射剂量和剂量率，则应提供辐射屏蔽；当提供屏蔽时，屏蔽应与辐射、热环境和机械的综合环境相容。

3.2.5.8　天线

天线应设计成能够承受执行任务过程中预测出现的静载、动载及其他环境。天线设计应保证在任务展开期间可防止出现与飞行器结构或飞行器操纵系统产生危险性耦合的现象。

若天线可缩、可展或可动，则使用过程或环境不能损害其使用特性。

若存在使用了保护天线的窗口，则该窗口材料应与周围结构和热防护系统相容。设计应不受由于诱导载荷或变形而产生的功能特性降低的影响。

3.2.5.9　铸件

对于结构元件应仅选用高质量铸件。至少应按照临界温度时的设计载荷水平考核每一个设计铸件的每一个试样。所有铸件应按在临界温度时使用载荷水平进行验收试验。

3.2.5.10　摩擦和磨损

应对所有设计中用来承受滑动或滚动的接触面进行润滑。

当现有数据不适用时，应进行试验以验证摩擦和摩擦特性是可以接受，且与分析预测一致的。

应由分析和试验证明实际摩擦力不会超出现有能力的限制，且实际磨损不会危害滑动面或滚动面的功能特性。

润滑剂的性能不应由于诸如高温、真空、压力、推进剂、清洗气、潮湿或污染物等使用环境的复合作用而降低到最低设计要求以下。在预计暴露环境中会使密封及润滑功能降低的地方应提供足够的防护系统。应制定防护系统的检查、整修、维修和替换规则，以便在接触面的整个使用寿命期内保证其适当的有效性。

3.2.5.11　整修

整修元件的寿命期望值应与计划的重复使用周期相吻合。变形和突起应不大于对初始构型所规定的容限，整修元件应满足新部件的验收规范。

3.2.5.12　起落架

起落架和支撑结构应设计成能够承受相应的设计环境，包括源自再入阶段的残余温度。起落架舱门应提供规定的热防护，且在再入后具有再次打开的能力。

3.2.5.13　复合结构、胶接结构和钎焊结构

应研究出能可靠的、可探测出复合结构、胶接结构和钎焊结构中缺陷的方法。应对所有的胶接夹层结构、钎焊夹层结构和复合结构进行非破坏性试验。

3.2.5.14　重焊

重焊应不影响完成工作任务。

3.2.5.15　紧固件重复使用

紧固件的重复使用不应降低完成任务的概率。应规定关键紧固件的类型、位置及重复使用的条件。

紧固件重复使用的置信度取决于载荷水平、余度、检验程序和对装配及使用的过程控制。

3.3　使用寿命

3.3.1　安全寿命

安全寿命设计概念应该用于所有对飞行器完整性或人员安全性非常重要的结构中。应由分析和试验确定安全寿命，使之至少是规定使用寿命的 4 倍。结构安全寿命的确定，应考虑在预期的工作环境联合作用下下列因素的影响：

1）材料特性及失效机理；

2）载荷谱；

3）循环载荷影响；

4）持续载荷影响；

5）累积组合损伤。

对于要求安全寿命设计的结构，诸如金属压力容器或起落架，任何不能在定检中检测到的裂纹在下一次定检之前不可增长到使结构强度低于在由使用载荷和严重温度包线所确定的温度下所要求维持的载荷的水平。裂纹增长的分析应考虑材料特性、结构应变及整个结构的工作应力水平，包括由于操作使用及环境的变化而引起的不利影响，且仅当检验方法已能检测出所有大于允许尺寸的裂纹和缺陷时才能认为此检验方法是合适的。

3.3.2　破损安全

在可采用破损安全设计概念的地方都应采用该设计概念。

对于所有破损安全的结构，单个主要结构元件的失效不能使结构的强度或刚度降低到使用载荷规定的百分数以下。

所有破损安全结构应易于定期检查。

破损安全分析应考虑：裂纹的大小及根源，严重加载情况和相应的应力水平，材料特性，关键结构元件，结构能承受的损伤范围，以及实用的失效模式。

3.3.3　材料特性

影响寿命预测的材料特性应根据 3.2.4.4 节和 3.2.4.5 节准则而定。

裂纹增长分析应考虑材料特性、加载情况和相应的应力水平、环境条件，以及整个结构的裂纹尺寸和根源。缺陷或裂纹的许用尺寸应足够大，以便能用实际检验方法探测出来。仅当此探测方法足以能探测出所有大于允许尺寸的缺陷或裂纹时，才可认为此探测方法是合适的。

3.3.4　载荷谱

应定义载荷谱以便用分析方法描述在飞行器使用寿命期内，所有主要结构元件中预期出现的累积静载、动载及环境载荷和变形。

应用合理的分析方法确定每个主要结构元件的载荷谱，此方法需恰当地考虑以下因素和其统计的变化：

1）飞行器使用模型的显式定义，其是寿命谱的依据；

2）各种类型的载荷和载荷水平施加的频率；

3）频率范围、波形及扰动的周期数和飞行器的响应；

4）环境诱导载荷；

5）与载荷同时作用的环境。

当有可用的测量结果时，应对载荷谱进行修改。

3.3.5　循环载荷

设计应考虑循环载荷对结构疲劳特性的影响。

应由分析和试验确定结构元件和全尺寸组件的疲劳特性。应考虑组合载荷和环境，包括静载、动载、结构响应、温度、真空、腐蚀和辐射。

3.3.6　持续载荷

设计应考虑蠕变诱导现象，包括飞行器结构开裂和变形。应确定许用的变形和偏移，并且通过分析和试验验证在结构的使用寿命内不超过此许用值。

对那些在持续载荷作用下、长时间受到升温影响的材料应给予特别重视，以确保其不会发生过度变形或实际的断裂。

在使用寿命预测中应考虑在由诸如应力腐蚀开裂及在高应力惰性环境中，在氢脆开裂和增长等现象诱导产生的持续载荷作用下，裂纹的产生及增长。

对于整个结构，应由分析或试验验证应力强度阈值（KISCC 或 KTH 值）足以在使用寿命期内防止裂纹的增长（这些值定义如下：KISCC 是在腐蚀环境条件下开口型开裂模式 I 的临界应力强度，KTH 是应力强度因子的阈值）。KISCC 值或 KTH 值应在典型环境温度条件下确定。

3.4　设 计 验 证

应通过恰当的分析和试验提供在所有预期载荷和环境条件下的设计结构的适用性验证,并将其编写成文件。

3.4.1　文件

应制定验证设计结构适用性所需进行的分析和试验报告,确定所使用的假设、方法和数据。该报告至少应包括:

1) 验证结构适用性的总方案;

2) 分析;

3) 试验;

4) 结构物理特性;

5) 结构界面的定义;

6) 使用限制;

7) 检查和修理;

8) 操作使用测量。

3.4.1.1　总方案

应制定总方案及描述验证结构适用性的总计划,且包括要完成的项目。当必须反映项目要求、目的、设计特点和操作使用方面的变化时,总方案应加以修改。

3.4.1.2　分析

应制定关于验证结构适用性所需进行的分析工作报告。该报告应按课题合理划分,并至少包括以下内容:载荷分析,热分析,应力分析,结构动响应和稳定性分析。

3.4.1.3　试验

对于所有试验,包括确定设计载荷、压力和环境的试验,表征材料结构组件或安装特性的试验,研究性试验,鉴定试验,验收试验,飞行试验和特殊试验(见 3.4.3 节到3.4.9 节),应制定相应试验计划和试验报告。

(1) 试验计划

在试验进行前对每个试验应制定综合的试验计划,计划应包括试验目的说明、项目、必需的数据、仪器、设备、条件、允许/否定准则和完整的文件纲目。

对于飞行试验,每个试验计划应表明当试验在不一致的自然环境下进行(例如,实际风速相当于使用载荷速度的一个小分数)时,试验数据如何按照设计要求进行外插和内插。

(2) 试验报告

试验报告应包括试验结果、结论和建议;另外,在出现破坏的情况下,报告中应描述这种破坏，包括破坏情况、破坏原因和采取的补救措施。

3.4.1.4　结构物理特性

应通过适当的文件、程序和规定描述和控制对飞行器结构设计有重要意义的助推器和轨道器的物理特性。对于每个阶段文件中描述的物理特性至少应包括下列数据：飞行器尺寸，气动面面积，站位，单元质量，重心，质量分布，惯性和刚性，振动模态数据以及详细的外形尺寸（例如外缘尺寸和厚度）。文件的细致度和准确性应满足可提供所有结构分析所需的基本要求。

3.4.1.5　结构界面

在文件中应确认结构和其他部件、组件、系统、液体和气体的物理和功能性界面，应考虑飞行器内部界面，飞行器之间界面，以及飞行器和试验设备之间界面，应定义控制和考虑界面的方法。

3.4.1.6　使用限制

应编写飞行器使用限制报告，说明飞行器的结构强度和任何关于飞行器的准备、试验及操作使用的限制。该报告应按便于查阅的重要使用范围分段，例如，大气层飞行、准备发射操作、发射台或发射场安全、发射和爬升、轨道操作、再入和回收，以及应急操作。

3.4.1.7　检查和修理

应编制飞行器检查和维修报告，该报告应包括：结构的布局隐藏缺陷、损伤和疲劳效应的检查技术、维修和更换说明，以及根据飞行试验结果必须进行的修理。

3.4.1.8　操作使用测量

应制定飞行器使用期间的载荷和温度测量的计划。

应编制操作使用测量报告，该报告应规定为评估操作使用期间的结构适用性所用的记录和监测系统。在出现失效的情况下，该报告应描述这种失效，包括失效情况、失效原因和采取的补救措施。

3.4.2　分析

应按 3.2～3.3 节的准则进行验证结构适用性的分析。在没有足够的理论分析之处或实验与理论的相关性不充分之处，应由试验来补充分析，具体应至少进行以下分析。

（1）包括服役期间预期施加于飞行器上的载荷和环境的载荷分析

确定所有严重载荷和严重组合，分析应考虑：

1）飞行器几何形状；

2）飞行情况，例如：高度、速度和载荷因子；

3）质量情况；

4）惯性特性；

5）飞行器和控制系统的刚度分布；

6）飞行器振动模态频率和结构阻尼；

7）结构与操纵系统的相互作用；

8）确定性载荷分析时载荷随时间的变化；

9）随机载荷分析时所有统计载荷。

算出的静载荷和动载荷应与热效应结合得到飞行器严重设计载荷、飞行器试验载荷及用于建立飞行器强度和使用限制的数据。

（2）预期热环境的结构响应的热分析

应按 3.2~3.3 节的内容进行稳态和瞬时热分析。这些分析应考虑在飞行器服役期间的所有阶段中出现的下列情况：影响加热的飞行情况（例如最大加热轨迹、气动加热、推进系统和控制系统的羽流加热、燃料箱液面水平以及轨迹确定和方位）和结构布置描述（例如结构材料和材料特性、结构部件和部件安装、绝缘材料以及内部能量源）。

（3）包括飞行器服役期间所预期的严重载荷、环境和湿度的结构响应的应力分析

这些分析应确定载荷、状况、材料特性，以及和环境相互作用的严重组合，从而确定所有结构部件的应力水平和安全裕度。还应进行分析以表明变形不会引起飞行器性能降低。应力分析还应提供用于建立飞行器强度和使用限制的数据。

（4）结构动响应和稳定性分析

这些分析应考虑在飞行器服役期间的所有阶段中的以下因素：飞行器几何形状、飞行情况、质量状态和相应质量特性、飞行器和操纵系统刚度分布、结构与操纵系统的相互作用、稳定和非稳定空气动力系数、结构与推进系统的相互作用、具有热特性的界面，以及稳定性裕度。

3.4.3　确定载荷、压力和环境的试验

应做试验帮助确定和验证飞行器使用过程中会遇到的静/动设计载荷、压力和环境。试验应按照 3.2~3.3 节准则进行。

3.4.3.1　空气载荷和压力

为验证理论估算的气动力系数和压力，应进行风洞试验。对于缩比影响应给予适当的容差。这些试验应覆盖飞行器运行速度、高度和攻角范围，应考虑气动弹性变形引起飞行器载荷的重新分布，还应获得开孔位置处的当地压强随时间的变化。

3.4.3.2　地面风载荷

飞行器和其在发射台上的约束的动力相似风洞模型应被用于获得地面风载荷。飞行器模型应能体现所有的突出部分，准确地模拟附近的塔架和发射设备的影响；应在对接和非对接构型下，相对风的各种方位的亚临界和超临界雷诺数中进行试验。

为了验证风洞分析和试验的正确性，还应测量真实的地面风载荷。

3.4.3.3　抖振载荷

为获得抖振载荷，应使用对接和非对接飞行器的动力相似风洞模型做试验。模型和全尺寸飞行器的马赫数、简化频率、雷诺数的比值（如果可能）应均为 1。试验应覆盖飞行

器速度、高度和攻角范围。

3.4.3.4　晃动载荷

为获得燃料晃动载荷和证实所使用的晃动抑制装置的效果，应分别在对接和非对接的缩比模型上做试验，因为液体燃料的惯性、黏性和界面特性互成比例。

为验证模型试验结果，可能还需要全尺寸晃动试验。

3.4.3.5　冲击载荷

为确定冲击环境，当分析或早期的相似结构上的试验不能进行预测时，以及当需要找到减小过高的冲击水平的方法时，应进行机械冲击试验。

应进行全尺寸结构元件和组件试验，推荐方法请参考关于防止爆炸冲击和机械冲击响应分析的专门文献。

3.4.3.6　声载荷

为确定声环境，当分析或早期的相似结构上的试验不能预测时，以及当需要找到减小声载损伤的方法时，应进行声载试验。

应进行准确模拟使用环境的全尺寸结构元件和组件试验。

3.4.3.7　振动

为确定振动环境和开发抑制过高振动的技术，应进行相关试验。

应进行准确模拟的使用环境的全尺寸结构元件和组件试验。推荐参考关于结构振动预测的专门文献。

3.4.3.8　模态检测

为验证用于动载荷和动气动弹性计算的飞行器的振动模态、频率和阻尼系数，应进行全尺寸地面振动试验。应适宜地支撑飞行器使其刚体频率明显低于其自由-自由柔性体频率。为获得全部重要的对称、反对称和非对称振动模态和频率，应进行试验。应使用仪器测量全部重要的耦合响应。

3.4.3.9　加热

当分析不能满足评估外部热源需求时，应按照 3.2.3 节的准则做试验验证。

至少应在以下区域内做试验，以评估外部热源：突起部分的领域，突起部分的尾迹下游区，分离流和再附着区，激波碰撞区，基本加热区以及遭受三维羽流排气或冲击的区域。

应进行精确模拟飞行环境的缩比模型或全尺寸结构元件和组件的试验。评估不同的重要参数需要大量的试验。

3.4.4　材料特性试验

当结构材料特性，包括物理特性和许用机械性能及失效机理，不能满足要求时，应按照 3.2.4 节的准则进行试验。

3.4.4.1　物理特性试验

物理特性主要包括：密度、热膨胀系数、热传导性、比热、太阳光吸收率及红外线辐射。材料物理特性还包括需要由试验确定的热特性。

3.4.4.2　许用机械性能试验

许用机械性能应通过试验确定。

机械性能包括：拉伸和压缩屈服强度的许用值、拉伸和压缩极限强度的许用值、弯曲和剪切强度的许用值、弹性模量的许用值，以及材料延伸率的许用值。考虑到数据的分散性，应获取足够充分的试验数据。应确定许用机械性能的适用范围、检验程序、验收-拒用的标准、加工过程对材料特性的影响和防护表面处理方式。

3.4.4.3　失效机理试验

应进行结构性材料试验，以确定其对根据 3.2.4.5 节失效机理所确定的破坏的敏感度。

（1）疲劳

结构材料、元件和在某些情况下的全尺寸组件的疲劳特性应由试验确定。这些试验应在代表静载荷、动载荷、温度、真空度和/或腐蚀的设计组合环境下进行。考虑到试验数据的分散性，应采取减小许用应力的措施。试验载荷情况、环境和应力状态应尽可能准确地代表结构使用寿命期间的预期情况。

（2）脆裂

飞行器结构设计需要厚壁和重型锻件的脆裂特性。应进行试验确定断裂韧性和脆裂的估算。对于金属压力容器所选择的材料，其裂纹扩展特性和临界应力强度应由试验确定。

确定材料的断裂韧性时，试件应足够宽以防止出现面内弯曲，并且保证与压力容器的材料和厚度相同，工艺处理方法也相同。应做足够充分的、具有各种尺寸裂纹和模拟压力容器的基底金属、焊接件和热影响区的试件试验，以便建立有意义的断裂韧性的统计值。

确定金属压力容器材料的裂纹扩展特性时，试件的材料应与压力容器的材料相同，且应足够宽以防止出现面内弯曲，足够厚以保证裂纹扩展到试验件厚度的一半以上前结构就达到临界载荷。试验应尽可能地在模拟实际使用环境条件下进行，以便为压力容器的基底金属、焊接件和热影响区建立有意义的裂纹扩展特性统计值。

确定经受持续压力的容器材料的临界应力强度因子特性时，试件应尽可能地在模拟实际使用环境条件下做试验。应进行足够充分的试验，以便建立有意义的材料临界应力强度因子统计值。

（3）氢蚀致脆

对氢脆敏感的金属的持续承载能力（特别是钢和钛合金）应通过在实验室进行试验予以评估。

试验时可以使用各种试件构型，例如预应力弯曲梁、开口环和凹槽。对于氢脆敏感材料，安全临界工作应力水平应由试验确定，试验应在模拟的实际氢使用环境条件下进行，应确定钛合金的氢吸收安全或容限水平，以及钢和钛合金由于制造过程（例如化学铣切、酸洗和电镀前的清洗）而引起可能的氢吸收影响。对于钛合金，处理过程中吸收氢的水平应通过含氢分析确定，氢吸收水平必须低于限制水平。

（4）回火致脆

为明确材料在回火过程中是否发生致脆，应选取具有代表性的元件进行试验验证。

（5）应力腐蚀断裂

目前还没有普遍公认的确定应力腐蚀断裂的试验程序。应注意的是，应力腐蚀断裂试件构型与前述氢脆试验所用试件构型相同。最常见的试验方法是将试件短时间内周期性地浸泡在合成盐水溶液中或暴露于海盐环境之中，观察并记录该试件的腐蚀情况，然后进行断裂试验。

所用的合成盐水溶液应按照国标指定的标准配制，其他腐蚀环境例如空气、气体或燃料也应恰当地作为试验条件被选用。

（6）蠕变

蠕变试验是指测定金属材料在长时间的恒温和恒应力作用下发生的缓慢塑性变形的一种材料力学性能试验。温度越高或应力越大，蠕变现象就越显著。蠕变试验可以在单一应力或复合应力下进行，以拉伸蠕变试验为例，该试验方法为：在某一恒定温度下，将一组试件分别置于不同应力水平的同类应力下进行拉伸试验，从而得到一系列蠕变曲线及形变–时间曲线；进一步绘制出蠕变速度与应力的关系曲线，进而求出限定蠕变速度下的蠕变极限。应针对不同温度进行多组试验，以确定温度升高对敏感材料蠕变极限的影响。

（7）典型腐蚀

为评估材料对于表面点腐蚀和表面氧化的敏感度的典型腐蚀试验，可以在露天海边安装的非加载板的挂物架上进行。结构材料样件和小组件可以进行盐雾模拟试验。

（8）电化腐蚀

应进行标准的电化腐蚀试验。

（9）宇宙尘碰撞损伤

如果没有合适的数据，在宇宙尘穿透分析中所用的材料常数，例如，K_∞ 和 K_1 应通过在受到宇宙尘碰撞损伤的部件中所用的所有金属上进行高超速碰撞试验确定。应在可能的最高碰撞速度下获得试验数据。应校准其他试验参数，以便能确定结构对于在太空遇到的宇宙尘的动能分布的响应。

（10）辐射损伤

当材料的特性衰减不能通过早期试验数据的类推、比较或外插确定时，应将材料在尽量模拟实际设计使用环境的辐射设备中进行试验。

3.4.5　研究性试验

必要时应对以下情况做研究性试验：

1）评定设计概念；

2）验证分析技术；

3) 评估为达到理想结构特性的结构修改；

4) 获得可靠性预测数据；

5) 确定破坏模式和破坏原因。

3.4.6　鉴定试验

鉴定试验应在有关飞行品质的硬件上进行，以证明在比最不利预期载荷更严格的载荷下的结构适用性。

在确定鉴定试验的数量和类型时，应利用组合的最高实际水平，且选取的试验情况应清楚地证明所有结构元件满足 3.2～3.3 节设计准则的要求。

试验的固定装置、支承结构和环境的施加方法不应引起不正确的试验条件。

支承结构的设计应模拟支承结构和试件界面处飞行器的飞行载荷分布和刚度。

鉴定试验的测试设备应与飞行试验中飞行器的测试设备相协调，并应满足所有施加载荷、环境，以及硬件的响应的测量需求。测试设备应提供足够的数据以保证恰当地应用验收-报废准则。载荷和环境的顺序、组合、等级和时间应保证满足设计要求。

鉴定方法有以下几种，任选一种进行试验即可。

1) 部件、组件或系统提交鉴定试验；

2) 基于相似环境下、相似构件上进行的鉴定试验；

3) 早期飞行器鉴定；

4) 较高结构层次组件的鉴定；

5) 基于其他试验或先前的鉴定，例如出厂试验、静止点火或飞行试验。

当影响功能或可靠性的设计或工艺过程做了改变时，当检验、试验或其他资料表明存在有比此硬件最初试验时更严重的环境或工作条件时，或者当元件由与早期类似元件的生产公司不同的公司制造时，应重新进行鉴定试验。

试验期间应连续地监控输入参数、系统输出和结构响应。

应发现试验期间的异常表现和其对飞行器的潜在影响。

3.4.6.1　静力试验

（1）使用情况

应进行试验以验证总体结构在 3.2.2.1 节准则所确定的使用载荷和压力下不产生有害变形。

对于所有严重部位和严重情况，应测量承受载荷、温度升高，以及热应力的结构连接点处的变形。应对由于螺栓孔的蠕变引起的结构挠曲增量进行试验评估。累积应变测量应在组合结构周期性分解和装配时，在试验组件上确定。

（2）极限情况

应做试验以验证结构在 3.2.2.1 节准则确定的设计载荷和压力下无破坏或断裂发生。

（3）组合载荷和内部压力

应进行试验验证压力容器和加压结构无破坏承受 3.2.2.1 节准则确定的组合内部压力

和外部载荷的能力。

当压力和外力组合不利于结构稳定性或承载能力时，在强度和变形试验中，极限压力应与极限外力组合；当压力和外力组合有利于结构稳定性或承载能力时，在强度和变形试验中，限制压力应与极限设计外力组合。

（4）组合载荷和热效应

应通过试验证明结构在预期工作温度下能承受组合载荷而不产生有害变形。

试验载荷和温度应尽可能贴近实际使用载荷和温度分布情况。可以通过修改在该试验情况下结构非严重部位的载荷分布，或者通过修改与具有更高应力（在相同的或其他试验情况）的其他结构相同的结构非严重部位的载荷分布，对加载条件加以简化。应避免载荷简化导致不符合实际情况的变形甚至破坏。对于多种载荷工作情况，可以于结构的不同部分同时施加载荷，其产生的相互作用不应超过任何结构部位上的设计载荷。在所有的不能恰当模拟的试验载荷和过程中，应提供相关不确定性的影响，例如组合载荷和材料特性。应模拟所有对结构适用性有影响的优先载荷历程。

（5）极限压力

至少应做一个典型飞行部件的试件试验，以证明每个结构能够承受 3.2.2 节准则确定的极限压力而不发生破坏。每个试件在设计上应和飞行部件的方案相同，并应用同样材料和相同的飞行部件生产工艺过程制造。在试验中应考虑工作温度和环境的影响。

3.4.6.2　静气动弹性试验

（1）发散

当不能用分析方法（例如，没有合适的、准确的或被实验数据证实的分析方法加以证明时，应通过风洞试验证明航天飞行器在 3.2.2.4 节所述的情况下不发散。

试件应是动力模型或全尺寸部件。如果使用动力模型，航天飞行器动力模拟的适用性应由影响系数、结构刚度和/或在飞行构型下全尺寸飞行器振动试验加以证明。

（2）操作面反效

当操纵性不能用分析方法（例如，没有合适的、准确的或被实验数据证实的分析方法证明时，应由风洞试验证明在 3.2.2.4 节所述的情况下，在大气层内飞行期间，沿分散的轨迹上的所有点处，飞行器是可操纵的。

（3）屈曲和局部失稳破坏

飞行硬件的典型结构应在 3.2.2.4 节所述的情况下进行试验。

1）构件是任意形状薄壳结构；

2）构件取最小质量，并且可能有各种破坏模态之间的耦合；

3）尚无理论或相关因子；

4）出现挖切、接缝或其他不规则设计；

5）试验应模拟压缩设计载荷进行。

3.4.6.3　动力和气动弹性不稳定试验

作为对分析的补充应进行试验，为验证可避免 3.2.2.5 节准则确定的非理想的纵横向耦合作用，应使用相似动力和气动弹性模型。

（1）经典颤振和失速颤振

当分析方法不足时（例如，没有合适的，准确的或者被实验数据证实的分析方法），或者适当的分析表明为临界稳定时，应通过风洞试验验证航天飞行器在 3.2.2.5 节所述的情况下不发生颤振。

试件应为动力模型或航天飞行器的全尺寸部件。还应利用影响系数、结构刚度和飞行状态下全尺寸飞行器的振动试验，证明相似模型能够充分地模拟航天飞行器的动力特性。相似模型的动力特性还应反映弹性模态随预期使用温度的变化。

（2）壁板颤振

如果没有模拟结构构型、边缘支承条件和气动参数的壁板的试验数据，应使用动力相似模型或全尺寸部件的风洞试验，证实外部壁板在 3.2.2.5 节所述的情况下不发生壁板颤振。

至少应对无数据的飞行器上的每一结构型式的每一块壁板，在预期正常使用包线内的任何马赫数下预期应经受的，并直至 1.5 倍的最大当地动压的动压下，进行试验。试验中应模拟热诱导载荷、机械外加载荷和板面压差。

（3）操作面嗡鸣

应通过跨音速范围的风洞试验证实航天飞行器在 3.2.2.5 节所述的情况下不发生操作面嗡鸣。

试件应是动力模型或全尺寸部件，并且在试验中应模拟马赫数和雷诺数。至少在一个飞行试验飞行器上装有检测仪器，在最大动压的飞行试验区中对操作面嗡鸣进行测量。

3.4.6.4　动力耦合试验

地面动力试验应在对接和非对接状态下的典型的飞行器结构上进行，用以评定柔性结构与功能系统的相容性。

作为分析的补充，应进行地面试验用以证实航天飞行器不发生 3.2.2.5 节准则确定的操作系统和飞行器弹性模态之间的耦合。

这种耦合形式的地面试验应包括部件试验、结构振动试验，以及具有尽可能多的飞行部件的闭环模拟试验，其包括结构系统和操作系统的全部系统试验。

（1）晃动

应采用试验验证晃动抑制分析和晃动抑制装置的抑制效果。

可以采用缩比模型试验、全尺寸地面试验或飞行试验。

（2）结构和推进系统（POGO）

飞行器的解析纵向动力模型应由试验加以证明。

3.4.6.5　动力诱导环境试验

（1）振动

应进行地面振动试验证明以下特性：

1）振动环境中的结构适用性；

2）预测对振动环境的结构响应；

3）振动隔离装置和隔离板的效果；

4）适当的阻尼和振动传递特性。

为避免在试验工作情况范围内夹具出现诱导衰减、放大或共振，应对夹具进行特殊设计。

对于支承大型设备的结构或对离散频率带敏感的设备应给予特殊考虑。在确定结构强度的地面振动试验中，应准确地模拟使用环境。

（2）模态检测

应对具有对接和非对接构型的飞行器典型结构进行地面动力试验，以确定自然振动模态、频率、振幅和模态衰减特性。应恰当地使用包括对接构型或主要组件的飞行器的模态测量，以便结合和证实从数学模型上获得的理论结果。应在每个飞行状态的若干重力情况下，并考虑在液体膨胀、液体晃动、操纵力施加、按规定程序的机动和发动机推力的情况，进行模态检测。

（3）设备安装

应通过试验证明安装设备零件的支承结构满足任务要求。

允许与临近的飞行器结构或设备的响应相比较，确定支承结构的局部响应。

（4）噪声

应通过噪声试验证实结构在噪声环境下的适用性。

对于包含对高频激励敏感的弱刚性表面区和设备的结构，应重点考虑噪声影响。试验应准确地模拟使用环境和使用边界条件，可以利用相似构型上的应用试验。

（5）冲击

当分析或早期在相似结构上的试验不能清楚地证实结构适用性，或不能确定飞行器承受的非爆炸性机械冲击的结构响应时，应做机械冲击试验。

试验前的文件应表明试验输入的准确性，模型仪器和试验过程都必须满足机械冲击的结构适用性要求。

当分析或有关试验不能清楚地证实承受碰撞载荷与其他设计载荷和环境相结合的结构适用性时，应做碰撞试验。

试验前的文件应表明试验边界、试验输入、试件、安装固定、仪器和试验过程的正确性和适应性。

如果没有恰当的分析技术，应由试验评估爆炸冲击源和响应、爆炸冲击的潜在损伤，以及抑制和控制损伤的技术。

易受可能的空投或翻滚影响的部件和组件，应按空投试验要求进行试验。传递到重要减振件或装配件上的冲击水平应通过合理分析确定，并证实防护件不受损伤。

（6）地面风载荷

应在发射台上测量飞行器由地面风引起的载荷和运动，用以证实风洞试验和分析的有效性。

这些测量应包括飞行器的响应（例如弯矩或加速度）和发射台上飞行器的频率及相应振动模态的连续衰减。

3.4.6.6　热试验

（1）结构温度

应做全尺寸部件试验，预测并验证结构温度。当结构尺寸过大、全尺寸地面试验难以实现，或当加热条件在全尺寸试验中不能准确表达时，应当采用飞行试验。所有试验应包括高低温度极限值，以确定试验数据的分散度，并分析工作环境模拟的不足。

（2）连接传导

应做试验验证连接传导。

（3）表面热辐射特性

在必须保证结构热控置信度的部位，应做试验确定太阳光吸收率和红外辐射量，对于试验所取得的数值不需考虑设计因子。

（4）排气羽流碰撞

应通过试验确定火箭发动机排气羽流碰撞对飞行器结构的影响，包括对蒙皮的影响和对辐射涂层或温度控制表面的影响。

（5）壁板热屈曲

快速加热率对加筋板构件的屈曲强度的影响应由试验确定。

均匀和非均匀加热的热应力和载荷应力的相互作用，在减小结构的屈曲负荷中可以有显著的影响。热应力是否会影响最大负荷值取决于屈曲模态。

（6）热防护系统

应通过热试验验证，在每一设计加热情况下最严重的预期加热环境中所采用的分析方法。应验证在模拟工作环境下的物理和热的适用性，该验证既适用于高温，也适用于低温。

通常试验不能在完全模拟的飞行环境中完成。例如，通常瞬时效应在最大飞行加热时间内是重要的影响因素，但复现飞行环境极限值的试验条件通常仅能以稳定状态到达。因此，往往理想的试验条件是试图通过各种加热率和暴露时间的组合来复现预定的总热量输入。在这种方法中，烧蚀材料的碳化组织瞬时效应至少可以实现部分模拟。如果试验模型装有热电偶，并且合理匹配温度历程测量，那么质量损失测量及表面凹缺测量就可以更深入地了解材料特性和分析模型。

（7）绝热

应通过试验验证在整个使用寿命中，在预期的重复循环加热或冷却条件下的绝热系统和结构系统的适用性。

3.4.6.7　寿命试验

（1）安全寿命

对于在工作期间几乎或没有损伤容限的结构部件和组件，应按照 3.3 节准则进行安全寿命试验。

为确定部件（例如压力容器和起落架）的安装寿命，可以使用具有合适考虑的固有结构分散特性减小因子的疲劳寿命试验。

利用验证试验进行最后验收的安全寿命设计概念中所需预检的无损检验（non-destructive inspection，NDI）的量值和类型的确定，应考虑检验试验损伤对飞行器的影响、成本以及进度。

结构寿命安全依赖于 NDI 的安全寿命设计概念，应验证这种技术足以完成重要缺陷的检测。对于重要缺陷的检测技术详见 3.2.4.5 节。

（2）可靠性

应按 3.3.2~3.3.6 节准则进行可靠性试验，以验证在规定百分比的使用载荷作用下，重要结构（不包括适用于安全寿命的结构，如金属压力容器和起落架）的损伤容限和剩余承载能力。

可靠性试验可以选择在疲劳试验期间发生裂纹扩展的部件上进行，或在有目的地切开、用以模拟元件偶然切断的结构上进行。

在这些试验过程中，加于结构上的载荷不应大于规定的可靠性载荷。

（3）材料特性

应按照 3.3.3 节准则确定影响寿命预测的材料特性。

（4）循环载荷

应按照 3.3.5 节准则进行循环载荷试验。

试验加载条件、环境和应力状态，以及其分布与组合，应尽可能准确地代表结构使用寿命期间所预期的情况。

对于某些情况，结构部件的特性可以通过具有各种形式应力集中的简单试件试验加以确认。

对于金属压力容器，循环载荷在基底金属、焊接件和热影响区造成的裂纹扩展数据应通过在预裂部件处做试验获得。试验应模拟预期使用载荷、环境、温度及其随时间的变化。

（5）持续载荷

持续载荷试验应按照 3.3.6 节准则完成。

3.4.7　验收试验

应通过工艺性试验证明飞行器结构材料、加工过程和工艺满足设计规范。当验证不能由工艺性试验得到时，应做部件和组件试验，以证明结构加工满足设计要求。除非由低级别试验可得到明确验证，否则应做全系统试验验证整个结构的适用性。除压力检验试验外，试验载荷不应超过使用载荷。

支承结构的设计应模拟支承结构与试件界面处的飞行载荷分布和飞行器的刚度，还应考虑试验台点火、固定连接和传递载荷。硬件通过验收试验后不应有明显的疲劳现象，否则会降低其使用寿命。

应验明试验期间的异常现象及其对飞行器的潜在影响。

3.4.7.1　不同心和容差

应通过工艺性测量和检查，以验证同心度和尺寸容差在规定限制之内。

3.4.7.2　热防护系统

热防护系统（包括表面涂层）中所用的材料应由试验测量表明其具有在设计计算中所假设的热特性和其他特性。应采取措施保证飞行硬件具有与实验室或模型车间制造中所获得的及在设计计算中所用的相同性质。首先要建立严格的材料选购和工艺过程体系；其次，加工和组装过程中的所有步骤应设有质量控制和检验人员检查环节，以保证检验能够准确保留所有特性测量记录。

3.4.7.3　压力容器

飞行器使用的所有压力容器和加压结构，应按照 3.2.2.1 节准则做验证试验。

压力容器和主燃料箱应在验证压力下进行试验。

当试验表明压力容器材料呈现出抗裂强度随温度下降而下降的特性时，应在等于或低于最低预期工作温度下做验证试验。

加压到验证压力水平的时间和保持该压力水平的时间，应保持在至少与试验系统限制相一致的水平上，减压时间应保持为最低值。

当可靠性不能由验证试验提供时，应做试验验证使用中可能的破损方式只是泄漏而不是灾难性的爆裂。

3.4.7.4　铸件

所有飞行器使用的铸件应按 3.2.2.1 节和 3.2.5.9 节准则所述，在临界温度下和使用载荷条件下做验证试验。

3.4.7.5　泄漏

应按照 3.2.5.2 节准则在加压结构上做试验，测量泄漏率并验证泄漏是在规定容差之内。

3.4.7.6　机械装置

应通过试验验证所有机械装置在规定容差内工作。

3.4.7.7　舱门

应通过功能性试验，验证舱门的活动部分和舱门的操纵机构、载荷和相关的机械设备零件在规定容差内工作。

3.4.7.8　接收和工艺检查

应进行接收试验、工艺试验、环境试验和检验，以保证制造过程和工艺过程遵循标明的设计要求（3.2～3.3 节）和选购规定。

3.4.8　飞行试验

应通过飞行试验为设计中所用的使用载荷和鉴定试验中所用的试验工作情况提供足够

的置信度。

至少应在一次飞行试验中装上仪器，以收集可用来评估下列情况的数据：

1）最大动压和最严重加热区中的颤振；

2）最大动压区中的操纵面嗡鸣；

3）抖振；

4）结构和推进系统（POGO）的弹性模态耦合；

5）操纵系统弹性模态耦合；

6）燃料晃动耦合；

7）对爆炸冲击的结构响应；

8）重新修复技术；

9）加热。

这些飞行试验应紧密地与结构改进和鉴定试验结合，并与证实其他系统的飞行试验结合起来。应识别试验期间的异常现象，并分析这种异常现象在飞行器上的潜在影响。

3.4.9　特殊试验

3.4.9.1　可靠性

使用寿命应由可靠性试验验证。

应进行超压力试验，确定主要结构组件的破损形式、破损速率和安全裕度。

应进行接收试验、工艺试验、环境试验和检验，验证成品硬件的可靠性。

工艺和标准的可靠性应由试验验证。

3.4.9.2　维护性

维护性试验应与鉴定试验和验收试验相结合，并应包括通路与保养、互换性、故障检测、修理和更换试验。

3.4.9.3　检验

应开发飞行器结构检验技术，以确定隐藏的缺陷、损伤和疲劳效应。

非破坏性检验技术满足不了所有的用途，表 3-3、表 3-4 和表 3-5 分别列出了适用于耐热合金涂层、陶瓷和复合材料的技术，并指出其在现场的实际应用。

表 3-3　耐热合金涂层的非破坏性试验

技术	检验内容	应用于		附　注
		工厂	现场	
目视	涂层缺陷		×	非常显著的金属氧化层
着色渗透	裂痕孔	×		可能的污染损失
热电	涂层厚度	×	×	缓慢的，仅仅外表面
涡流	涂层厚度	×	×	缓慢的，仅仅外表面
X 光反向散射	涂层均匀度	×		适用于简单形状

续表

技术	检验内容	应用于		附　注
		工厂	现场	
超声波	蜂窝结构胶接	×		已研制成功
射线照相	制造缺陷	×		已研制成功
闪烁仪	涂层厚度	×	×	要求涂层材料中有放射性物质要求研制

表 3 - 4　陶瓷的非破坏性检验

技术	检验内容	应用于		附　注
		工厂	现场	
着色渗透	裂痕	×		可能的表面污染损伤
声音	裂痕	×	×	研制成功
超声波	裂痕	×		研制成功
热	均匀度	×		需要红外映像显示

表 3 - 5　复合材料的非破坏性检验

技术	检验内容	应用于		附　注
		工厂	现场	
树脂基体				
声音	脱胶，空隙，裂痕	×	×	研制成功
超声波	脱胶，空隙，裂痕	×		研制成功
射线照相	均匀度，空隙	×	×	研制成功
非传导性	温度	×	×	原理性研制
阻抗性	温度	×	×	原理性研制
微波	树脂固化	×		频率响应未知，需要复杂设备
热	均匀度	×		需要红外映像显示
金属基底				
声音	脱胶，空隙，裂痕	×	×	原理性研制
超声波	脱胶，空隙，裂痕	×		原理性研制
射线成像	均匀度，空隙	×	×	现场应用困难
热	均匀度	×		需要红外映像显示

3.4.9.4　运行使用测量

在飞行器工作期间应进行载荷与温度测量，以便：提高预期载荷和温度的置信度，重新估算使用寿命预期值，估算检验、再修整和修理之间的间隔时间，建立操作限制，以及为改进结构设计试验研究提供数据。试验应选在每个飞行器上的疲劳临界点或热临界点处进行测量。

疲劳关键点和热关键点位置的确定，应以所有早期的研究、鉴定、验收和飞行试验结果为基础。

参 考 文 献

［1］　陈烈民．航天器结构与机构.北京：中国科学技术出版社，2008.

［2］　NASA，航天飞机结构设计准则.1971，1.

［3］　Load analyses of spacecraft and payloads. NASA‑STD‑5002，1996.

［4］　吴国庭，陈月根．防热结构设计.航天器进入与返回技术（下）．北京：宇航出版社，1991.

［5］　杜善义．先进复合材料与航空航天．复合材料学报，2007，24（1）：1‑12.

［6］　FIELD M. Lightweight thermal protection system for atmospheric entry . NASA Tech Briefs，2007（10）.

［7］　The development of the X‑37 re‑entry vehicle. AIAA，2004（6）.

第 4 章　可重复使用新型航天飞行器结构设计

现代飞行器制造业中，新型航天飞行器结构的发展是非常迅速的，然而结构的完善和发展离不开设计方法的创造性。由于计算方法和结构方案的单一就会导致飞行器结构的单一，进而就阻碍了航空和航天技术的发展，因此对于结构设计师来说，并不是仅仅简单研究现有飞行器结构的设计方法，而是培养设计者们创造性思维并寻求最合理结构方案技能。

飞行器结构设计是飞行器结构研制过程中的一个重要环节，也是本书的重点内容之一。本章将阐述结构设计的一些基本原理和方法，通过列举飞行器上比较标准的结构件的例子，从而对新型航天飞行器结构设计有一个较系统的了解。

善于正确地分析过去存在的飞行器结构有助于设计师在今后工作中应用更好的方案并避免错误。飞行器机构和结构设计中，理论研究和设计方案的试验验证具有重要的意义。在许多情况下，在试验样机的全机试验、部段试验和研究完成之后才可作出最终的方案设计。结构调试工作在设计工作中占有重要位置。

飞行器一些组合件和连接件的设计及强度计算已经有很多参考文件可供借鉴，本文介绍了对飞行器部件、组合件及连接件细节设计和强度计算的详细分析方法，并通过图样和计算公式加以说明。另外，研究了某些连接类型受载的一般情况，规定了结构比强度准则，修定了一些经验公式系数。文中没有做较为完整的定性分析，而是以结构最小质量为主要准则求出最佳的定量解。

4.1　可重复使用新型航天飞行器结构材料

航天飞行器结构材料是指航天器结构所采用的各种原材料。随着航天飞行器技术的发展，目前和今后的航天器中也包括了各种产生运动的机构，这些机构采用的材料基本上与结构材料相同。因此，文中所述航天飞行器结构材料也包含了航天飞行器机构材料，或更确切地说，航天飞行器结构材料就是航天飞行器机械部分所采用的材料。

航天飞行器结构和机构的性能，特别是航天飞行器结构性能，在很大程度上取决于材料的性能。因此，在航天飞行器结构和机构的研制中，材料的选择和应用是一个非常重要的问题，需要对其进行专门研究分析。

由于航天飞行器工作环境的特殊性（发射环境和太空环境），对于航天飞行器结构材料的要求与对常规机械产品材料的要求有很大区别，即使与航空结构材料也有所不同。航天飞行器对材料性能的基本要求有如下几方面。

1）轻量化要求。为了提高航天飞行器性能、降低发射成本、确保航天飞行器进入规定的太空轨道，对航天飞行器的质量，特别是对航天飞行器结构的质量，需进行严格限制。因此必须采用轻型材料，即采用密度尽量低的材料。

2）机械性能要求。为了提高结构和机构的自然频率，防止在发射时引起过大的动态响应载荷，保证航天飞行器姿态控制系统的正常运行，以及为了提高航天飞行器薄壁结构在发射压缩载荷下的稳定性，均需要提高结构和机构的刚度，而最有效的途径就是采用弹性模量高的材料。另外，为了更好地承受载荷，需要采用强度高的材料。将高模量、高强度的要求与上述低密度要求相结合，就需要采用比模量（材料弹性模量与密度之比）高和比强度（材料强度与密度之比）高的材料。其中，高比模量是航天器结构材料的重要特征。

3）物理性能要求。根据航天飞行器结构的不同需求，对材料的物理性能有各种不同要求。如果需要在太空温度变化条件下保持尺寸稳定的结构（如天线结构），则希望材料具有较小的热膨胀系数。一般的结构要求材料具有较高的比热和热导率，使温度分布比较均匀，以避免过高的温度应力或变形。但有时由于热控或防热需要，要求结构兼有隔热作用，则应采用热导率低的材料。同理，应根据对结构电性能的特殊要求，采用导电材料或绝缘材料。

4）耐太空轨道环境要求。对于长期在轨道上运行的航天飞行器的结构材料，尤其是直接暴露在太空的航天飞行器外部的结构材料，要求其具有良好的太空环境稳定性，包括在真空、温度交变、紫外辐照、电子辐照和原子氧等环境下材料性能的稳定性。

5）材料真空除气要求。在太空真空环境下，材料出气不仅可能降低材料的性能，更重要的是可能污染邻近的光学、热控或电气设备表面。所以，对航天飞行器结构材料应提出限制真空除气的要求，一般规定为：材料的总质量损失（TML）不得大于1%，收集到的可凝挥发物（CVCM）不得大于0.1%。

6）制造工艺性能要求。航天飞行器结构材料要通过各种制造工艺手段才能形成结构和机构产品，特别是对于复合材料制品，制造过程也就是其材料形成的过程。因此，材料的制造工艺性能非常重要，制造工艺性能的好坏将直接影响到材料性能的发挥程度，甚至可能决定材料的实际使用价值。

目前航天飞行器结构材料可分为金属材料和复合材料两大类，下面按此分类分别说明材料的性能、应用和发展趋势。

4.1.1　复合材料

4.1.1.1　复合材料的性能

广义的复合材料是指两种及两种以上材料组成的材料，一般包含增强体材料和基体材料两种。增强体材料主要有玻璃纤维、碳纤维、硼纤维、芳纶纤维、碳化硅纤维、石棉纤维、晶须、金属丝和硬质细粒等。基体材料分为金属和非金属两大类。常用的金属基体有铝、镁、铜、钛及其合金，非金属基体主要有合成树脂、橡胶、陶瓷和石墨等。航空航天上应用较广的复合材料有碳纤维增强复合材料、玻璃纤维复合材料、树脂基复合材料、金属基复合材料、碳基复合材料和陶瓷基复合材料，其中以碳纤维增强环氧树脂基复合材料应用最为广泛。与传统的钢、铝合金结构材料相比，其密度约为钢的 1/5，铝合金的 1/2，且比强度与比模量远高于钢、铝合金。碳/环氧复合材料的主要优点是密度小、模量高、强度高、良好的热稳定性（线膨胀系数小和纵向线膨胀系数为负值）、热导率低、良好的疲劳强度、振动阻尼性能、抗腐蚀性和耐磨性。其缺点是作为脆性材料，抗冲击性能低；层间性能差，材料的各向异性严重，因此横向性能比纵向性能差得多；有吸湿性；材料的机加工性能较差，材料成本较贵。

4.1.1.2　复合材料的制造工艺

在减少飞行器结构质量工作中，制造技术和材料的贡献率占 70%～80%。复合材料构件成本远远高于铝合金构件的事实依然是复合材料在航空航天等高科技领域广泛应用的最大阻碍，而制造成本在复合材料构件总成本中所占份额最大。因此，如何突破复合材料的高性能低成本制造技术是目前亟待解决的问题之一，这对航空航天及其他基础工程建设具有十分重要的现实意义。复合材料的高性能低成本技术主要包括以下几方面内容。

（1）树脂传递模塑（RTM）成型工艺

RTM 技术的特点是低压操作，铺层设计灵活性大，生产周期短，后加工少，以及表面质量好。改进后的 RTM 技术主要包括树脂传递模塑、真空辅助传递模塑（VARTM）、连续树脂传递模塑（CRTM）和共注射传递模塑（RIRTM）等。

（2）预浸料制备和热压罐成型技术

预浸料制备技术的研究主要集中在如何使用成本更低的材料和提高预浸料制备的自动化程度。热压罐成型工艺的目的是提高产品的密实度和层间粘接强度。热压罐成型是制造整体复合材料构件的常用方法。按照固化方式可以分为：共固化、二次胶接和共胶接。

热压罐成型技术使用范围广，适合大面积复杂型面的蒙皮、壁板和壳体的成型，可成型各种飞行器构件。若热压罐尺寸大，则一次可放置多层模具，同时成型各种较复杂的结构及不同尺寸的构件。热压罐的温度和压力条件几乎能满足所有聚合物基复合材料的成型工艺要求。

热压罐内的压力和温度均匀，可以保证成型构件的质量稳定。一般热压罐成型工艺制造的构件孔隙率较低且树脂含量均匀，相对于其他成型工艺，热压罐制备构件的力学性能稳定可靠，迄今为止，航空航天领域要求高承载的绝大多数复合材料构件都采用热压罐成型工艺。

（3）低温固化技术

低温固化技术是先进树脂基复合材料低成本技术的一个重要发展方向。其能够提高构件的尺寸精度，适用于大型构件的制造。1996 年美国 NASA 和麦克唐奈·道格拉斯使用 LTMl0 体系/真空袋成型技术制造了 X36 无人战斗机和无人机（UAV）的外蒙皮。国内虽有相关研究但起步较晚。

4.1.1.3　复合材料结构积木式方法

积木式方法原是航空复合材料工业界广泛认可的复合材料结构研制及取证的方法。近年来，航天领域也广泛开展了复合材料的应用实践，使新型航天飞行器的性能得到了飞跃式发展。例如 X‑33 和 X‑37B 等可重复使用航天飞行器，通过大量使用复合材料，使航天飞行器得以小型化、轻量化，降低了航天运输成本。鉴于可重复使用的特点，要求对飞行器全寿命周期的安全性进行验证和评估，因此，积木式方法同样适用于可重复使用新型航天飞行器的研制。

积木式方法（BAA）（如图 4‑1 所示），以支持技术为保障，综合考虑设计各项要求，按照试件尺寸、试验规模和环境复杂程度逐级增加，试件数量逐级减少，后一级利用前一级结果进行，是试验与分析相结合的低技术风险低费用的复合材料设计研制和验证/取证技术。其还能在设计研制过程更有效地评定技术风险。

积木式方法通常分为试样（单层和层合板）、元件（含典型结构件）、组合件、部件及全尺寸试件等多级积木块，通过逐级进行试验/分析，最终实现结构取证。

积木式方法假设由低级试件所得到的结构/材料对外载荷的响应，可以直接转换到上一级较高的试件。例如，试样级得到的复合材料性能数据（含变异系数和置信度等）可以直接推广应用到元件级、组合件及部件级结构。

尽管积木式方法已被航空航天复合材料工业界广泛认可，但在各公司的各不同型号得到不同严格程度的应用。

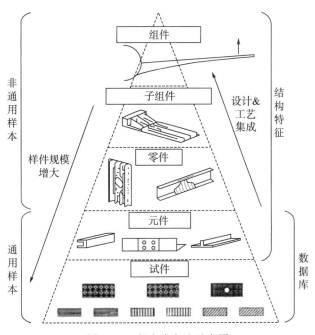

图 4‑1　积木式方法示意图

复合材料结构研制和取证采用积木式方法的主要原因是复合材料存在多种潜在的失效模式，但缺乏用材料性能来预估全尺寸结构行为的分析工具。

复合材料层合结构存在多种潜在失效模式，主要由于材料对缺陷（制造缺陷、不好的设计细节或意外损伤）、工作环境（湿/热和外来物冲击）和面外载荷的敏感性。层合复合材料低的层间强度，使其对面外载荷敏感，而面外载荷可以直接发生也可以由面内载荷引发。二次载荷是设计和分析最难预估的载荷，因此，需要通过积木式方法试验来模拟所有可能的面外载荷作用失效模式，并获得试验数据，这是十分重要的。

鉴于目前复合材料结构分析方法的能力有限，需要采用逐级积木式方法试验来逐级揭示可能出现的失效模式，验证和修正已在低层次试验中验证过的分析方法，允许引入预制损伤验证结构承载能力等。

积木式方法的实施计划典型流程如图 4-2 所示，在整个积木式计划实施的过程中，各项支持技术需不断地监控制造工艺的质量，以确保试验计划早期所建立的性能数据的有效性。

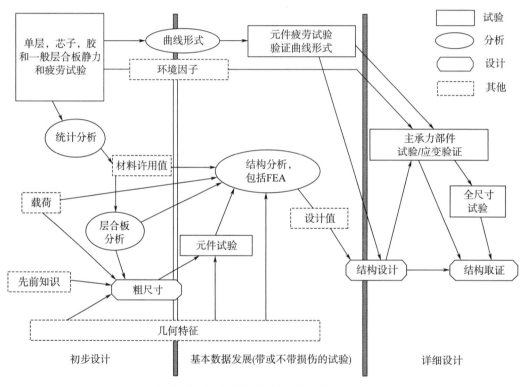

图 4-2　积木式方法实施计划典型流程图

4.1.2　轻质金属材料

4.1.2.1　铝合金

铝合金是目前应用最广泛的轻金属材料，其主要特点有：密度低，具有较高的比强度和比模量；工艺性能良好，易于机械加工、成型和铸造；良好的导热性和导电性；表面可自然形成氧化保护膜，抗腐蚀性能好；以及在所有轻金属材料中成本最低廉。在纯铝中加入各种不同的金属元素，可改进材料性能，进而形成各种铝合金。目前铝合金的类别、牌号及品种极多，在航天飞行器结构中常用的几种变形铝合金为：

1）防锈铝，例如中国牌号 5A02，其主要化学组成为铝、镁；

2）硬铝，例如中国牌号 2A12，其主要化学组成为铝、铜、镁；

3）超硬铝，例如中国牌号 7A04，其主要化学组成为铝、锌、镁、铜；

4）锻铝，例如中国牌号 2A14，其主要化学组成为铝、铜、镁、硅。

普通铝合金的工作温度一般不超过 200～300 ℃，否则其机械性能将下降较大。普通铝合金的低温性能很好，且随着温度下降，材料强度和塑性还将有所增加。

4.1.2.2 镁合金

镁合金是目前轻金属材料中密度最低的材料，其主要特点有：密度低，具有较高的比强度和比模量，刚度性能指数一般高于铝合金；减振性能好，材料可承受较大的冲击载荷；良好的机械加工、铸造和锻造性能；以及良好的导热性和导电性。在纯镁中添加各种不同的金属元素，可形成不同的镁合金。按生产工艺可分为：

1）变形镁合金，例如中国牌号 MB1，其主要化学组成为镁、锰；中国牌号 MB2，其主要化学组成为镁、铝；中国牌号 MB8，其主要化学组成为镁、锰。

2）铸造镁合金，例如中国牌号 ZM5，其主要化学组成为镁、铝、锌；中国牌号 ZM6，其主要化学组成为镁、铝、锌、锰。

镁合金易被腐蚀的缺陷较为致命。镁的化学活泼性极强，在潮湿大气以及酸性或盐溶液中易被腐蚀；与其他金属接触时，也易产生接触腐蚀。在空气中虽然也能形成氧化膜，但远不如铝合金的氧化膜坚固，因而该氧化膜起不到保护的作用。

一般镁合金的长期工作温度不得超过 150 ℃，否则材料的机械性能下降过大。

4.1.2.3 钛合金

钛合金与铝、镁及钢等金属结构材料相比，具有如下优点：密度较低而强度极高，从而比强度值很高；高温和低温性能均良好，可在 −273～500 ℃ 范围内工作；对大气、海水、酸及碱均有良好的抗腐蚀性，是目前金属结构材料中最好的抗腐蚀材料；具有良好的抗疲劳性能；具有很低的热导率，适于制作隔热构件；线膨胀系数较低，适于制作要求尺寸稳定性好的构件。

钛合金也存在一些缺点，主要有：制造工艺较铝、镁、钢等复杂；材料成本较铝、镁、钢等高；耐磨性较差，因而不适宜作为运动部件材料；弹性模量较低，其比模量值与铝、镁相比稍低。

纯钛的晶体结构包括 2 种同位素异型结构：一种是在低于 822 ℃ 下稳定的密排六方结构，或称为 α 结构；一种是在 822～1 667 ℃ 稳定的体心立方结构，或称为 β 结构。根据不同添加元素及添加量，可制成具有不同室温金相组织的钛合金，具体可分为 3 类：在室温下为 α 金相组织的 α 钛合金，在室温下为 β 金相组织的 β 钛合金，以及在室温下为 α 与 β 金相组合的 α＋β 钛合金。其中较常用的钛合金的中国牌号有 TA7 和 TC4。

钛合金的高低温性能很好，一般对于高温，α 钛合金可在 500 ℃ 以下长期使用，α＋β 钛合金可在 450 ℃ 以下长期使用，β 钛合金可在 350 ℃ 以下长期使用；对于低温，α 钛合金可使用到 −253 ℃，α＋β 钛合金可使用到 −196 ℃。而 β 钛合金一般不能用于低温，因为到 −75 ℃ 其就可能变脆。

4.1.3 其他金属材料

4.1.3.1 金属基复合材料

金属基复合材料（metal matrix composites，MMCs）集高比模量、高比强度、良好的导热导电性、可控的热膨胀系数以及良好的高温性能于一体，已成为当代发展迅速的重要先进材料之一。

金属基复合材料是以金属为基体，以高强度的第二相为增强体而制得的复合材料。

金属基复合材料的性能取决于所选金属或合金基体和增强物的特性、含量及分布等。通过优化组合可以获得既具有金属特性，又具有高比强度、高比模量、耐热、耐磨等综合性能的复合材料。金属基复合材料具有以下性能特点：

1）高比强度和高比模量；

2）导热和导电性能好；

3）热膨胀系数小，尺寸稳定性好；

4）良好的高温性能；

5）耐磨性好；

6）良好的疲劳性能和断裂韧性；

7）不吸潮、不老化、气密性好。

金属基复合材料基本上可以分为连续增强体、非连续增强体（包括颗粒、短纤维和晶须）和叠层复合3类。所用的基体金属包括铝、镁、钛和锌等金属及其合金、高温合金以及金属间化合物等。连续增强体主要有碳及石墨纤维、碳化硅纤维（包括钨芯及碳芯化学气相沉积丝）、先驱体热解纤维、硼纤维（钨芯）、氧化铝纤维、不锈钢丝和钨丝等；非连续增强体中的短纤维常用氧化铝（含莫来石和硅酸铝）纤维，颗粒则有碳化硅、氧化铝、氧化锆、硼化钛、碳化钛和碳化硼等，而晶须类主要为碳化硅、氧化铝以及最近开发的硼酸铝和钛酸钾等。用以上的各种基体和增强体虽可组成大量不同品种的金属基复合材料，但实际上只有极少数有应用前景，而多数仍处在研究开发阶段。

4.1.3.2 智能材料

智能材料和结构（smart materials and structures）一般是指以最佳条件响应外界环境变化，且按这种变化显示自身功能的材料和结构，其具有自感知、自诊断、自驱动和自修复等能力，具有多功能性和感受环境变化（或刺激）响应的能力。压电材料、形状记忆合金、形状记忆聚合物、电致活性聚合物、磁致伸缩材料、电流变材料、磁流变材料和光纤传感器等都可以归为智能材料和结构。智能材料和结构具有轻质、高能量密度、自驱动、大变形、良好的传感特性以及自修复等性能，由于其具有独特性质，已被广泛应用于航空航天、土木工程、医学和仿生机器人等领域。近年来，智能材料和结构在变体飞行器方面的应用，更是引起了研究界特别的关注。

目前，智能材料和结构在变体飞行器上的应用还处于起步阶段，在小型风洞模型和微小型飞行器上进行了初步试验研究，验证了其在局部变形上应用的可行性。基于智能材料和结构的驱动器、可变形蒙皮和自适应结构等智能可变形技术是未来变体飞行器发展的关键技术，具有广泛的应用前景。

4.1.4　结构材料工艺选择

航天器结构材料的选择是航天器结构设计中首先需要进行的工作，只有在选定结构材料之后，才能开展结构的其他设计和分析工作。因此，材料选择是结构设计中一个最基本的步骤，其结果将直接影响到航天器结构的设计水平。

选择结构材料时，主要应考虑以下几点。

1）选用低密度材料。这是航天器结构设计的一个基本要求，因此，密度较高的材料，如不锈钢、铜合金和玻璃钢等材料，一般不作为主要结构材料。

2）选用刚度和（或）强度高的材料。这个选择时需要结合上述低密度材料的要求来进行，为了能科学地选择既轻又刚或既轻又强的材料，最好根据材料性能指数来进行选择。

3）选用满足规定物理性能要求的材料。例如，对于具有热稳定性、导热、导电、绝热、绝缘、透波或密封等不同特殊要求的结构，需要选用不同的材料。当然，所有结构材料均应能够承受各种太空环境条件。

4）选用能满足制造工艺条件要求的材料。材料应能很好地实现结构设计规定的制造工艺，如切削加工、成型、焊接、铆接或胶接等不同要求。

除了考虑材料的技术性能之外，还必须考虑到与材料使用有关的一些实际条件，包括：

1）材料的成本。包括材料以及其加工制造的费用。

2）材料的状态。材料的质量应有严格且合理的保证措施，所需材料性能数据应齐全可靠，其分散性不可过大。

3）材料的供货条件。材料应有明确的货源保证，可以满足所需数量、品种、规格和进度要求。

4）材料加工条件。应具有制造和检测所选材料的技术、设备、人员和厂房等条件。

结构材料的选择是一个综合分析的过程，需要权衡各方面的要求和条件，最终确定适宜的材料。其中材料的性能要求是根本的决定性因素，只有满足设计要求的材料才可以使用。同时需要兼顾实际使用条件，如果实际使用条件缺乏或不充分，则所选材料可能不能达到设计预期，因此需要竭力避免实际使用条件不足的情况。

4.2　可重复使用新型航天飞行器结构设计的特点

一般来说，与航空飞行器结构或地面机械相比，航天飞行器结构并不复杂。但是，如上述章节所述，可重复使用新型航天飞行器需要经历发射、太空轨道运行和返回地面等几个特殊的工作环境，其经历的环境条件与航空飞行器或地面机械有很大差别。因此，在这些特殊环境条件下，为了满足可重复使用新型航天飞行器结构的许多特殊设计要求，应使飞行器结构的设计，除了具有一般机械设计的特征外，还应具有以下特点：结构轻质化，结构多功能集成化，设计和制造数字化，以及结构可重复使用性。

4.2.1　结构轻质化

轻质高效是飞行器结构设计永恒追求的主题，可重复使用新型航天飞行器结构系统的轻质化设计有 2 个特点，一是作为飞行器结构平台，其有一些与一般航空飞行器结构类似的轻质化设计方法；但其也有另一个特点，即热环境所带来的热设计问题，并由此构成特殊的轻质化设计方法。因此对轻质金属材料、复合材料和结构优化设计等技术的需求十分迫切。其中，轻质铝锂合金和镁锂合金有望实现飞行器结构质量减少 $10\%\sim25\%$，复合材料在我国未来可重复使用新型航天飞行器结构上的应用具有很强的现实意义。另一方面，在结构方案论证阶段进行构型优化设计也是实现可重复使用轻质高效一体化的另一条技术途径。

（1）轻质金属材料应用

为降低结构的质量、提高结构的刚度和强度，最直接和最有效的途径是选择密度小但弹性模量和强度高的材料。

随着航天飞行器结构轻量化要求的进一步提高，结构设计对高比强度、高比刚度的材料具有迫切需求。对于常规航天飞行器结构来讲，金属材料仍是结构设计的首选。铝合金、新型镁合金和钛合金等轻质金属，特别是铝合金，仍然在结构设计中有较大应用。在主承力构件上，除了如 7A09、2A14、2A12 等常规成熟铝合金材料外，新型高比强轻质材料也逐步由实验室走向了工程应用。而在这个过程中，材料应用除了需考虑强度极限和弹性模量等关键指标外，随着新型航天飞行器任务的拓展及功能延伸，未来如上面级结构对太空环境适应性的要求也相应提高，如断裂韧度和抗应力腐蚀性能等。为此，在材料应用技术上，还需要针对使用环境和工艺发展情况等开展新材料应用研究。

（2）复合材料应用

高性能轻质结构材料对航天技术的进步起了决定性的作用，正是各种性能优异的先进材料和工艺技术的成功开发，促进了航天技术发生一系列飞跃进步。如今新型航天飞行器对先进高科技航天材料提出了更高要求，航天器轻量化设计势在必行。

进行复合材料结构设计首先需要对复合材料的性能、行为特点和制造成型工艺有全面系统的认知。初期，受认知水平限制，结构设计要求复合材料结构性能不低于其所对应的金属结构，同时应实现结构减重和成本降低。随着复合材料技术发展和经验教训的积累，以复合材料特有性能为基础，形成了复合材料技术的完整体系。

复合材料特有的性能包括可设计性、结构成型与材料形成的同时性（含成型工艺的多样性）、材料性能对环境因素（湿/热和冲击等）敏感性和破坏模式多样性等，这些特性使复合材料结构设计概念及方法与金属材料结构有明显差异。复合材料结构与金属结构差异主要体现在以下几个方面：

1) 复合材料单层呈正交异性，需要 4 个弹性常数（E_1，E_2，μ_{12}，G_{12}）和 5 个强度参数（X，X'，Y，Y'，S）表征。而各向同性的金属材料只需 2 个弹性常数（E，μ）和 1 个强度参数（σ）表征即可。复合材料结构常用的层合板的性能取决于单层的铺层方向（0°、90°、±45°方向）、顺序和比例，要进行铺层剪裁设计。铺层剪裁设计说明层合板刚度和强度是可设计的，同时也意味着在层合板各铺层方向的铺层比例确定之前，无法确定层合板的刚度与强度。为此，需要建立对称均衡层合板不同铺层比例关系的刚度和强度特性曲线（俗称毯式曲线），供初始设计使用。即根据外载荷轴向与剪切的比例，从曲线上查到层合板刚度和强度，从而进行初步设计。

2) 结构成型与材料形成同时完成，要求设计选材时必须充分考虑所设计结构的成型工艺及检测方法，甚至需包括可能的修理材料。

3) 设计值确定与结构构型、使用环境（湿/热和冲击）及破坏模式（静强度破坏、屈曲、静力覆盖疲劳或损伤无扩展等）相关，针对性强。

4) 复合材料准线弹性力学行为和弱的层间剪切强度要求对结构细节的设计必须高度重视（有细节设计决定设计成败之说）。重点考虑：孔、开口、缺口、圆弧或斜削等存在应力集中的细节、高的面外载荷（如油箱压力）、屈曲、截面突变（如加筋条终止）、铺层递减及非均衡非对称铺层等易产生层间载荷的情况，机械连接的载荷-旁路等，以及结构修理细节。

5) 结构静强度设计重点考虑环境因素影响，包括修理部位的设计和分析。

6) 结构耐久性设计以承认静力覆盖疲劳为基点，并考虑材料损伤阻抗特性。

7) 结构损伤容限设计以冲击损伤为重点，通常采用损伤无扩展设计。

8) 结构设计研制/验证采用积木式方法。

因此，设计人员必须重新建立复合材料设计所涉及的概念和方法等。也就是说，结构设计概念和方法，要从金属材料结构设计转到复合材料结构特有的设计概念、方法和验证程序上。

碳纤维增强树脂基复合材料具有轻质、高比强度、高比模量、抗疲劳断裂性能好、耐腐蚀以及便于大面积整体成型等独特的优点，已广泛应用于航天领域，成为航天器结构的关键材料。国际上，以波音 787 为代表的复合材料整体舱段研制是目前航空航天复合材料结构设计的一个发展趋势，国内大尺寸复合材料整体舱段结构研制尚属空白。大尺寸复合材料舱段整体成型是目前世界上复合材料领域重点发展技术。这些先进复合材料支持最终落实到高度一体化、集成化的结构构型、整体舱段结构设计及仿真、结构制备和承载复杂工作情况下的推进器结构试验技术研究等方面。

（3）整体传力路径优化设计

对于可重复使用新型航天飞行器，最大程度对机体结构减重是设计成功与否的关键。结构优化设计技术是结构轻量化设计的重要手段之一。在结构设计的初期阶段，采用结构优化方法对其传力路径进行优化，然后对结构的形状及尺寸进行优化设计，从而最大程度地实现结构的轻量化目标。

传力路径优化设计与总体构型直接相关，应依据任务特点开展相关研究工作。在方案设计初期便应系统考虑各接口的协调和约束，保证设备的维护可达性。分析结构在各种载荷状态下的最严峻工况，选择合理受力形式和结构布局，满足合理的传力路线要求。根据可重复使用新型航天飞行器的受载特点，研究结构加强机理及分析方法，提出合理的结构方案。

目前，传力路径优化应考虑总体结构传力路径优化和基于拓扑优化的传力路径设计。总体结构传力路径优化受制于总体构型、包络及载荷空间等需求，其优化约束相对较大；而基于拓扑优化的传力路径设计在结构设计中相对较易开展。目前拓扑优化仍然在发展的初期，还处于基础研究阶段，在应用方面实例相对较少；尽管如此，其已经成为结构优化领域近年来的研究热点之一。

复杂载荷条件下飞行器结构整体设计、优化与试验技术研究方面主要是通过载荷分析、载荷路径优化，以及拓扑优化技术完成结构构型的优化，并在此基础上通过组合机体结构设计、连接结构设计、一体化大型复杂零件设计和非线性强度分析完成结构的工程化设计，最终通过生产实物开展静力试验验证结构优化设计、强度分析和生产工艺的正确性和有效性。

（4）复杂部件的结构优化设计

复杂部件是指具体的集中力传递部件或承载局部复杂力学工况的部件。复杂部件的结构优化主要采用局部的拓扑以及形状和尺寸优化技术实现局部承载结构部件的最优设计。在结构设计中，主传力优化设计技术是宏观的结构优化，当结构进入详细设计阶段时，需采用复杂部件的结构优化设计技术实现结构最优化设计。

针对可重复使用新型航天飞行器的特殊结构部位，需开展复杂载荷分析；根据细化载荷开展结构的拓扑优化；根据优化结果开展结构设计，实现从可行性优化到局部结构的细化设计；开展复杂部件结构的生产制造的可行性分析，确定工艺初步方案；针对复杂受力特点开展数字化强度试验分析和预测，提出静力试验方案，并依据静力试验的结果进一步修正仿真分析、改进结构设计；最终掌握复杂载荷条件下局部细节结构的优化设计与试验技术。

4.2.2　结构多功能集成化

在飞行器上使用多功能结构可以节约内部空间，提高飞行器的整体结构效率和经济效益。例如，集成了承载功能与存储装置的低温贮箱未来可以用于我国低温上面级任务；具有热防护功能或隔振功能等的承力结构，可以为未来我国实施新型航天飞行器的研究提供技术支持。

（1）热防护功能材料应用

新型航天飞行器的热防护结构的发展目标是，将轻质高性能热防护材料在典型结构件上应用。目前，碳/碳复合材料、超高温陶瓷材料以及陶瓷基复合材料是热控领域的主要防护材料。其热防护功能结构技术主要用于解决热防护材料与结构的集成，从结构外部的热防护材料包覆进行集成，最终形成可以实现热量被动防护的功能性结构产品。

美国已将耐高温的碳/碳复合材料应用于超高速飞行器 X - 43 上，并进行了大量的地面和飞行试验。但到目前为止，能在 2 000 ℃ 以上的有氧环境下长时间工作的碳/碳复合材料研究还没有取得突破性进展。比碳/碳复合材料的耐高温性能更好的是超高温陶瓷材料，但是超高温陶瓷材料的抗热震性差，急剧变化的温度梯度容易导致该材料脆性断裂。柔性隔热毡克服了热匹配问题，可以用于降低制造和安装复杂性，制成较大尺寸后直接用胶粘接到蒙皮上。目前美国已经发展到第三代新型隔热毡材料，其最高烧蚀温度在 1 300～2 000 ℃ 之间。

（2）结构模块化与一体化设计

结构和设备一体化是飞行器结构轻量化的重要途径，能有效降低结构质量。结构和设备一体化需要从全机总体考虑，涵盖总体、控制系统、遥测系统、外测系统、安全系统以及结构系统等。

通过功能模块的模块化设计，使完成同样功能的模块结构质量降低 5%～10%；取消仪器设备壳体（一般设备壳体质量占设备总质量的 20%～40%）使仪器设备质量降低 20%～40%。通过结构及设备一体化设计，取代以往各系统仪器设备单机，使整个飞行器舱段结构内部的设备装填率可等效于以往单机设备内部的装填率，预计等效率能够达到 80%。

结构和设备一体化设计就是将飞行器结构功能和设备的电气功能有效结合，达到结构轻量化的目的。新型航天飞行器对结构和仪器设备提出了更高要求，以往的结构和设备各自独立的体系已不能适应武器要求，结构和设备的轻量化已成为必要。在结构和设备一体化和设计理念中，飞行器结构除了承载和维形等基本功能外，还承担了电气功能模块的安装、散热及电磁屏蔽等功能。结构和设备一体化设计包括通用化功能模块设计、模块安装结构设计、舱体结构设计以及模块安装结构与舱体结构的连接设计。

4.2.3　设计和制造数字化

随着我国航天运输系统的不断发展，新型航天飞行器结构型式也变得越来越复杂，生产制造难度逐渐加大，对结构的数字化设计和制造手段及方法也提出了越来越高的要求。

为了提高结构设计制造效率、准确率和缩短周期，有必要建立一个基于航天飞行器的结构数字化快速设计制造平台。结构数字化快速设计制造平台是一个集快速设计分析、数字化制造、数字化试验、数字化培训以及专家支持系统为一体的多功能集成平台。其可以实现航天器结构的快速设计分析、快速数字化建模和三维标注、设计与生产之间的技术交流以及设计生产试验的培训等功能，帮助设计师提高设计效率和准确度，减少重复的中间环节，全面缩短研制周期。

建立结构数字化快速设计制造平台有利于结构设计和制造过程变得更加高效，实现设计制造过程的高效化，解放设计师，让他们有更多的时间投入到更具创新性的设计理念和产品的开发过程中去，这将大大提升设计师的设计能力和设计水平，进而提高结构产品的竞争力。

数字化协同设计与分析技术是以计算机图形辅助三维交互式应用（CATIA）技术为依托，以建模技术、仿真技术、虚拟样机技术、并行工程及异地协同技术为核心的数字化工程设计技术。利用该技术可开发支持大系统的协同设计、仿真与制造一体化系统。目前，依托三维标注系统、航天飞行器结构快速设计平台和结构设计制造一体化平台等数字化系统，可重复使用新型航天飞行器结构产品的研制进度有望得到进一步提高。

4.2.4　结构可重复使用性

静强度是新型航天飞行器结构设计中首先要解决的最基本的要求。从某种意义上说，静强度是其他强度分支的基础。现代飞行器结构由于在设计中考虑了安全系数，因此在实际使用中因静强度而导致的破坏是极少见的。只有在超过限制的非正常使用或事故中，才会因为超过设计载荷导致破坏。可重复使用新型航天飞行器中绝大多数的结构破坏是由于结构疲劳或未检查出来的缺陷的扩展断裂所造成的。因此，静强度不足大多在施加设计载荷的静力试验时就可被发现，并通过加强结构解决。这种静强度不足往往是由于结构设计的分析方法不够准确和生产缺陷所致。

飞行器的气动布局和外形数据确定之后，首要要解决的结构设计问题是传力。飞行器各部件都承受气动力和集中力，这些力可改变飞行器的运动状态，使之产生加速度，随后所有这些力最终与惯性力平衡。在飞行器运动中的任何时刻，将飞行器的任一部分作为分离体可求得该分离体和主体间的内力。结构强度要解决的问题就是在整个使用周期内，在这些内力作用下结构不会发生不允许的有害变形或破坏。结构强度设计时应包括以下考虑：

1）综合考虑全飞行器的传力路线；
2）主承力系统尽量设计成超静定结构，以提高飞行器的生存力；
3）综合利用受力构件；
4）集中力要尽量靠近结构件剖面的刚心；
5）尽可能把传力路线设计得最短；
6）传力必须连续，构件剖面刚度变化应尽量平缓，以防止断面刚度的突变；
7）结构受力系统在总体上力求简洁流畅，在细节设计上力求平缓精致；
8）安全系数设计；
9）可检性设计；
10）可维护性设计。

结构的可重复使用性需通过静力及疲劳和损伤容限验证。

（1）静力验证

结构静强度验证应考虑所有的关键载荷情况和相关的破坏模式，还应包括环境影响（包括制造过程中引起的结构残余应力）、材料和工艺的变异性，不可检缺陷或任何由质量控制、制造验收准则允许的缺陷，以及终端产品维护文件所允许的使用损伤。除非已有类似设计、材料体系和载荷状态的经验，证实用组合件、元件和试样试验或可接受较低载荷水平下的部件试验所支持的分析方法是适用的，否则就应通过在适当环境下的部件设计载荷试验程序来证实复合材料设计的静强度。证明分析所必需的经验应包括先前用类似设计、材料体系和载荷情况进行过的部件设计载荷试验。

（2）疲劳和损伤容限验证

①疲劳评估

疲劳评估应通过部件疲劳试验或由试验证据支持的分析，并计及适当的环境影响来实现。应按照生产规程和工艺来制造和装配试件，使试件可以代表生产型结构；应进行足够的部件、组合件、元件或试样试验，来确定疲劳分散性和环境影响。可以用部件、组合件和/或元件进行试验，来评估含冲击损伤结构的疲劳响应，该损伤程度代表了制造、装配和使用时可能出现的损伤，且与所用检测方法相一致。在疲劳试验中还应包括结构寿命期间其他会存在的、被允许的制造和使用缺陷。在疲劳试验期间，应验证刚度性能的变化没有超出可接受的水平。应基于试验结果确定更换寿命。按照定义，类别 1 损伤要经受疲劳评估，并要在预期飞行器结构寿命期内保持承受设计载荷的能力。

②损伤容限评定

损伤容限评定由识别其破坏会降低飞行器结构完整性的结构开始，对结构进行必须的损伤威胁评估，以确定在制造、使用或维护期间可能出现的损伤部位、类型和尺寸，评估中要考虑疲劳、环境影响、固有缺陷、外来物冲击或其他意外损伤（包括离散源损伤）。

应对结构关键区域的典型结构件、元件和组合件进行重复载荷试验，以确定结构对损伤扩展的敏感性，这类试验可形成证明损伤容限要求中的无扩展方法的基础。试验应评定环境对缺陷扩展特性和无扩展有效性的影响，所用试验环境应符合预计的使用情况。由于热膨胀的不同，要确定设计中复合材料与金属间界面处产生的残余应力。这部分应力取决于重复载荷循环期间的使用温度，并要在损伤容限评定时对其予以考虑。应通过考虑特定损伤的出现概率和与该损伤相关的剩余强度能力来确定检测间隔，其目的是要保证结构的剩余强度不会低于设计载荷，以致安全水平低于典型缓慢扩展状态下的时间过久。当没有给定损伤尺寸出现概率的统计数据时，可能需要保守地假设在几次飞行期间检测出大尺寸损伤的能力。一旦检出损伤，应对部件进行修理使其恢复到设计载荷能力，或将其更换。

4.3　可重复使用新型航天飞行器结构构型

4.3.1　硬壳/半硬壳结构

硬壳/半硬壳结构是一个厚壁筒壳结构，由少数隔框和蒙皮组成，没有纵向构件，采用大厚度蒙皮或夹层结构。由蒙皮承受结构总体弯矩、剪切、轴力和扭转载荷。在弯矩的作用下蒙皮中产生了拉伸或压缩正应力，此时蒙皮利用率不高（距剖面惯性轴较远处蒙皮承载较大，而在剖面惯性轴附近的蒙皮中正应力很小）。剪力和扭矩由蒙皮剪流来平衡：

当框平面作用有集中力时，蒙皮中产生支反剪流作用于框上与剪力相平衡；在扭矩的作用下，蒙皮中产生均布剪流。硬壳式结构由于拥有较厚的蒙皮，其结构抗扭刚度很大，但结构效率低，开口补强损失较大。硬壳式结构型式又可分为下列几种：

（1）厚蒙皮式整体结构

该结构由较厚蒙皮和隔框组成，没有纵向构件，由蒙皮承受全部载荷，隔框只起维形和各舱段之间连接作用，以传递舱段间的集中载荷。随着结构的截面尺寸增大，蒙皮的临界应力逐步降低，此时要增加蒙皮厚度才能保证其承载能力，但结构效率会进一步降低。该类结构优点是结构简单，装配工作量少，气动外形好，容易保证舱段的密封并且有效容积大；但是此类结构不宜开口，当必须开舱口时，均应采用受力式口盖，口盖需参与整体受力，因而造成结构质量增加。

（2）加筋壳式结构

该结构由带筋条的整体壁板和框组成，整体壁板可用锻造、铸造或化学腐蚀等工艺方法制成，可采用复合材料制造。壁板内有纵向和横向筋条，用于提高壁板的临界应力并参加总体受力。在需要开口处和受集中力结构附近可设置一些较强的纵、横向加筋条，使其相对于厚蒙皮式结构效率高。

（3）夹层结构

该结构一般由2层光滑蒙皮与中间1层夹芯组成，蒙皮材料可选用铝合金、钛合金或复合材料，夹芯可选用蜂窝、泡沫或波纹板，根据结构承载需要和结构使用温度确定。此类结构刚度大、质量小，但不宜开口，与其他元件连接复杂，一般用于不需要大开口的大型结构。

4.3.2 杆系结构

杆系结构是通过铆接、螺接、焊接或其他方法把若干杆件连接起来组成的一个能够承担外部载荷的结构系统，其是由杆件按照一定的连接方式组合起来的体系，故也称为杆件体系。将众多杆或梁按照设计需要进行连接组合，就可以得到具有特定造型和承力功能的几何不变体系。杆系结构的基体是一个立体构架，通常构架由2个垂直的和2个水平的杆系组成，中间有构架式框和斜撑杆。杆系结构的组成元件杆只承受局部气动载荷。在确定受外力作用的杆系结构各杆的受力时，通常采用已知的结构力学方法，即切下接头，然后按杆的不同方向对力进行分解。目前由于有限元方法的通用性和有效性，受到了工程技术界的高度重视，并且随着有限元方法的基础理论和方法的不断成熟，现已被大范围应用于杆系结构受力分析。为降低构件质量，杆系结构一般是静定结构，因此杆系结构生存性差，空间利用困难。目前这种结构型式仅在小型或轻型飞行器的机身、空间站或太空探测器及部分支架上采用。在弹箭体结构中杆系结构用于两弹舱级间过渡段，其既能把一级的所有载荷传给另一级，又能在级间采用"热"分离时，使分离前上一级发动机启动和工作初期产生的高热气体能顺畅通过桁架结构的间隙排向弹体外。

4.3.3　复合材料整体结构

随着航天飞行器飞行任务的复杂化和多功能化，飞行器的外形也越来越复杂，机体结构的装配难度大幅增加，传统依靠众多零件通过机械连接组装对结构的损伤以及结构质量的增加也制约了飞行器的高可靠性和有效载荷承载能力。先进复合材料因其比强度高、性能可设计性好、抗疲劳特性和耐腐蚀能力强等特点，逐步取代了金属材料，成为新一代可重复使用航天飞行器的理想结构材料。

4.3.3.1　复合材料整体结构

（1）复合材料整体结构概念

复合材料整体结构是相对于复合材料分块结构的一个概念。复合材料整体结构是根据实际承载、传载和特殊功能等要求，充分发挥复合材料的特性，通过特定的制造方法或设计的特定结构等途径，在复合材料自身的最终形成过程中结为一体，相比较而言具有明显整体特征的复合材料结构。结构整体程度通常可采用零件、紧固件数量的减少程度和质量的减小程度作为表征，实际研究应用过程中常常通过应用层次分类来进行界定。

（2）复合材料整体结构分类

按照复合材料整体结构的应用层次可分为骨架类、蒙皮类、一般壁板类、盒段壁板类和盒段类整体结构等 5 种形式。例如：

1）骨架类整体结构，是针对航天飞行器上梁、肋和框等结构相对于分块或分段结构而言的，如图 4-3 所示。

图 4-3　整体成型的复合材料井字梁

2）蒙皮类整体结构，主要是指相对于单块翼面蒙皮结构而言的左右一体化水平安定面蒙皮、左右一体化机翼翼面蒙皮和翼身融合体蒙皮等，如图 4-4 所示。

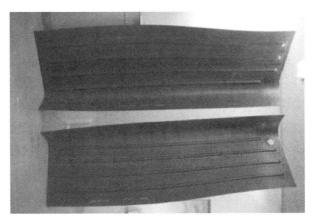

图 4 - 4　飞行器加筋蒙皮壁板结构

4.3.3.2　复合材料整体化结构在航天飞行器中的应用情况

在复合材料最初应用到飞行器结构时，主要应用于蒙皮、舵面、整流罩等大部分次承力结构，骨架结构仍然由金属材料组成，当前国内对于复合材料结构的设计方法仍然是金属结构的等代合计，这种结构设计不能够充分发挥复合材料承载方向可设计性的特点。金属结构和复合材料结构的连接装配主要依靠紧固件的机械连接。由于复合材料结构的机械加工性较差，钻孔过程中复合材料结构容易分层且对刀具磨损严重，因此对复合材料结构进行机械装配对制造工人的技术水平要求很高；当金属材料结构和复合材料结构一起配钻时，由于硬度的不同导致复合材料结构容易分层，钻头出口处纤维容易翘起和断裂，而且两种材料的切削碎片混合，难以清理。在飞行器装配过程中，紧固件的准备（钻孔及锪窝）和安装在机体装配过程中占据了最大的工作量，时间成本超过了80%。另外，复合材料主要承力的原因在于纤维的连续性，而机械连接导致了结构的开口要求，切断了纤维的连续性，导致了结构性能和可靠性的下降，不利于质量的优化。

根据材料的密度与力学性能的比较，大量采用复合材料最直接的效果就是减重，然而不合理的设计反而引起结构质量和成本一定程度上的增加。复合材料制件采用共固化整体成型技术，大型部件通过共固化和二次固化共胶接等整体成型方法，明显减少了零件、紧固件和模具的数量及零件装配，从而有效地降低了制造成本。

（1）日本 HOPE - X 全复合材料机体飞行器

日本为了成为世界航天大国，也投入了大量资金来开展可重复使用运载器（RLV）的研究和验证，规模仅次于美国，其重点放在 H - 2 轨道飞行器试验机（简称希望 X，HOPE - X）的研制上。为有效地减小 HOPE - X 整机质量、降低研制周期和成本，日本宇宙开发事业团（NASDA）和日本国家航空航天实验室（NAL）开展了 HOPE - X 的全复合材料机身结构设计、整体成型技术、模具设计、连接与装配技术等研究工作，仅用了18 个月的时间就制备出 HOPE - X 的全复合材料机身结构样件，实现减重 20%。

①翼身融合体机体结构

HOPE - X 机体长约 13 m，宽约 10 m，采用的是硬壳式结构设计，翼身融合，如图

4-5所示。其特点是零部件少，能发挥复合材料整体成型优势，主要表现在以下两个方面：

1）整体复合材料结构件，例如上部的机身和下部的翼体，以此来减少结构件的数量，实现减重；

2）复合材料结构件采用粘接成型，以此来降低质量和成本。

图 4-5　复合材料翼身融合体机体结构

②高精度成型模具设计及整体成型工艺

根据硬壳式结构的特点，其成型工艺主要有：真空导入成型工艺，用于制备机身蒙皮壁板和下部机体壁板等大型结构件；热压罐成型工艺，用于制备纵梁、隔框和环形肋等机体内部尺寸精度要求高的中小型机体结构件；采用低成本固化技术，有效减小结构内部热应力。图 4-6 为日本 HOPE-X 飞行器翼身融合体整体模具设计图，图 4-7 为翼身融合体与上部机身的胶接共固化图。

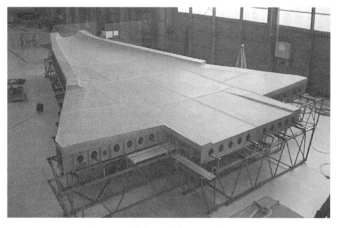

图 4-6　翼身融合体整体模具设计

图 4-7　翼身融合体与上部机身的胶接共固化

③复合材料机体结构的胶接与装配

为有效减少连接区的零部件数量和质量，降低对复合材料整体结构的打孔和切割等破坏，HOPE-X 飞行器复合材料机体结构采用了胶接工艺。图 4-8 为日本 HOPE-X 飞行器梁与翼身融合体的胶接，图 4-9 为复合材料框与蒙皮壁板的胶接，图 4-10 为上部机身与下部翼身融合体的胶接。

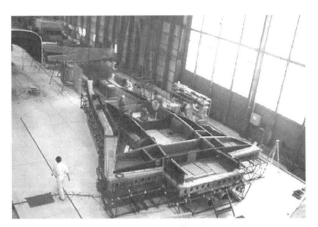

图 4-8　梁与翼身融合体的胶接

（2）美国 X-37B 可重复使用无人航天飞行器

X-37B 轨道机动飞行器采用高效轻质的碳纤维复合材料结构作为其主机体结构，从而实现了有效载荷 2 t、最高 $Ma=25$ 的超高音速飞行，通过两次飞行任务的完成，验证了基于大部段复合材料整体成型结构的可行性。其大量采用了共固化和二次固化技术，如图 4-11 所示，整个飞行器下半壳、机翼和前、后上半壳都是整体成型结构，大量的复合材料整体式结构减少了结构的装配工作，也将飞行器的结构质量优化到最低。

图 4 - 9　复合材料框与蒙皮壁板的胶接

图 4 - 10　上部机身与下部翼身融合体的胶接

图 4 - 11　美国 X - 37B 复合材料整体成型部段装配

4.3.3.3　复合材料整体结构面临的技术挑战

通过对大型复合材料构件整体成型技术进行评估，相关挑战也随之而来。问题主要体现在复合材料整体构件的制造成本高及维修困难等方面，即如何减少对昂贵的热压罐的依赖以降低制造成本，如何有效减少采用整体结构后给维修带来的不便，从而控制维修成本，提高维修效率。

多年来，热压罐成型技术一直是航空航天复合材料制造的难题。热压罐体积大而且成本高（购买一台大型热压罐需 30 万美元），但其对于航空航天用复合材料的固化又必不可少。随着飞行器对大尺寸和超大尺寸复合材料构件的需求日益提高，复合材料热压罐成型工艺的应用逐渐由部件级向分系统级和系统级发展，热压罐的尺寸和规模也在不断扩大。如德国 SCHOLI 公司为空客 A350 项目建造的超大型热压罐，直径达 9.2 m，长度达 38 m，而这背后也意味着非常高昂的设备造价。因此，在确定零部件是否可从分段结构转化为整体结构时，需要考虑适应于更大型结构件成型的热压罐的高造价问题，而且其设备采购、建造和安装的时间相当漫长。由于热压罐安装和使用成本过高，在大型整体结构制造中，淘汰热压罐的使用已成主要目标。目前业界主要从两个方向寻求解决办法：一是开发无热压罐低压固化（OOA）材料与工艺；二是开发低成本液体成型技术，在室温下将液体树脂注入预制的复合材料增强体并固化。在 NASA 研制的下一代载人飞船逃生系统——Max 异常中断飞行系统（MLAS）的制造过程中，上述两种方法均被采用。MLAS 多级运载装置由增压挡板、下层围裙组件以及包含分离舱的前整流装置组成，该 3 部分的建造都是通过简单低价装置，采用液体树脂注入成型的方法完成。尾翅部分采用了无热压罐低压固化工艺生产，并在 NASA 的瓦勒普斯岛工厂完成最终装配。MLAS 将帮助航天员在发射台及入轨阶段成功脱离危险。

洛克希德·马丁公司也成功采用无热压罐低温固化工艺制造出碳纤维复合材料构件，减少了工装成本，并将其用于生产更大型零件。波音公司联合氰特公司研制的无热压罐树脂系统 CYCOM5320，用于验证聚合物基复合材料构件的无热压罐低压固化成型工艺，其关键是在给定的高合成纤维体积分数下消除孔隙度，以保证良好的性能。

采用整体结构零部件所带来的副作用是维修成本显著增加。在目前分段式制造过程中，如果某部件损坏，只需在生产流程的下游用新部件替换，整个装配流水线就可继续生产；而如果一个大型整体结构损坏，除非更换整个受损结构，否则整个装配线就得停下。对于工艺装置也是如此，在分段加工中，其可方便地从生产线上拆下工具或装置来维修或校准，之后再安装上去，不会影响整个生产流水线；而若需更换整体结构的工具，就必须停止整个生产线，即便在战时也是如此。目前，对于能够"取下和更换"的分段零部件，能在较短时间内以较低成本对其进行更换或维修；而大型整体结构部件的相关维修或更换费用很高，维修时可能几周甚至几个月内完全不能使用。系统、子系统以及运载装置的安装和集成问题也面临挑战。在将小型零部件组合成大型结构件时，需要考虑零部件的安装问题，并为工人提供足够的工作空间。如今飞行器的装配通常是先进行所有系统的安装和连接，再从内到外进行装配，直到最后铺上蒙皮。在分段装配中，生产线可以铺展开来，为各种加工操作提供足够的空间。然而采用整体结构后，其工作空间将会很有限，这将减缓系统及零部件的安装进程。

决策模型的成功开发为解决整体结构的安装和维修成本问题提供了有效途径，其能够提升工程制造人员的决策能力。例如用于加工故障决策和 MLAS 装置整合决策的模型，对于某些必须拆分成更小零件的部件，一旦零件制造完成，则考虑重点就是该零件安装数量的问题：安装进去的零部件越多，就越需考虑零部件的可安装性，以确保其未对随后零件的安装造成任何障碍。又如针对零部件整体化程度、生产中断及分段情况开发的模型，其主要由 10 级难度决策模型组成。首先，决定量化子系统的数量及其复杂性，以及在 1 至 10 级各层次上的安装难度，其中 10 代表最高难度等级；然后，由决策模型来决定将要生产的零部件的尺寸，以及生产中断发生的位置。应用这一过程，将使整体结构最优化，并确定出最佳的安装尺寸。

航天复合材料构件逐渐向整体化和大型化的结构发展已成为必然趋势。一方面这是结构的需要，其具有突出的结构完整性，能够减少紧固件数量、减轻质量、降低装配成本和提高质量；另一方面，其设计和制造特点易于实现结构整体化和大型化。但在某些特定情况下选用复合材料整体结构时需要注意以下 3 方面对比分析：

1）复合材料整体结构与金属材料结构对比分析；

2）复合材料整体结构与分块结构对比分析；

3）复合材料整体结构各个层次性对比分析。

为了在工程上应用复合材料整体结构，综合各方面因素的复合材料整体结构设计是先导，适合复合材料整体结构的材料是基础，与设计互动的复合材料整体结构制造是关键。与一般复合材料结构工程应用相比，材料/设计/制造一体化思想更应该在过程始终贯穿应用。

总之，在航空航天产品中使用复合材料整体构件所带来的益处已获得广泛共识，然而大型整体复合材料构件的高性能却伴随着高昂的制造成本。这有力推动了高效、低成本的大型整体结构制造技术的创新发展，例如成功开发了低压固化、液体树脂注入成型等无热压罐成型工艺，从而减少了极高的对热压罐购买和运行成本的依赖。但目前在复合材料构件生产中断决策、系统和子系统安装等方面尚存在挑战，这也将进一步推动复合材料整体结构相关的装配、性能测试和维修等技术的研发。

4.4　可重复使用新型航天飞行器结构件

现代飞行器设计过程是以零件、组件和部件的无图纸三维数模设计结束作为完成的标准。需考虑每一结构元件的功能及其作用的载荷，以及使用条件、具有最小质量要求、材料的物理-机械性能和所用的工艺方法进行设计。在必要情况下设计与试验工作同时进行。

虽然飞行器结构中包含的元件形状和尺寸不同，但其可分解出标准元件模板，即在不同结构组合件和部件中不做重大修改就可以重复制作的构件。飞行器结构元件设计的基本要求之一，是在保证必要的强度和刚度的条件下质量最小。

可以通过不同的途径减轻结构质量。途径之一是选择密度小而比强度高的高强度材料。这一途径能使承力结构元件的质量直接减小，并且可根据所受的最大载荷来选取截面形状和尺寸。

然而仅靠选取比强度高的材料来获得质量最小的结构还是不够的，重要的是要使选定的承力元件截面形状、尺寸与其选定材料物理-机械性能相匹配，元件才能承受最大的破坏应力，这是根据高比强截面系数所决定的。

设计承力构件的主要任务是，在保证结构强度条件下，结构质量最小。承力构件在飞行器上的总质量不超出整个飞行器结构质量的 1/2 或 1/3，结构的其余质量为不承力的低载荷元件或燃料。减小这些元件质量的方法可归结为选择轻质材料，但这些材料的单位强度值不大。下面研究在设计过程中应当遵循的原则。

努力使作用力沿最短的路径传递有利于减小结构质量，这一条也可以作为规定。因为这时少数的元件将承受并传递载荷，而在某些情况下这可以消除弯曲变形和扭转变形。为了同样的目的，当组合件互相配置很近时，简单进行组合件合并也是有利的。

任一种复杂的结构均可表示为某些串联环节的组成，由串联环节组成的结构质量随其中环节数目的减少而减小，这样缩减环节数目的极限状态就是整体结构。随着复合材料工艺水平的提高，普通框、梁、长桁和壁板均可组成一个整体。

在设计受弯的梁时，例如翼梁，应最大限度地分置缘条，即缘条距中心轴的距离最大是有利的，这能保证缘条以较高的平均应力工作。缘条的材料越分置，就越接近最大应力。

材料最大分置原则对于承受扭转的结构部件的元件也是适用的。这一原则适用于不仅需要提高强度还需要提高结构刚度的那些情况。轻质夹芯三层蒙皮就是这种结构的例子。

有时也有降低计算应力的情况，有一些构件在不同飞行情况下不仅承受拉伸，而且承受压缩。因为破坏的或临界压缩应力低于（特别是薄壁结构）破坏的拉应力，所以载荷符号的改变导致必须降低应力且增加质量。

导致必须降低构件计算应力的另一种情况是重复使用的疲劳载荷。这些载荷是频率范围宽广的变化或脉冲载荷，飞行器在飞行中、起飞和着陆时经受这些载荷。虽然这些载荷比飞行中的最大载荷小得多，但其多次重复使用会导致结构疲劳裂纹的形成并不断扩展，使结构突然破坏（有时可能造成灾难）。提高疲劳强度的有效措施之一是降低构件的计算应力。

由飞行器气动力加热产生的问题具体如下。

1）影响结构材料强度问题。因为随着温度的升高，材料强度极限降低并且材料其他机械性能变坏。在强度计算中，在选取结构与加热温度相适应的材料性能值时要考虑到这一情况。

2）在不均匀加热时产生的热应力。在相连接的元件中，温差越大热应力就越大（热辐射和热传导）。可以通过降低材料强度的方法计算热应力，或者在强度计算中考虑热应力的计算；在结构上采取各种补偿的方法，一般采用隔热措施（隔热毡、隔热棉或防热瓦）达到降低结构温度的目的。

3）加热引起蠕变而造成永久变形。这些变量不应当超过飞行器强度规范的极限值，以避免飞行性能变差。这一现象也要求降低计算应力。

结构的工艺可达性是特别重要的准则，合理的工艺有助于提高结构质量的改进。然而结构工艺性准则是时间的函数：先前是非工艺性的，之后可能成为工艺性的。结构和工艺的发展和完善不断地互相影响着。鉴于互相影响的结果，在飞行器制造中采用了轧制型材、铸造零件、整体机加壁板、电子束焊以及金属胶接。当前要解决的问题是复合材料和无孔蜂窝扩大使用中遇到的胶接强度。

现代飞行器制造的重要任务是提高结构可靠性。参加现代飞行器设计的设计师应当选择在质量最小和成本最低的条件下能保证很高可靠性的结构方案。

飞行器结构件是经最简单的工艺处理过的零件，结构件可以是以毛料形式供给制造工厂的半成品。以下构件就是这样的半成品：

1）由金属制造的——板材，轧制、拉制和挤压的型材（标准型材），圆形管、椭圆形管、棒材及金属丝冲压零件（壁板和接头）；

2）由碳纤维或树脂制造的——复合材料壁板、层压板及编织接头；

3）由塑料制造的——板材、薄板、管材、铸件及冲压零件。

除了有承力系统并承受结构作用载荷的最简单的结构件以外，还采用如下连接件：

1）用于金属结构——铆钉、螺栓（销钉）、焊剂、焊料及胶等；

2）用于复合材料连接——铆钉、螺栓及胶；

3）用于塑料连接——连接块、凸块及胶。

金属连接还可以使用焊接结构，如借助接触电焊（点焊和滚焊）的各种钢、钛合金以及铝和镁合金构件。用扩散焊接法进行的连接应当属于直接连接。

对结构件提出以下基本要求：

1）在质量最小的情况下应具有必要的强度和刚度；

2）工艺性、制造时检查的可达性及生产工序实施的方便性；

3）修理和互换的可能性、保护涂层修复的可能性及可互换性；

4）经济性、生产成本和使用费用最低及使用非贵重的和非紧缺的材料。

在高速飞行器的结构中，必须采用耐热材料，使高速飞行加热时能保持很高的强度，这样飞行器结构中的热应力是最小的。可以通过合理地选择连接构件中的结构型状和制造这些构件所用的材料达到这一点。

4.4.1　梁

在飞行器结构中采用的梁应当在质量最小的条件下满足给定的强度和刚度要求。在结构中，梁受弯曲和剪切，并且两端同时受压（或受拉）。因此选择梁的截面形状时，应当使最大部分的材料质量布置尽可能远离中心轴。

梁可以是实心（整体）的或是组合的。如果梁的截面在长度上不变，则实心梁用轧制方法制造［图 4 - 12（a）］；如果截面的形状和尺寸发生变化，则用热冲压方法制造［图 4 - 12（b）］。组合梁由单个的构件组装连接：借用于铆钉、螺栓、焊接和胶把缘条、腹板和支柱互相连接组装起来。梁分为单腹板梁和双腹板梁。单腹板梁的上下缘条通常有 T 形截面，因此这样的梁称为工字形梁（图 4 - 13）。承载低的梁缘条可能具有角形，与壁板一起构成槽形梁（图 4 - 14）。当需要保证明铆时，槽形截面梁有时出于工艺考虑选用作机翼和尾翼剖面的闭合纵墙。

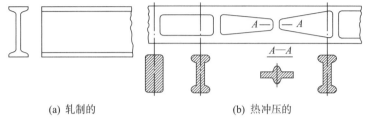

(a) 轧制的　　　　　　　　　　　(b) 热冲压的

图 4 - 12　实心梁截面

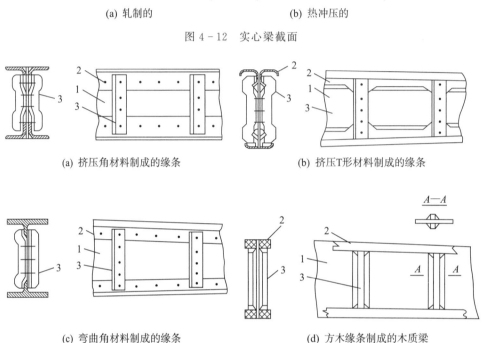

(a) 挤压角材料制成的缘条　　　　　　　(b) 挤压T形材料制成的缘条

(c) 弯曲角材料制成的缘条　　　　　　　(d) 方木缘条制成的木质梁

图 4 - 13　组合的工字形梁

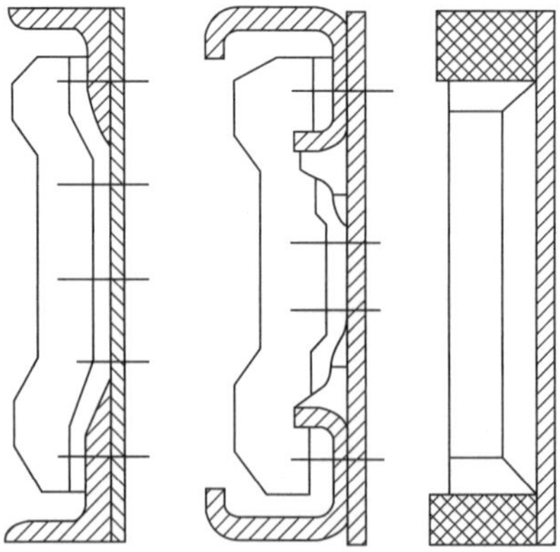

(a) 挤压角材　(b) 弯制角材　(c) 支柱
　的缘条　　　　的缘条

图 4 - 14　槽形梁

双腹板梁按截面形状构成封闭的周边，被称为盒形梁（图 4 – 15）。通常盒形梁具有槽形缘条［图 4 – 15（a）］，由圆形管或椭圆形管制成的管截面缘条的梁［图 4 – 15（b）］采用椭圆形管时可以使缘条离中心轴的距离比圆形管更大。因此，在保证需要的断面系数的前提下，可以减小缘条的厚度和质量。这一措施当梁的高度受到限制（例如，高速飞行器的机翼或尾翼的翼梁高度是受空气动力要求限制的）时很有意义。

图 4 – 15（d）、图 4 – 15（e）上展示了盒形梁的截面形状，其缘条由弯制型材制成。

在制造的实践中常遇到盒形梁式金属翼梁，需要指出的是，该横截面形状对于木质翼梁式较为具有代表性［图 4 – 15（c）］。可以预期到，在飞行器制造中采用塑料（例如玻璃钢）和胶压层板时将恢复梁的盒形截面。

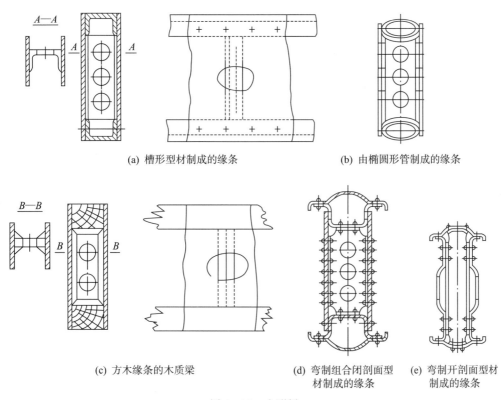

(a) 槽形型材制成的缘条　　　　　　　　(b) 由椭圆形管制成的缘条

(c) 方木缘条的木质梁　　　(d) 弯制组合闭剖面型　(e) 弯制开剖面型材
　　　　　　　　　　　　　　材制成的缘条　　　　制成的缘条

图 4 – 15　盒形梁

当梁弯曲时，由于弯矩作用，在缘条中产生的主要是拉/压的法向应力，由于作用在腹板中的剪力产生的主要是切向（剪）应力，在腹板失稳时支柱受载，因此提高了腹板和缘条承载能力。由于支柱把缘条分成若干短段，因而腹板失稳时缘条产生的弯曲力矩被减小；此外，支柱将腹板分成格子，以提高腹板抗剪的临界压力。

综上所述，依据横截面的形状，梁的基本形式包括：工字形梁、槽形梁和盒形梁。

1）工字形梁采用较多，其对称性（在同样的横截面面积下）使其比槽形梁抗弯性好；

2）槽形梁用于承载低的受弯结构，例如机翼和尾翼的翼肋或者小飞行器或滑翔机的尾翼翼梁；

3）盒形梁用于承载高的结构，如加强翼肋、尾翼梁和无机身飞行器的尾梁。此外，与槽形梁和工字形梁相比，盒形梁抗扭的刚度较大，可以用于受扭的结构中。

然而应当指出的是，铆接的金属盒形梁不便于生产加工。对于这种梁的装配和对于其他结构件（例如翼肋腹板）与这种梁的连接，必须预先考虑在梁的腹板开工艺孔以便实现铆接工艺。装配木质的或塑料的盒形梁比金属的要简单得多，因为腹板与缘条和内部支柱（隔板）的接合可以用胶来实现。

4.4.1.1　薄壁梁的稳定性

在现代飞行器结构中广泛地应用薄壁梁[1]，其材料基本质量分布在离中心轴最远处；也用薄板材制成角撑、翼肋和隔板。薄壁梁的采用迫使设计师必须注意提高其抗剪和抗压的稳定性。为达到此目的采取以下结构措施和工艺措施：

1）弯边 1（图 4-16）。用弯边加强腹板。

2）冲压弯边孔 1 和 2（图 4-17）。这样的孔使壁板质量减小，而弯边使刚度提高。

3）用挤压不成型孔 3（图 4-17）来提高刚度。为此添加制加强槽 4，制加强槽是平板波状的（一次）弯曲。与加强的型材相似，制加强槽使壁板刚度在波的母线方向上增强，尽管在工艺上比较简单，然而其比型材刚度弱。制加强槽在轻质翼梁、翼肋、贮箱、座椅和角撑等的壁板结构中采用。

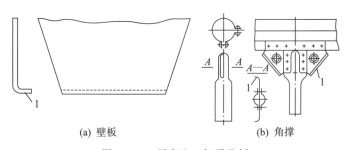

(a) 壁板　　　　　　　　　　(b) 角撑

图 4-16　用弯边 1 加强腹板

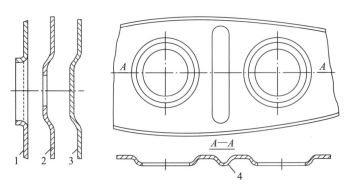

图 4-17　采用冲压增大刚度

1、2—弯边孔；3—不成型孔的挤压；4—波纹加强槽

4）压出波纹（图 4-18）使壁板具有波浪形状。这样的波纹能很好地承受沿波纹母线

的压（或拉）力（P）和弯矩 M，但不能承受与波纹母线成法向的压（或拉）力（P'）和弯矩（M'）。波纹用于加强翼梁腹板和光滑蒙皮。

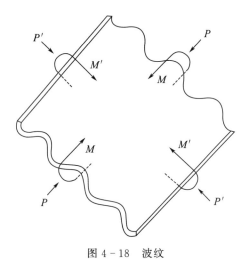

图 4 - 18　波纹

5）型材与薄壁连接，无论在壁板平面内，还是在与其表面成法线的方向提高强度和稳定性。

在图 4 - 19 中示出了蒙皮开口用铆接型材加强边。这样的加强边能补偿由于开口所引起的强度削弱。因为型材的板厚可能比板材的厚度大，在这种情况下，强度和刚度可能比弯边的情况高得多。

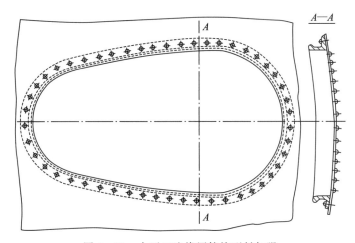

图 4 - 19　大开口边缘用铆接型材加强

在图 4 - 20 中示出了机翼机身和尾翼的承力蒙皮 1 和铆接型材 2 加强情况。在这种情况下，型材使蒙皮的抗剪和抗拉的临界应力提高，并且型材和蒙皮一起承受载荷。

薄壁梁弯曲时，其腹板在开始时受剪不失稳；随着载荷增大，发生剪切失稳，并且试验表明，形成对角线波纹（图 4 - 21），证明了在腹板内产生对角线应力场。波峰的方向与梁的纵轴约呈 45°。薄腹板在产生波纹，直到其中出现与弹性极限相对应的应力，并在撤去载荷后消失，不引起永久变形。因此，这些波纹的产生对于薄壁梁的结构不危险。在现代飞行器的高承载结构中，薄腹板用在翼肋内和在切向应力较小的那些梁内。

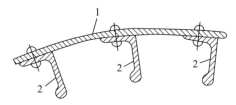

图 4-20　用型材加强蒙皮

1—承力蒙皮；2—型材

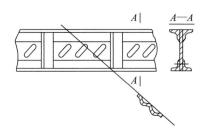

图 4-21　在剪切失稳时薄腹板的弯曲

4.4.1.2　工字形薄壁梁弯曲时抗弯和抗剪的计算和设计

工字梁截面的任一点的弯曲应力（图 4-22）可按已知的公式求出

$$\sigma_{gz} = \frac{M_{gz}}{I} y \qquad (4-1)$$

在截面外缘条点上达到最大值

$$\sigma_{gzmax} = \frac{M_{gz}}{W} \qquad (4-2)$$

式中　　M_{gz} ——弯矩（N·mm）；

　　　　I ——梁截面惯性矩（mm⁴）；

　　　　y ——对所研究的层距中心轴距离（mm）；

　　　　$W = I/y$ ——梁截面断面系数（mm³）；

　　　　σ_{gz} ——弯曲应力（N/mm²）。

在近似（设计）计算中，往往不考虑腹板惯性距，认为其对弯曲应力影响不大，同时这种影响取决于腹板厚度与缘条宽度之比。求出这一比值，在此比值下腹板所承受的弯矩部分小到可以忽略不计。为此目的，需研究工字形梁截面简化后的受力情况（图 4-22）。

用 M_{CT} 表示腹板承受的那一部分弯矩。面积微分 $ds = \delta dy$（图 4-23）并写出弯矩微分及该面积上作用力的表达式

$$dM_{CT} = \sigma_{gz} \delta y \, dy$$

将式（4-1）的 σ_{gz} 值代入上式并积分后，得

$$M_{CT} = \frac{\delta M_{gz}}{I} \int_{-h/2}^{+h/2} y^2 \, dy = \frac{\delta h^3}{12I} M_{CT} \qquad (4-3)$$

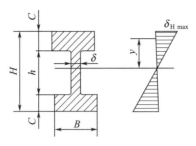

图 4-22　薄壁梁的横截面和弯曲应力图

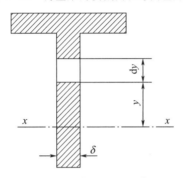

图 4-23　有腹板梁的截面

考虑到截面惯性矩

$$I = \frac{1}{2}\left[B(H^3 - h^3) + \delta h^3\right] \tag{4-4}$$

则有

$$\frac{M_{CT}}{M_{gz}} = \frac{(\delta/B)(h/H)^3}{1 - (h/H)^3(1 - \delta/B)} \tag{4-5}$$

$M_{CT}/M_{gz} = f(h/H)$ 关系曲线示于图 4-24。很容易看出，在 $\delta/B \geqslant 0.1$ 和 $h/H \geqslant$ 0.8 时，腹板承受大部分的弯矩。通常在飞行器制造中遇到的 δ/B 在 0.01～0.02 范围内且 h/H 值不大于 0.8，这种情况下 M_{CT}/M_{gz} 不超过 2.1%。因此，对于飞行器制造，通常尺寸的工字形梁腹板受弯可以忽略不计，并认为整个弯矩由缘条承受。

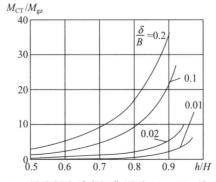

图 4-24　梁腹板在受弯矩作用时 M_{CT}/M_{gz} 关系曲线

为了简化计算，特别是设计计算，不用式（4－2）而用近似计算公式。该近似公式是在假设缘条截面受力均匀的情况下得到的（图 4－25），即不使用应力图 4－25（a）而使用应力图 4－25（b）。在这种情况下，外力矩 M_{gz} 由力偶 $P = \sigma_{\Pi P} s_{gz}$ 及力臂 H_{cp} 来平衡，式中 s_{gz} 为缘条横截面面积（$s_{gz} = BC$），$H_{cp} = H - C$ 为缘条各剖面重心之间的距离。

$$M_{gz} = P H_{cp} = \sigma_{\Pi P} B C H_{cp}$$

由此可得

$$\sigma_{\Pi P} = \frac{M_{gz}}{B C H_{cp}} \qquad (4-6)$$

在按近似公式（4－6）确定应力时需找出比值形式的误差值 $k = \sigma_{gz} / \sigma_{\Pi P}$，式中 σ_{gz} 按公式（4－2）确定。

代入 σ_{gz}，$\sigma_{\Pi P}$ 值，得

$$k = B C H_{cp} / W = (H - C) B C / W \qquad (4-7)$$

考虑到断面系数

$$W = \frac{B(H^3 - h^3)}{6H} = \frac{B(H-h)(H^2 + Hh + h^2)}{H}$$

和 $h = H - 2C$，得

$$W = \frac{B C (3H^2 - 6CH + 4C^2)}{3H} \qquad (4-8)$$

于是误差

$$k = \frac{3(1 - C/H)}{3 - 6C/H + 4(C/H)^2} \qquad (4-9)$$

因此可以写成

$$\sigma_{gz} = k \sigma_{\Pi P}$$

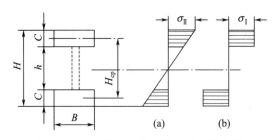

图 4－25　梁缘条弯曲时法向应力拟合图

或根据式（4－6）

$$\sigma_{gz} = \frac{k M_{gz}}{B C (H - C)} = \frac{k M_{gz}}{B C H (1 - C/H)} = \frac{A M_{gz}}{B C H} \qquad (4-10)$$

其中

$$A = \frac{k}{1 - C/H} = \frac{3}{3 - 6C/H + 4(C/H)^2}$$

由式（4 - 10）求出缘条横截面积

$$s_{gz} = BC = \frac{AM_{gz}}{\sigma_{gz}H} \tag{4 - 11}$$

局部失稳临界应力

$$\sigma_{lin} = \frac{0.81E}{(B/2C)^2} = \frac{3.24E}{(B/C)^2}$$

由此可求出 $\sigma_{lin} = \sigma_{gz}$ 时的 B/C 值

$$B/C = 1.8\sqrt{E/\sigma_{gz}} \tag{4 - 12}$$

将式（4 - 11）第二个等号两边同时除以 C^2

$$B/C = \frac{AM_{gz}}{\sigma_{gz}HC^2} = \frac{AM_{gz}}{\sigma_{gz}H^3 (C/H)^2} = \frac{M_{gz}L}{\sigma_{gz}H^3} \tag{4 - 13}$$

其中

$$L = \frac{A}{(C/H)^2} = \frac{3}{3(C/H)^2 - 6(C/H)^3 + 4(C/H)^4} \tag{4 - 14}$$

在图 4 - 26 上绘出了 $L = f(C/H)$ 曲线图。

使式（4 - 12）和式（4 - 13）的右边相等，得

$$L = \frac{1.8H^3}{M_{gz}}\sqrt{E\sigma_{gz}} \tag{4 - 15}$$

按式（4 - 15）计算出 L 值后，由图 4 - 26 示出的曲线图求出与其对应的 C/H 值，而后求出 C 值（因为 H 为已知量，由布置翼梁的厚度确定）。求出 C 后，按式（4 - 12）或式（4 - 13）求出 B。

$$B = 1.8C\sqrt{\frac{E}{\sigma_{gz}}} \text{ 或 } B = C\frac{M_{gz}L}{\sigma_{gz}H^3}$$

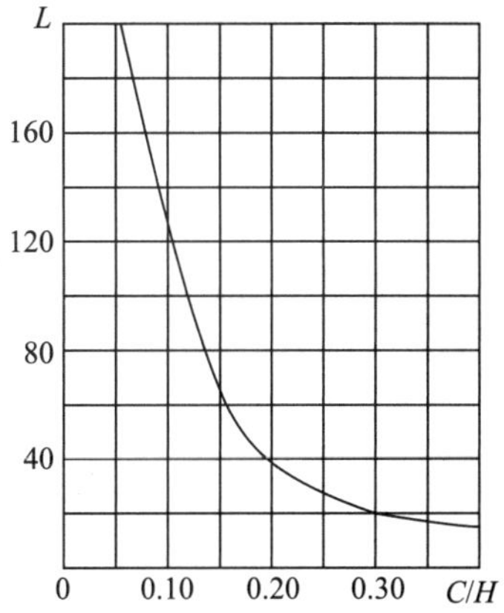

图 4 - 26　按式（4 - 14）计算梁弯曲的曲线图

4.4.1.3　弯曲时剪切计算

弯曲时由于剪力产生的剪应力可以用式（4 - 16）表示

$$\tau_{gz} = \frac{QS}{I\delta} \tag{4 - 16}$$

式中　S ——静力矩；

$\quad\quad$ I ——梁截面惯性矩；

$\quad\quad$ δ ——所研究部位梁腹板宽度。

按式（4 - 16）求得的应力图如图 4 - 27（a）所示。

在截面缘条与腹板过渡的部位，发生应力 τ_{gz} 突变。因此在实际计算中常常假设腹板根据图 4 - 27（b）所示均匀地受载。根据这种假设，弯曲时的剪应力按近似公式（4 - 17）确定

$$\tau_{\Pi P} = Q/(\delta H) \qquad\qquad (4 - 17)$$

在这里为了便于之后的计算，H 为剪应力相对于梁的总高度的值。

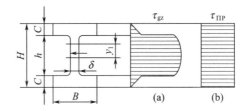

图 4 - 27　梁弯曲时切向应力图

在按近似公式（4 - 17）确定应力时，可求出误差量

$$k_1 = \tau_{gz}/\tau_{\Pi P}$$

根据式（4 - 16）和式（4 - 17）得

$$k_1 = HS/I \qquad\qquad (4 - 18)$$

其中

$$I = \frac{BH^3}{12}\Big[1 - (1 - \frac{\delta}{B})(1 - 2\frac{C}{H})^3\Big] \qquad\qquad (4 - 19)$$

$$S = \frac{BH^2}{12}\Big[\frac{C}{H}(1 - \frac{C}{H}) + \frac{\delta}{B}(0.5 - \frac{C}{H})^2\Big] \qquad\qquad (4 - 20)$$

式中　I ——梁整个截面相对中心轴的惯性矩；

$\quad\quad$ S ——半截面静力矩。

考虑到式（4 - 19）和式（4 - 20），则式（4 - 18）具有如下形式

$$k_1 = \frac{6\big[(C/H)(1 - C/H) + (\delta/B)(0.5 - C/H)^2\big]}{1 - 8(1 - \delta/B)(0.5 - C/H)^3} \qquad\qquad (4 - 21)$$

式（4 - 21）关系曲线如图 4 - 28 所示。

如果将实际值 δ/B 限定在 $0.01 \sim 0.03$，C/H 值限定在 $0.1 \sim 0.25$，则按式（4 - 21）求得的 k_1 值与如下函数相符

$$k_1 = 1 + 1.15C/H$$

该函数能代替较为复杂的关系式（4 - 21）。

因此式（4 - 16）可以用较为简单的且计算方便的式（4 - 22）代替

$$\tau_{gz} = (1 + 1.15\frac{C}{H})\frac{Q}{\delta H} \qquad\qquad (4 - 22)$$

δ/B 值在 $0.01 \sim 0.03$ 及 C/H 值在 $0.1 \sim 0.4$ 范围内时，实际值与式（4 - 22）的误差不超过 1%。

式（4 - 22）除校核以外，也可以用来设计计算，例如确定腹板所需的厚度

$$\delta = (1 + 1.15C/H) \frac{Q}{H\tau_b}$$

C/H 值由前面梁弯曲计算，并考虑缘条抗压稳定性来确定。

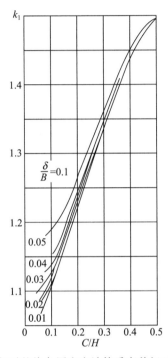

图 4 - 28　依据相对的缘条厚度在计算受弯剪切时的修正系数值[2]

4.4.1.4　单腹板、双腹板和多腹板梁结构

比较一下腹板数目不同的梁（图 4 - 29）。每一腹板的厚度用 δ_n 表示，在这里 n 表示腹板数目。梁的材料、高度 H 和剪力 Q 对于所有的梁都取相同值。

以下研究了两种受力情况：受剪未失稳和受临界剪应力。

（1）腹板受剪未失稳

对于单腹板（工字形）梁，根据式（4 - 22）可知剪力为

$$Q = \frac{\delta_1 H \tau_b}{1 + 1.15C/H} \tag{4 - 23}$$

式中　τ_b——腹板材料抗剪强度极限；

　　　δ_1——单腹板梁腹板厚度。

不能认为多腹板梁的所有腹板都同样地受载。显然，一般腹板中只有一个承受设计载荷值 τ_b，而其余的腹板则承载不足，并且其中产生应力 $\tau_{gz} = \tau_b - \Delta\tau_n$。

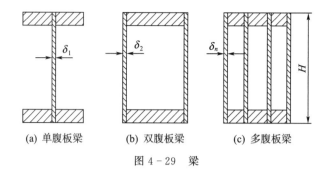

$$(a) \text{ 单腹板梁} \qquad (b) \text{ 双腹板梁} \qquad (c) \text{ 多腹板梁}$$

图 4 - 29　梁

此时假设剪力由 n 个腹板梁的每一个腹板分别来承受

$$Q_1 = \frac{\delta_{n,1} H \tau_b}{1 + 1.15C/H}$$

$$Q_2 = \frac{\delta_{n,2} H (\tau_b - \Delta\tau_2)}{1 + 1.15C/H} = \frac{\delta_{n,2} H \tau_b}{1 + 1.15C/H}\left(1 - \frac{\Delta\tau_2}{\tau_b}\right)$$

$$\vdots$$

$$Q_n = \frac{\delta_{n,n} H \tau_b}{1 + 1.15C/H}\left(1 - \frac{\tau_n}{\tau_b}\right)$$

所有腹板承受的剪力

$$Q = Q_1 + Q_2 + \cdots + Q_n$$

或

$$Q = \frac{H \tau_b}{1 + 1.15C/H}\left(\sum \delta_n - \Delta\right) \tag{4-24}$$

其中

$$\Delta = \delta_{n,2}\frac{\Delta\tau_2}{\tau_b} + \delta_{n,3}\frac{\Delta\tau_3}{\tau_b} + \cdots + \delta_{n,n}\frac{\Delta\tau_n}{\tau_b}$$

式中　Δ ——正增量。

使式（4-23）和式（4-24）右侧相等，得

$$\sum \delta_n = \delta_1 + \Delta$$

因此，当腹板不均匀地受剪时，n 个腹板梁的腹板总厚度（或用质量）比单腹板梁的厚度（质量）大。只有假设腹板均匀地受剪 $\Delta = 0$ 时 $\sum \delta_n = \delta_1$，然而这样的假设是不真实的。

（2）腹板受临界值的剪应力

当梁的所有其他尺寸相同时，腹板内的临界剪应力与厚度的平方成正比。在单腹板梁的腹板内，临界剪应力为

$$\tau_{\text{lin},1} = k\delta_1^2 \tag{4-25}$$

n 个腹板梁的每一腹板内的临界剪应力为

$$\tau_{\text{lin},n} = k\delta_n^2 \tag{4-26}$$

根据式（4-22），对于单腹板梁剪力为

$$Q = \frac{\tau_{\text{lin},1}\delta_1 H}{1 + 1.15C/H} \qquad (4-27)$$

而对于 n 个腹板梁在所有腹板厚度相同的情况下

$$Q = \frac{n\tau_{\text{lin},n}\delta_n H}{1 + 1.15C/H} \qquad (4-28)$$

使式（4-27）和式（4-28）右侧相等，代入式（4-25）和式（4-26）并认为 C/H = const，得

$$\delta_1/\delta_n = \sqrt[3]{n} \qquad (4-29)$$

单腹板梁腹板的横截面面积为

$$s_1 = \delta_1 H$$

而 n 个腹板梁所有腹板的横截面总面积为

$$\sum s_n = n\delta_n H$$

考虑到式（4-29）得

$$\sum s_n / s_1 = n\delta_n/\delta_1 = n^{2/3} \qquad (4-30)$$

因此，随着腹板数目的增加，所有腹板截面总面积 $\sum s_n$ 和总质量 $\sum m_n$ 分别超过单腹板梁腹板的面积 s_1 和质量 m_1 的 $n^{2/3}$ 倍。

对于不同的腹板数目 n，$\sum m_n / m_1$ 比值如表 4-1 所示。

表 4-1　$\sum m_n / m_1$ 比值

n	2	3	4	5
$\sum m_n / m_1$ 比值	1.858	2.08	2.52	2.92

（3）多腹板梁的缘条和腹板的总质量

从式（4-30）可得出，腹板总质量随着缘条数目的增加而增大。而缘条的质量应随着腹板数目的增加而减小。实际上，在有 n 个腹板时（图 4-30），整个梁分成（$n-1$）个单独梁段，因每个单独梁段上作用的不是总弯矩，而是 $M_n = M/(n-1)$ 的弯矩分量。因此，按式（4-15）计算 L，得

$$L_n = 1.8H^3\sqrt{E\sigma_n}/M_n = 1.8(n-1)H^3\sqrt{E\sigma_n}/M$$

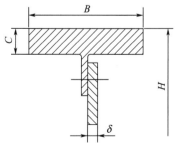

图 4-30　梁的设计

$L_n > L$ ，式中 L 对应于单腹板梁的情况。按曲线图（图 4-26）得到多腹板梁的 C/H 值比单腹板梁的 C/H 值小。

因此，缘条材料在 $n-1 > 1$ 时要比在 $n=1$ 时设置得离中心轴远些，并且保持 I_{n-1} 和 W_{n-1} 的总值分别等于 $I_{n=1}$ 和 $W_{n=1}$ 时的值，缘条的截面面积 s_{n-1} 在 $n-1 > 1$ 时要比 $s_n = 1$ 在 $n=1$ 时小。

如果用 $\sum m_{CT(n-1)}$ 表示 $n-1 > 1$ 时的腹板质量，用 $m_{CT(n=1)}$ 表示 $n=1$ 时的腹板质量，那么对应于缘条质量分别为 $\sum m_{n(n>1)}$ 和 $m_{n(n=1)}$ ，则单腹板梁的缘条和腹板的总质量将是

$$m_1 = m_{CT\,(n=1)} + \sum m_{n(n=1)}$$

而多腹板梁的缘条和腹板的总质量

$$m_n = \sum m_{CT\,(n-1)} + \sum m_{n(n>1)}$$

质量有利准则参数将是上述两量的比 $k_m = m_n / m_1$ ，其比值 $k_m < 1$ 时才能使采用多腹板梁有利。

4.4.2　壁板

飞行器结构中由肋和型材支撑的平面板材或曲面板材称为壁板。壁板形式包括：

1）装配式壁板（图 4-31）——铆接壁板、焊接壁板、胶接壁板、胶焊壁板和胶铆壁板；

2）整体壁板——铸造整体壁板、模锻整体壁板和机械铣切整体壁板；

3）夹芯板——金属夹芯板和非金属夹芯板等。

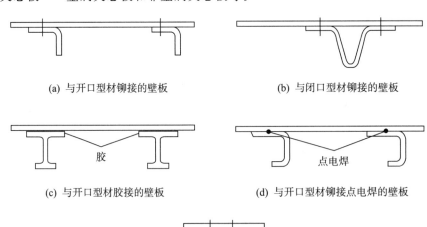

(a) 与开口型材铆接的壁板   (b) 与闭口型材铆接的壁板

胶

(c) 与开口型材胶接的壁板   点电焊

(d) 与开口型材铆接点电焊的壁板

(e) 与圆头型材铆接的壁板

图 4-31　装配式壁板

　　铸造、胶接壁板，用熔透法（或钎弧焊法）加工的焊接壁板，用双重电弧法加工的焊接壁板见图 4-32～图 4-35。模锻壁板见图 4-36，铣削壁板见图 4-37，模压壁板见图 4-38。

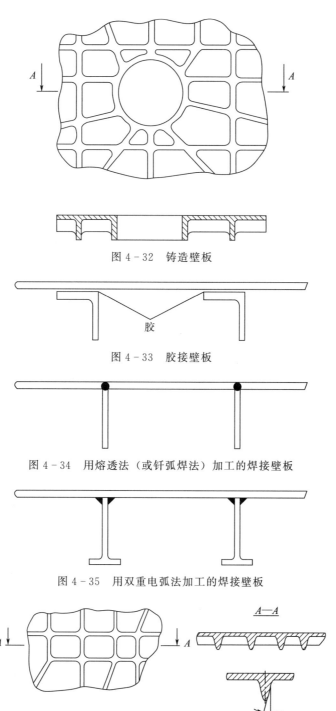

图 4-32　铸造壁板

图 4-33　胶接壁板

图 4-34　用熔透法（或钎弧焊法）加工的焊接壁板

图 4-35　用双重电弧法加工的焊接壁板

图 4-36　模锻壁板

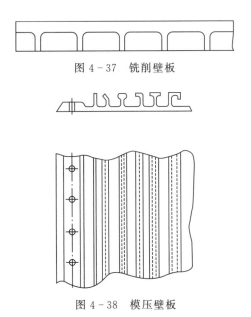

图 4 - 37　铣削壁板

图 4 - 38　模压壁板

机翼（包括尾翼）机身壁板在横向元件（翼肋和隔框）处的连接见图 4 - 39。

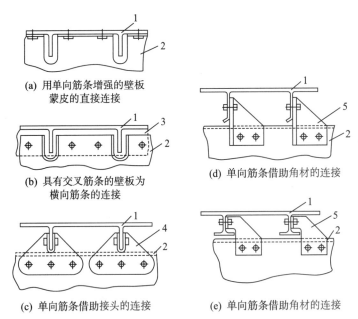

(a) 用单向筋条增强的壁板
蒙皮的直接连接

(b) 具有交叉筋条的壁板为
横向筋条的连接

(c) 单向筋条借助接头的连接

(d) 单向筋条借助角材的连接

(e) 单向筋条借助角材的连接

图 4 - 39　机翼（包括尾翼）机身壁板在横向元件（翼肋、隔框）处的连接
1—壁板；2—横向元件（翼肋，隔框）；3—壁板的横向筋条；4—接头；5—角材

4.4.2.1　壁板受压时的工作状态

当桁条的间距为 b（图 4 - 40）时，桁条的数目 $j = B/b$，其中 B 为壁板的宽度。单位长度载荷 $q = P/B$，则受压时的强度方程

$$B\delta\sigma_{\mathrm{mpi}} + sj\sigma_{\mathrm{ch}} = P = qB$$

由此可得，所有桁条的截面积之和为

$$js = B(q - \delta\sigma_{mpi})/\sigma_{ch} \qquad (4-31)$$

式中　σ_{mpi}——蒙皮应力；

　　　σ_{ch}——桁条应力。

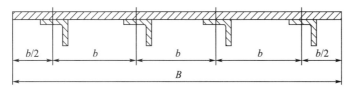

图 4 - 40　用桁条加强的壁板截面

由式（4 - 31）可以得出，所有桁条的总截面积与其数目无关，但与蒙皮和桁条的材质有关，即当 σ_{mpi} 和 σ_{ch} 增大时 js 便减小。且 σ_{ch} 取决于桁条的材质和横截面形状，但 σ_{mpi} 不仅取决于蒙皮材质还取决于桁条的间距。因此，蒙皮的应力（σ_{mpi}）沿桁条之间宽度 b 按图 4 - 41 所示的规律（曲线 AEB）变化。

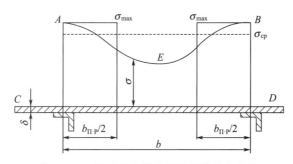

图 4 - 41　用桁条加强的壁板区段的应力图

但是可以用另一种也示于图 4 - 41 上的应力图来代替这种方式。假设应力 σ_{max}（不超过比例极限 $\sigma_{\Pi.\Pi}$）只分布在桁条间的、距离为 b 的、某个被称之为有效宽度 $b_{\Pi.P}$ 上，即

$$\sigma_{\Pi.\Pi}b_{\Pi.P} = \int_0^b \sigma_{mp}db = \sigma_{CP}b$$

式中　σ_{CP}——沿宽度 b 的平均应力；

　　　$\sigma_{\Pi.\Pi}$——材料比例极限应力。

如果今后使用桁条之间的距离 $b = \dfrac{\sigma_{\Pi.\Pi}b_{\Pi.P}}{\sigma_{CP}}$，我们可得到所有桁条总面积 js 的最小值条件，其也是壁板质量最小值条件。

当 $b = \dfrac{\sigma_{\Pi.\Pi}b_{\Pi.P}}{\sigma_{CP}}$ 时，式（4 - 31）具有下列形式

$$(js)_{min} = B(q - \delta\sigma_{\Pi.\Pi})/\sigma_{ch} \qquad (4-32)$$

有效宽度 $b_{\Pi.P}$ 及其与 $\sigma_{\Pi.\Pi}$ 对应关系有以下表达式

$$b_{\Pi.P} = 1.9\delta\sqrt{E_S/\sigma_{\Pi.\Pi}} \qquad (4-33)$$

式中 E_s ——割线模量；

δ ——蒙皮厚度；

$b_{\Pi P}$ ——有效宽度。

于是桁条数为

$$j = B / b_{\Pi P} = \frac{B}{1.9\delta\sqrt{E_s/\sigma_{\Pi\cdot\Pi}}} \qquad (4-34)$$

根据式（4-32）、式（4-34）消去 j，我们可得

$$s = (1.9/\sigma_{ch})\delta(q\sqrt{E_s/\sigma_{\Pi\cdot\Pi}} - \delta\sqrt{E_s\sigma_{\Pi\cdot\Pi}}) \qquad (4-35)$$

壁板的质量表达式如下

$$B\delta\rho_{mpi} + js\rho_{ch} = m/L = \bar{m} \qquad (4-36)$$

式中 ρ_{mpi} 和 ρ_{ch} ——分别为蒙皮和桁条的材质密度；

m ——壁板质量；

L ——壁板长度；

$\bar{m}$ ——单位壁板长度的质量。

代入式（4-32），式（4-36）可变换成

$$B\delta\rho_{mpi}\left(1 - \frac{\sigma_{\Pi\cdot\Pi}/\rho_{mpi}}{\sigma_{ch}/\rho_{ch}}\right) + \frac{Bq}{\sigma_{ch}/\rho_{ch}} = \bar{m} \qquad (4-37)$$

由此可得：

1）如果蒙皮材料的单位强度 $\sigma_{\Pi\cdot\Pi}/\rho_{mpi}$ 大于桁条材料的单位强度 σ_{ch}/ρ_{ch}，则对减小壁板质量，增大蒙皮厚度是有利的，因为式（4-37）括号中的式子为负值；

2）如果蒙皮材料的单位强度小于桁条材料的单位强度 $\sigma_{\Pi\cdot\Pi}/\rho_{mpi} < \sigma_{ch}/\rho_{ch}$，则式（4-37）括号中的表达式为正值，因此减少蒙皮厚度是有利的；

3）如果蒙皮材料的单位强度等于桁条材料的单位强度 $\sigma_{\Pi\cdot\Pi}/\rho_{mpi} = \sigma_{ch}/\rho_{ch}$，则式（4-37）括号中的表达式等于零，则壁板的质量由表达式 $\frac{Bq}{\sigma_{ch}/\rho_{ch}} = \bar{m}$ 确定，即在遵守其关系条件式（4-32）时与 δ 和 s 无关。

受压时需要确定蒙皮厚度、桁条的剖面面积及其个数。蒙皮厚度由式（4-37）选取，但其不得小于使用条件（气动力学、横向载荷引起的变形和翘起度）及制造工艺所允许的值[3]，而桁条的剖面面积和个数由式（4-33）、式（4-34）、式（4-35）确定。

4.4.2.2 壁板受剪时的工作状态

（1）平面壁板

平面壁板（图 4-42）的强度方程为

$$B\delta\tau = T$$

由此可得要求的壁板厚度

$$\delta = T/(B\tau) \qquad (4-38)$$

如果剪应力不超过临界值 τ_{lin}，即不超过蒙皮受剪失稳的应力值，则壁板在纯剪状态

下工作且桁条不受载。如果剪切力达到临界值，则其值按表达式 $\tau_{\text{lin}} = \dfrac{kE}{(B/\delta)^2}$ 计算，其中

B 为矩形边长（图 4-42），$k = 4.85 + \dfrac{3.6}{(L/B)^2}$，此时形成拉伸应力。

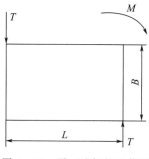

图 4-42　平面壁板的承载图

$\sigma = \dfrac{T}{B\delta\sin\alpha\cos\alpha} = \dfrac{2T}{B\delta\sin2\alpha}$ 的对角线张力场，由于夹角 α 接近 $45°$，因此 $\sin2\alpha \approx 1$。

由此可得

$$\sigma = 2T/B\delta \tag{4-39}$$

此时，强度的必要条件为 $\sigma \leqslant \sigma_{\text{b}}$。因而，蒙皮的厚度在这种条件下由式 $\delta \geqslant 2T/(B\sigma_{\text{b}})$ 确定。

下面研究剪切和拉伸（压缩）同时作用的情况。此时，应用式（4-38），根据有效宽度表达式（4-33）确定桁条的间距。为求桁条面积，我们应使用式（4-35）或蒙皮和桁条受拉（或受压）时的强度条件

$$B\delta\rho_{\text{mpi}} + \frac{B}{c\delta}s\sigma_{\text{ch}} = Bq \tag{4-40}$$

此时，桁条截面积

$$s = \frac{q - \delta\sigma_{\text{mpi}}}{\sigma_{\text{ch}}}c\delta$$

（2）曲线壁板

下面研究具有圆柱表面形状壁板（图 4-43）受剪切作用情况。如果受剪应力 $\tau < \tau_{\text{lin}}$，则桁条不承受载荷，其中 τ_{lin} 为蒙皮受剪失稳时的应力值。当蒙皮剪应力达到临界值 τ_{lin} 后，形成对角线波，并产生由式（4-39）确定的对角线张力 σ 场（图 4-43）。在这些应力 σ 影响下，曲线 AB 变成具有由式（4-41）确定的角度 φ 的折线

$$\cos\varphi = b/(2R) \tag{4-41}$$

式中　R——壁板的曲率半径。

将应力 σ 在桁条方向及其垂线方向进行投影

$$\sigma_{\text{t}} = \sigma\cos\varphi \tag{4-42a}$$

$$\sigma_{\text{n}} = \sigma\sin\varphi \tag{4-42b}$$

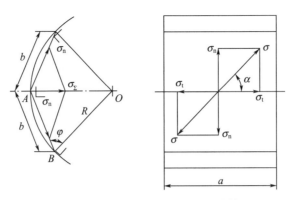

图 4-43　曲线壁板受剪失稳时的计算图

在这两个应力分量中，作用于一点、方向相反而数值相等的应力 σ_t 彼此抵消，但若 σ_n 方向彼此成角度 2φ，几何相加后得

$$\sigma_\Sigma = 2\sigma_n \cos\varphi$$

根据式（4-39），式（4-41）和式（4-42b），假设曲壁板蒙皮的剪应力达到了蒙皮受剪失稳临界值 $\alpha = 45°$，得到

$$\sigma_\Sigma = 1.414 T/(R\delta) \qquad (4-43)$$

根据式（4-43），载荷方向指向曲率轴 O 且桁条弯曲时单位长度载荷为

$$q_\Sigma = \sigma_\Sigma \delta = 1.414 T/R$$

综上所述，如果曲壁板蒙皮的剪应力达到了蒙皮受剪失稳临界值，则桁条承受弯曲力矩为

$$M = \sigma_\Sigma a^2/k = 1.414 T a^2/(kR\sigma_b)$$

式中　k——取决于桁条的支撑特性系数：当桁条为铰链支撑时 $k = 8$，当采用夹持时 $k = 12$；

　　　a——支撑间的距离（对机身而言支撑为隔框，对机翼和尾翼而言支撑为翼肋）。

对于所研究的受剪失稳状态下蒙皮的剪切载荷，桁条所需的抗弯断面系数为

$$W_c = M/\sigma_b = 1.414 (Ta^2)/(kR\sigma_b)$$

如果除剪应力外桁条还有压应力和拉应力，则桁条总应力为

$$\sigma_\Sigma = M/W_c + \sigma_c$$

4.4.2.3　壁板增强或减轻的途径

当用开剖面型材增强的壁板［图 4-31（a）、（c）、（d）］受压时，破坏可能以型材失稳扭曲的形式开始。消除这种失稳形式的可靠方法就是使用闭合截面型材［图 4-31（b）］，使用纵向波纹板增强壁板（图 4-44），或使用内蒙皮增强壁板（图 4-45），这些方法将大大提高型材的稳定性。

采用高强度桁条是增强或减轻装配式壁板结构的另一种方法。由式（4-37）可知，复合材料能够减小壁板的结构质量（图 4-46 中 1）。如果使用强度不同的壁板蒙皮和桁条，必须谨慎小心选择与蒙皮和桁条同一变形值所对应的计算应力（图 4-47）。

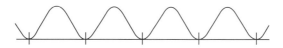

图 4 - 44　纵向波纹板增强的壁板

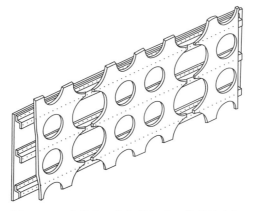

图 4 - 45　内蒙皮（内部带加强）增强的壁板

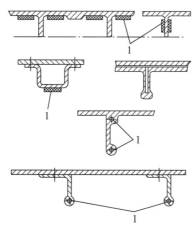

图 4 - 46　用复合材料加强的壁板

1—复合材料

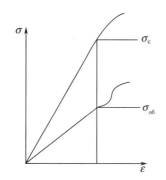

图 4 - 47　当蒙皮和加强桁条特性不同时应变和应力 $\sigma = f(\varepsilon)$ 关系

4.4.3 夹芯结构（夹层结构）

由上、下面板和中间的蜂窝芯子组成的夹层板称为蜂窝夹层板，蜂窝夹层板是夹层板中一种特殊的使用形式。

借助分布材料（分散质量），例如用 2 块互相离开的厚度各为 $\delta/2$ ［图 4 - 48 （b）］的板代替厚度为 δ 的板 ［图 4 - 48 （a）］ 就可以很容易地提高总体失稳应力。三层结构原型是加强层板 ［图 4 - 48 （c）］。

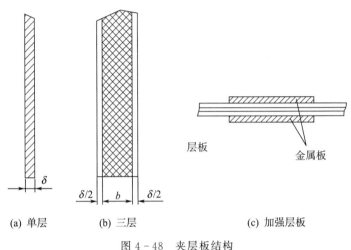

(a) 单层　　　　(b) 三层　　　　(c) 加强层板

图 4 - 48　夹层板结构

蜂窝夹层结构的结构质量估计为加强型材蒙皮构件的骨架结构质量的 20%。除了很高的强度和刚度以外，其还有以下优点：

1）夹层结构抗压和抗剪的稳定性提高，设计时不需要加强型材的受力构件，即使在翼肋或隔框距离很大的情况下；

2）采用夹层结构有利于空气动力降低的蒙皮光滑表面；

3）没有应力集中点的铆钉孔和高的局部失稳强度，包括蜂窝在内的三层结构的疲劳强度比骨架梁式结构高。

由于蜂窝夹层结构具有优异的力学性能，其已成为飞行器结构中广泛采用的一种结构型式，在板结构中其应用可占 90% 以上。目前蜂窝夹层结构在飞行器上应用于要求刚度高且载荷低的结构件上。例如，薄翼型升降舵、方向舵或调整片，夹芯结构占了整个截面高度（图 4 - 49）。夹芯结构为三层结构；其中中间层是夹芯（图 4 - 50），承力层是由各种结构材料（铝或镁合金、碳纤维、钢或塑料等）制成的板材；夹芯可以是泡沫塑料或铝箔等轻质材料（图 4 - 51）。

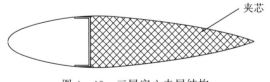

图 4 - 49　三层实心夹层结构

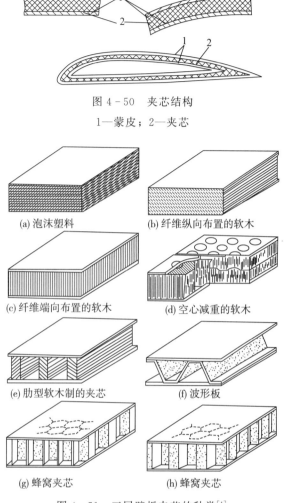

图 4 - 50 夹芯结构

1—蒙皮；2—夹芯

(a) 泡沫塑料　　　　　　　　(b) 纤维纵向布置的软木

(c) 纤维端向布置的软木　　　　(d) 空心减重的软木

(e) 肋型软木制的夹芯　　　　　(f) 波形板

(g) 蜂窝夹芯　　　　　　　　(h) 蜂窝夹芯

图 4 - 51 三层壁板夹芯的种类[4]

4.4.3.1 蜂窝夹芯板的结构模式

（1）蜂窝夹芯

蜂窝夹芯是由板材通过粘接等方式（图 4 - 52）连接，形成封闭的正方形格孔或蜂窝状的六角形格孔，由此得到了蜂窝夹芯的名称。

图 4 - 52 蜂窝夹芯

在蜂窝夹层结构中，夹芯材料通常使用铝箔和芳纶（Nomex）纸蜂窝，借助于胶与承力层结合起来（图 4 - 53），按靠模铣切的夹芯（图 4 - 54）的蜂窝结构可以形成拱顶（图 4 - 55），使其便于在弯曲结构的壳体中采用。

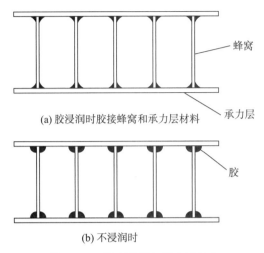

(a) 胶浸润时胶接蜂窝和承力层材料

(b) 不浸润时

图 4 - 53　蜂窝壁板与承力层胶合

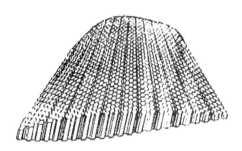

图 4 - 54　按靠模铣切的蜂窝夹芯

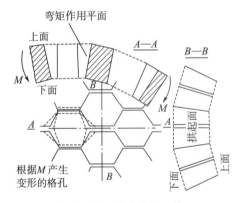

图 4 - 55　形成的鞍形拱

（2）连接形式

三层板的最简单连接形式见图 4 - 56，压缩蜂窝夹芯［图 4 - 57（a）］的格孔注入树脂［图 4 - 57（b）］，利用合成材料、金属衬套［图 4 - 57（c）］或使用爆炸铆钉与注入树脂一起［图 4 - 57（d）］能使零件 1 与两侧面板良好地结合，此时铆钉本身起着间隔衬套的作用。

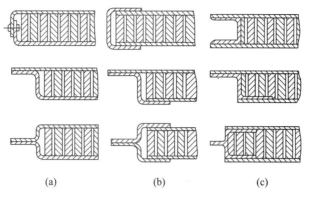

(a)　　　　　　　(b)　　　　　　　(c)

图 4 - 56　三层板边缘最简单连接形式

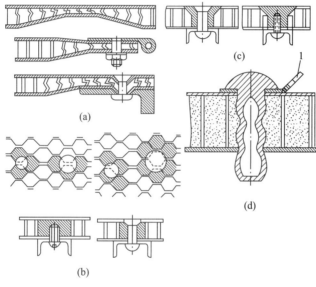

图 4 - 57　三层板具体连接方式

1—零件

三层板相互连接时，必须采用如下工序：

1）蜂窝夹芯纵向和横向胶合（图 4 - 58）；

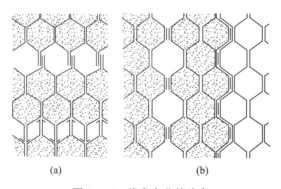

(a)　　　　　　　　　　(b)

图 4 - 58　蜂窝夹芯的胶合

2）对接面板重叠（图 4-59）。可能出现的重叠方式有：简单的重叠并平滑地过渡到外面板上和内面板上的带板连接［图 4-59（a）］；简单的重叠并平滑地过渡到两面板上［图 4-59（b）］；用与外面板平行的内带板双面重叠［图 4-59（c）］。

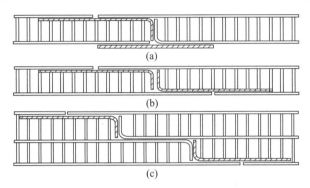

图 4-59　三层板对接面板重叠

（3）蜂窝板对接嵌入件

对接嵌入件可以用来（图 4-60）制作蜂窝板牢固的对接，形成加强的支撑，转接到其他形式结构，并与可卸盖接合。

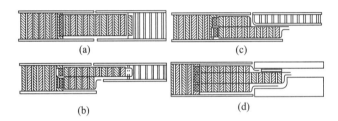

图 4-60　蜂窝板的对接嵌入件（阶式对接）

为了连接蜂窝板与隔框及翼肋等缘条的横向加强件，蜂窝板采用在图 4-61 上给出的结构。

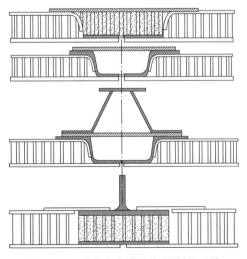

图 4-61　蜂窝板与横向加强板的对接

　　蜂窝结构成角度连接可用来传递沿连接方向的剪力（图 4 - 62），传递力矩（图 4 - 63）和弯矩（图 4 - 64），以及与蒙皮曲面外形成封闭的周边（盒段）（图 4 - 65）。

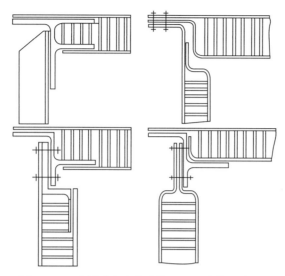

图 4 - 62　壁板成角度的连接（不用来传递力矩）

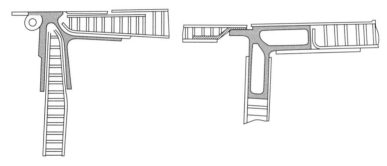

图 4 - 63　传递力矩用的蜂窝板的胶接

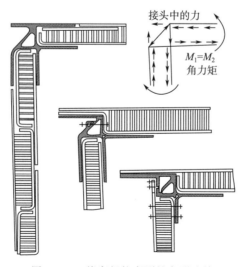

图 4 - 64　蜂窝板抗弯刚性角形连接

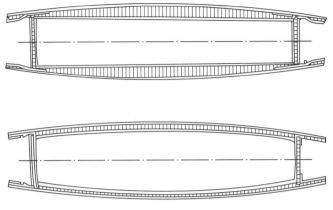

图 4 - 65　刚性盒段

对于圆形格孔的蜂窝夹芯，见图 4 - 66～图 4 - 68。

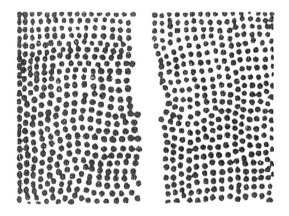

图 4 - 66　用环氧树脂或醋酸纤维素胶合的塑料管子制成的夹芯

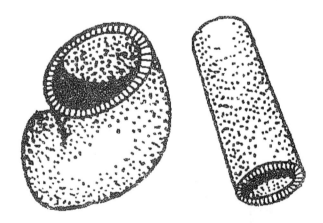

图 4 - 67　聚合作用前管子夹芯的可能弯曲形状

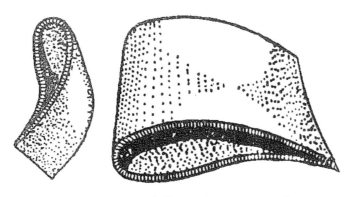

图 4 - 68　具有由塑料管子制成的夹芯的翼型蒙皮

4.4.3.2　蜂窝格子内面板局部失稳

蜂窝格子内六边形面板（图 4 - 69）局部失稳临界应力与面板厚度 δ 关系

$$\sigma_{\lin} \approx 3.6\eta E \,(\delta/t)^2 \tag{4-44}$$

式中　t——内切圆的直径；

　　　$\eta = E_w / E_t$——塑性影响系数；

　　　E——在弹性范围内的不变的弹性模量；

　　　E_w——在塑性范围内有效的弹性模量，其值根据应变曲线上的割线模量 E_s 和切线模量 E_t 确定的：$E_w = 0.5(E_t + E_s)$。

面板的临界应力有可能超过屈服点，当取 $t/\delta \leqslant 0.25$ 时，就可以在比弹性极限高得很多的应力范围内使用面板材料。

图 4 - 69　六边形蜂窝格子

4.4.3.3　抗剪刚性夹芯三层板的总体失稳

具有边长为 b 和 a（$b<a$）的三层矩形板总体临界失稳应力可以按如下公式确定：

临界压缩应力

$$\sigma_{\lin} \approx \chi k E_w \,(h/b)^2 \tag{4-45}$$

临界剪切应力

$$\tau_{\lin} \approx \chi k E_w \,(h/b)^2 \tag{4-46}$$

式中　χ——刚度增大系数（图 4 - 70），面板厚度相同时等于 3；

　　　δ_1——上面板厚度；

　　　δ_2——下面板厚度；

　　　h——夹芯高度(包括 δ_1、δ_2)；

　　　E_w——面板有效模量；

k——稳定系数，依据板边（$b/a<1$），加载和固定条件按图 4-71、图 4-72 和图 4-73 上的曲线加以确定。

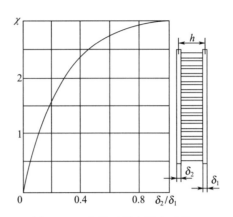

图 4-70　失稳时刚度增大系数 χ

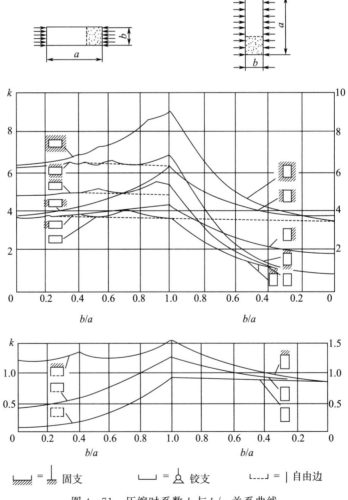

　　　　= 固支　　　　　= 铰支　　　　= 自由边

图 4-71　压缩时系数 k 与 b/a 关系曲线

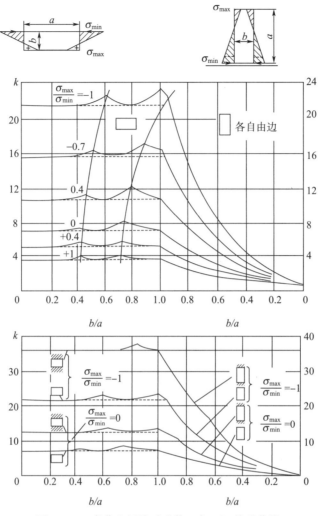

图 4 - 72　弯曲和压缩时系数 k 与 b/a 关系曲线

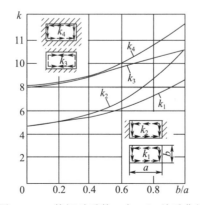

图 4 - 73　剪切时系数 k 与 b/a 关系曲线

增大系数参数值见表 4 - 2。

表 4 - 2　增大系数参数值

坐标	$X = \delta_2/\delta_1$	Y
增大系数参数值	0	0
	0.1	1
	0.2	1.6
	0.3	2.2
	0.4	2.35
	0.5	2.68
	0.6	2.75
	0.7	2.82
	0.8	2.83
	0.9	2.9
	1.0	3.0

一般情况下，在面板的厚度 δ_1，δ_2 不同并且 $\delta_2 < \delta_1$ 时

$$\chi = \frac{12\delta_2/\delta_1}{(1 + \delta_2/\delta_1)^2} \tag{4-47}$$

4.4.3.4　矩形夹层板在均匀分布载荷下失稳计算

面板（图 4 - 74）临界应力计算公式

$$\sigma_{x\lin} = K\pi^2 \frac{E_1 t_1 E_2 t_2}{(E_1 t_1 + E_2 t_2)^2} \frac{\left(h + \dfrac{t_1 + t_2}{2}\right)^2}{b^2} \frac{E_i}{1 - \mu^2} \quad (i = 1, 2) \tag{4-48}$$

对于相同的面板

$$\sigma_{x\lin} = K \frac{\pi^2 E (h + t)^2}{4b^2 (1 - \mu^2)} \tag{4-49}$$

临界应力系数 $K = K_h + K_f$（图 4 - 75~图 4 - 87）。

其中

$$\lambda = a/b$$

$$D = \frac{Et (h + t)^2}{2(1 - \mu^2)}$$

$$g = \frac{\bar{G}_{yz}}{\bar{G}_{xz}}$$

$$k = \frac{\pi^2 Eth}{2(1 - \mu^2)a^2 \bar{G}_{xz}}$$

$$t = \delta$$

式中　E——面板弹性模量；

　　　μ——面板泊松比；

　　　$\bar{G}_{xz}$，$\bar{G}_{yz}$——夹芯在 xz 平面与 yz 平面的剪切模量。

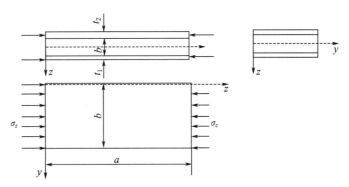

图 4 - 74 受均匀压缩载荷作用的矩形夹层板

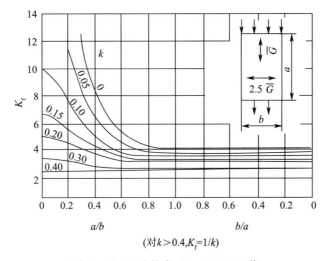

(对 $k > 0.4, K_f = 1/k$)

图 4 - 75 四边铰支 ($g = 2.5$) K_f 值

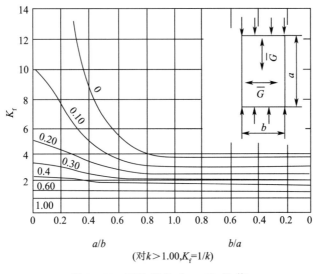

(对 $k > 1.00, K_f = 1/k$)

图 4 - 76 四边铰支 ($g = 1$) K_f 值

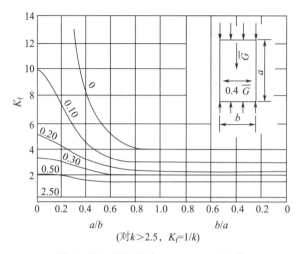

(对 $k > 2.5$，$K_f = 1/k$)

图 4 - 77　四边铰支（$g = 0.4$）K_f 值

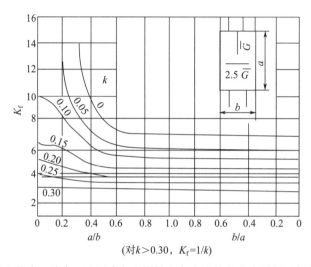

(对 $k > 0.30$，$K_f = 1/k$)

图 4 - 78　受载两边铰支、其余四边固支各向同性和各向异性夹芯夹层板面板的 K_f 值（$g = 2.5$）

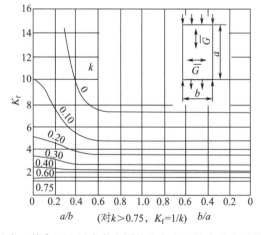

(对 $k > 0.75$，$K_f = 1/k$)

图 4 - 79　受载两边铰支、其余四边固支各向同性和各向异性夹芯夹层板面板的 K_f 值（$g = 1$）

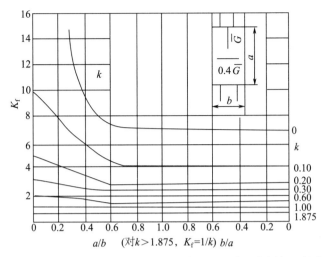

图 4-80　受载两边铰支、其余两边固支各向同性和各向异性夹芯夹层板面板的 K_f 值（$g=0.4$）

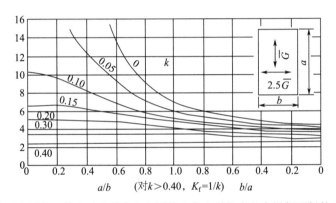

图 4-81　受载两边固支、其余两边铰支各向同性和各向异性夹芯夹层板面板的 K_f 值（$g=2.5$）

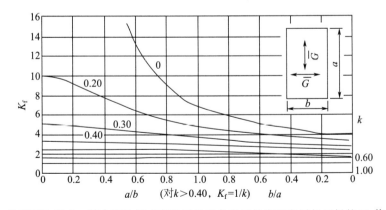

图 4-82　受载两边固支、其余两边铰支各向同性和各向异性夹芯夹层板面板的 K_f 值（$g=1.0$）

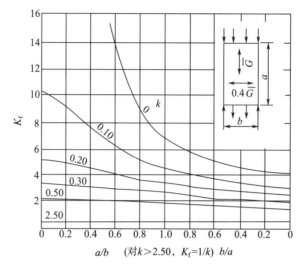

图 4-83　受载两边固支、其余两边铰支各向同性和各向异性夹芯夹层板面板的 K_f 值（$g=0.4$）

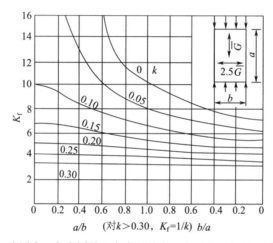

图 4-84　四边固支、各向同性和各向异性夹芯夹层板面板的 K_f 值（$g=2.5$）

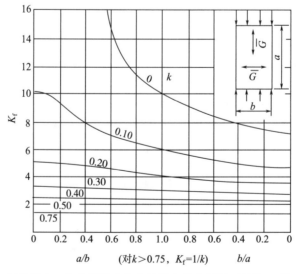

图 4-85　四边固支、各向同性和各向异性夹芯夹层板面板的 K_f 值（$g=1.0$）

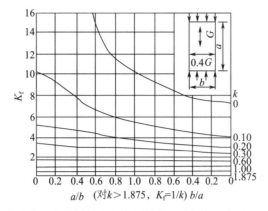

图 4 - 86　四边固支、各向同性和各向异性夹芯夹层板面板的 K_f 值（$g = 0.4$）

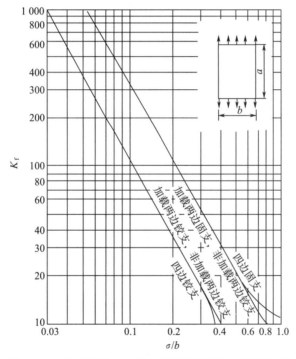

图 4 - 87　边缘受压、具有各向同性面板的夹层板 K_f 值

4.4.3.5　三层板尺寸的确定[5]

当面板等厚度时该面板的厚度

$$\delta = \frac{P}{2b\sigma_b} \text{ 或 } \delta = \frac{Q}{2b\tau_b} \qquad (4 - 50)$$

式中　b——板的宽度；

　　　　σ_b，τ_b——拉伸（或压缩）和剪切破坏应力；

　　　　P——板的拉伸（或压缩）力；

　　　　Q——剪力。

为了保证在应力 σ_b 和 τ_b 下的稳定性，面板之间的距离 h（图 4-70）应为

$$h = b\sqrt{\frac{\sigma_b}{\chi k \eta E}} \text{ 或 } h = b\sqrt{\frac{\tau_b}{\chi k \eta E}} \tag{4-51}$$

4.4.3.6　等厚度面板的三层板圆筒的失稳

带抗剪刚性夹芯的三层圆筒形壳体受纵向压缩，在其失稳时的临界压缩应力为

$$\sigma_{lin} = k_R E h / r \tag{4-52}$$

而扭转时的临界剪应力为

$$\tau_{lin} = k_R E \frac{h}{r}\sqrt{\frac{\sqrt{hr}}{l}} \tag{4-53}$$

式中　r——曲率半径；

　　　l——圆筒长度。

系数 k_R 取决于 r、h 和 l 并由图 4-88 和图 4-89 中的曲线确定。

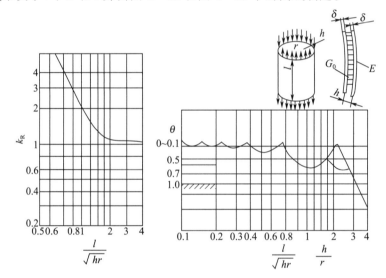

图 4-88　圆筒受压缩时系数 k_R 与 r，h 和 l 的关系曲线

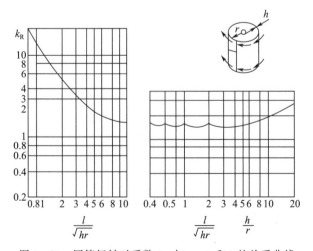

图 4-89　圆筒扭转时系数 k_R 与 r，h 和 l 的关系曲线

图 4 - 88 上的参数 θ 应按下式计算

$$\theta = \frac{E}{G_0} \frac{\delta}{r} \qquad\qquad (4-54)$$

式中　G_0——夹芯抗剪模量；

　　　δ——面板厚度；

　　　r——圆筒曲率半径。

4.4.4　贮箱

无论是从结构质量还是从所占用的几何空间来看，推进剂低温贮箱在航天飞行器系统中都占据着极大的比例。目前使用的一次性运载火箭，由于运载器推进剂贮箱及其他复杂分系统大量采用金属材料，导致贮箱净重占起飞质量的 $30\%\sim50\%$，即使是在部分可重复使用的航天飞行器上也达到了 16%[6,7]。

鉴于对低温推进剂贮箱提出的轻质化及承载要求，开发聚合物复合材料低温贮箱便成了研究的关键。复合材料可使低温贮箱性能提高及成本降低，比目前的铝合金贮箱能减重 $20\%\sim40\%$，这无疑使复合材料具有很大的优势。但同时也对复合材料提出了很多新的要求，如低温力学性能、盛装性及化学相容性等。

4.4.4.1　国内外研究现状

4.4.4.1.1　国外研究现状

在低温贮箱研究领域，美国现处于领先地位。在集高科技为一体的航天飞行器上取得了举世瞩目的成绩之后，为了降低进入空间运输系统的有效载荷成本、增强在国际市场上的竞争力，美国于 20 世纪 90 年代利用成熟的结构材料技术研制了可重复使用运载器（RLV）。RLV 由 NASA 与洛克希德·马丁公司合作开展研制，洛克希德·马丁公司的米楚德分部（MO）在大型低温贮箱开发方面处于世界领先地位，在航天飞行器贮箱制造上已有 25 年的经验，因此承担了用于 X - 33、X - 34、冒险星及其他未来运载器用的复合材料低温贮箱的开发任务[8]。

X - 33 是无人驾驶单级入轨可重复使用航天运载飞行器冒险星的 1/2 比例的原型机（如图 4 - 90 所示），机长为 20.29 m，机高为 5.88 m，翼展为 22.06 m。X - 33 采用垂直起飞方式，亚轨道飞行，能在飞机跑道上着陆。X - 33 采用一台波音公司特别开发的 J2S 火箭发动机作为动力，其余部件也包含了诸多高科技元素。2001 年 3 月，由于存在诸多难以突破的技术难关，NASA 取消了已经耗资 13 亿美元的 X - 33 项目。

X - 34 也是一架包含了许多最顶尖科技的无人驾驶可重复使用低成本的航天运载飞行器，其主要任务是验证大幅度降低航天运载成本技术的可行性。X - 34 机长为 17.76 m，机高为 3.50 m，翼展为 8.44 m。X - 34 项目的目标就是要将现在航天入轨飞行中 10 000 美元/磅的运载成本降至 1 000 美元/磅。虽然该目标很诱人，但 X - 34 仍然由于其技术太超前和项目超支，于 2001 年 3 月被取消，取消之前在项目中制造了 3 架空射试验平台，进行了 3 次系留飞行试验。

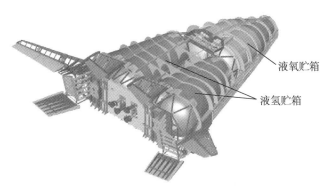

液氧贮箱

液氢贮箱

图 4-90　X-33 结构示意图

X-33 和 X-34 虽然最后都以失败告终，但在其研制过程中积累了许多大型低温贮箱方面的技术，值得我们借鉴。

（1）预先研究阶段——DC-XA

①DC-XA 的 LH₂ 贮箱

复合材料 LH₂ 贮箱是由加利福尼亚州麦道公司制造的。LH₂ 贮箱与原 DC-X 的 2219-T87（2A16）铝合金贮箱尺寸一样，直径为 2.4 m，长为 4.8 m。从 1987 年起，加利福尼亚州的麦道公司就开始研制用石墨/环氧复合材料制造贮箱，最终研制成功的复合材料 LH₂ 贮箱由前后两部分构成，如图 4-91 所示。贮箱的每一部分都由犹他州盐湖城赫克里斯生产的 IM7 石墨布和 8552-2 环氧树脂预浸渍带在阳模上按各向同性铺制而成，其厚度是单向带的 2 倍。石墨布用特殊的 5 线束缎纹编织布。由于当时的热压釜不能将这么大的 LH₂ 贮箱的两部分粘接在一起，所以未采用热压釜，而是采用固定夹具和特殊的橡胶软外壳工装，将两个半环形搭接在一起，用 FM300 胶膜粘接。搭接接头的最大间隙为 1.5 mm，粘接宽距为 76.2 mm。最后通过加热加压使两部分连接在一起，构成一个箱体。贮箱壳段和弧形底的边缘也利用 FM300 胶膜与叉形环粘接在一起，不采用螺纹连接的原因是为了避免小孔渗漏液氢燃料。这种粘接与通常的粘接相比，具有在低温下粘接剪切强度高、不脆化的优点。沉淀贮槽和前盖用钛合金制造，用增强的泰弗隆进行密封，以保证复合材料与钛合金表面光滑密封。

贮箱内部的隔热是通过用玻璃增强的半可渗氨基甲酸乙酯，将三向纤维增强泡沫瓦粘固到内壁上来实现的。三向纤维增强泡沫是在土星 S-IVB 的基础上改进的，是用水基发泡剂代替含氯氟烃发泡剂制成的新泡沫，其具有更高的强度和更低的密度（0.032 g/cm³）。新贮箱质量为 866 kg，是原贮箱质量（1 294 kg）的 67％。贮箱在 MSFC 室温下用 N₂ 气充入贮箱，加压到工作压力的 110％时进行试验；然后将 LN₂ 装入贮箱，再进行同样的加压试验，这样的加压试验需要反复进行 4 次。经过渗漏检查后，贮箱再进行 2 次装入 LH₂ 并按工作压力加压试验 5 次。之后通过 56 次压力循环试验，以模拟飞行温度、压力及低温隔热。所有试验都需通过预定的测试及最后的渗漏检查[8]。

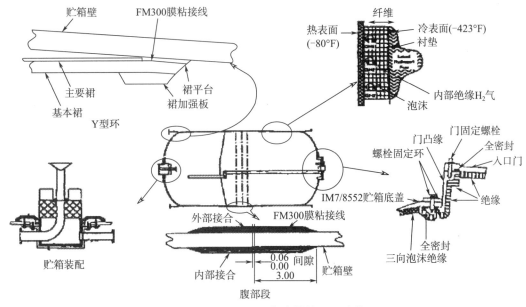

图 4-91 DC-XA 复合材料 LH_2 贮箱

②DC-XA 的 LO_2 贮箱

DC-XA 的低温液氧贮箱现仍然采用金属材料。对于 LO_2 复合材料贮箱，尽管自 20 世纪 60 年代起随着液氧的广泛应用，对聚合物材料在液氧条件下的应用就已开展了各种研究，并且伴随新材料和新技术的进一步发展持续到今。然而当时研究只是针对密封和润滑材料，由于聚合物材料与液氧间存在着远较金属严重的相容性问题，因而在很长一段时间里普遍认为聚合物类材料不能作为盛装液氧的结构材料。但是复合材料对减轻液氧贮箱质量的贡献实在无法忽略。MDA 的研究表明[9]：相比于锂-铝合金材料，采用石墨纤维/环氧树脂复合材料可以使液氧贮箱减重 27%，同时还可以使保温材料减重 12%，从而使飞行器整体减重 7.5%，这样近地飞行的费用可以下降近 37%。尽管开展液氧贮箱复合材料的研究具有巨大的诱惑力和应用前景，但首先必须解决聚合物材料与液氧的相容性问题。而从后续的 RLV 计划来看，用复合材料制造 LO_2 贮箱是一个必然的发展趋势，尽管在预研阶段这个问题尚未解决。

总之，DC-XA 计划中 LH_2 和 LO_2 贮箱的成功研制将为 RLV 的研制打下基础。

（2）正式研究阶段——X-33

①X-33 的 LO_2 贮箱

从 1995 年开始，对 LO_2 贮箱开展了以方案论证和设计为主的以下研究工作：

1）确定美国的 2195 或俄罗斯的 1460 铝锂合金为 LO_2 贮箱材料（密度分别小于 0.011 g/cm^3 和不大于 0.008 g/cm^3），碳/环氧复合材料为 LH_2 贮箱材料，由 MSFC 对 1460 和 2195 铝锂合金进行重复使用性能力学性能测试；

2）用近成型工艺挤压、锻造和旋压铝锂合金板材制成壳体和顶盖，壳体和顶盖的直径为 4.3 m，用新的摩擦搅动焊接方法代替等离子焊接方法，并试验焊接了 1 个直径为 0.9 m 的贮箱；

3）制造 4 个贮箱试验件，其中 1 个直径为 4.3 m，1 个直径为 0.9 m，其余 2 个直径为 2.4 m；

4）开展 AF（UDRI）新铝锂合金（Li 含量大于 2%）研究，该合金比通常的铝合金轻 10%；改善板材的各向异性，在 2% 冷加工结晶板材中，其各向异性小于 2%，在 6% 冷加工结晶板材中，其各向异性小于 8%；该合金的断裂韧性是短横向的 2 倍，与 2195 - T8 铝锂合金相比，其密度降低了 3%，弹性模量提高了 3%。

最后 2195 和 1460 两种铝锂合金都未被采用，其主要原因是：2195 铝锂合金的补焊性能不如 2219 - T87（2A16）铝合金好，而摩擦搅动焊接工艺又刚开始采用并不成熟，近成型的面板与机加工网格结构的面板性能也不一样；1460 铝锂合金用含 Sc 的 1217 焊丝进行焊接，焊缝区的强度（276 MPa）与 2090 铝锂合金类似，不如 2219（2A16）铝合金，且其应力腐蚀和其他试验都未进行。最终，LO_2 贮箱选用了 2219 - T87（2A16）铝合金[8]。

LO_2 贮箱与 LH_2 贮箱形状相同，与过去的圆柱形完全不同，是一种奇特的、类似圆锥形的形状。LO_2 贮箱由两个近 1/2 圆的壳段组成，长为 7.9 m，重为 2 497 kg，位于 X - 33 飞行器前部，占内部体积的 1/3。曾考虑用复合材料制造 LO_2 贮箱，但麦道公司认为，虽然复合材料制造的 LO_2 贮箱比铝锂合金贮箱轻 27%，且比 2219 - T87（2A16）铝合金贮箱更轻，但由于复合材料与 LO_2 接触后比金属与 LO_2 接触易燃，而与 LO_2 相容性的判断和测定不像金属材料那样有力学性能规定和力学冲击测试标准，再加上成本、危险性及时间紧迫考虑，最终未敢冒险采用。现用的 2219 - T87（2A16）铝合金贮箱是由路易圣安那州新奥尔良的米楚德装配厂制造的，于 1998 年 2 月初顺利通过试验，而后运抵加利福尼亚州总装厂装配[10]。

②X - 33 的 LH_2 贮箱

X - 33 用的石墨/环氧复合材料 LH_2 贮箱是由犹他州联合技术系统公司制造的，尺寸比 LO_2 贮箱大。每个 LH_2 贮箱由 4 个近 1/4 圆的壳段组成，长为 6.7 m 的壳段与前、后叉形环及直径大于 2 m 的 3 个半球形顶盖在热压釜中粘接在一起。贮箱长为 8.8 m，底部宽 5.5 m，2 个贮箱左右分布在机体后部，占内部体积的 2/3。这种设计的贮箱不但能存放 227 t 的 LH_2 燃料，而且还起支撑飞行器外壁的作用。壳段采用夹层结构，起改善剪切强度和传递飞行器外蒙皮载荷的作用[11]。

③LH_2 贮箱制造过程中的粘接问题

1998 年 12 月 23 日在加利福尼亚州制造贮箱时（不包括顶盖），壳段在 176.7 ℃ 固化粘接过程中的第 5 次循环加热后，一个 1/4 环形壳段蒙皮夹层结构出现了 90% 以上的大面积脱粘分离。当时分析原因并采取如下措施：

1）循环加热产生的内压引起分离，其可能原因是采用了无孔的芯子。如果芯子上带孔，就可以避免压力高而引起的分离；但出于担心由于壳段夹层结构吸收的外部气体保留在夹层蜂窝芯子中并液化，从而增加贮箱的质量，破坏壁的绝热，因而未采用带孔的芯子。

2）测试强度困难。采用超声波检测蒙皮与芯子，只能确定其是否粘接，但不能测定强度的大小；对承受主要载荷的壳段无法进行测试。1999 年 5 月又进一步检验了 LH_2 贮箱壳段粘接，发现脱粘比开始发现的还要严重，4 个 1/4 圆形壳段石墨/环氧夹层结构出现大量分离，其中 1 个 1/4 圆形壳段与叉形环也都裂开，进一步怀疑蜂窝芯子与蒙皮的粘接强度；

3）在未发生粘接分离的完整蒙皮蜂窝上，切下直径 25 mm 的圆试样，加 70%～80% 的拉伸力载荷测试，蒙皮与芯子粘接处破坏，这表明粘接强度比预计的还低 25% 以上。该问题在于能否可靠地用无损检测方法检测结构面板和芯子之间的粘接强度。

另外也有可能是热压釜设备的问题，因此考虑将夹层结构材料试样放入热压釜中做拉伸测试，验证热压釜设备是否有问题。

贮箱壁和叉形环都是大型刚性复合材料结构，要精确地固定贮箱壁与叉形环很困难，因此决定严格执行新的改进工序：在制造新的贮箱时，蒙皮与蜂窝芯子在粘接之前必须洗干净并打磨，粘接前从冰箱取出胶膜放入粘接处，待圆形壳段与顶盖和叉形环都装配成整体后，在 176.7 ℃热压釜中经过 8 个循环加热将其粘接固化成整体，总共粘接时间需 10 天。为了确保质量，防止粘接强度降低，测试时用飞行载荷的 105% 力进行严格的测试，以确保贮箱最低 1.25 的安全系数[12]。

④LH$_2$贮箱试验中的问题

1999 年 8 月新贮箱制造完毕，9～10 月在 MSFC 加注 LN$_2$并对其加压做 4～6 周结构强度试验。11 月 3 日进行第 5 次试验后，加注 LH$_2$并通过了全部加载试验。正当 LO$_2$和 LH$_2$贮箱垂直装在发射台上，模拟飞行前贮箱内承受载荷试验时，发现 1 个 LH$_2$贮箱壁损坏，推测分析由以下几种原因造成：

1）粘接强度差，缺乏大面积粘接试验进行验证。试样尺寸与实际粘接尺寸差距过大，所以测试数据相对于实际贮箱材料的粘接强度来说差距很大。从一个小试样的制造到一个大贮箱的制造，工艺上不能保证完全没有变化。一般来讲，试样越大，粘接薄弱点越多，对于大贮箱粘接来说薄弱点就更多了，而且一个 1/4 圆筒壳段强度在测量上又存在 25% 的误差，所以贮箱的粘接强度差并不奇怪。

2）制造难度大。LH$_2$贮箱是迄今制造的最大且最复杂的蜂窝结构，过去的粘接技术标准并不适用。在小试样上面板和蜂窝芯子用粘膜就可以粘接得很好，但到 X-33 那样大的夹层结构就不再一样，芯子和蒙皮粘接常常出现排斥现象。尽管用超声波检验面板与蜂窝芯子都已粘上，但实际上未必如此。另外，夹层结构的粘接存在拉链效应，一旦小面积脱粘，在边缘剥落应力作用下，与脱粘相邻的区域也成为薄弱部位，可能发生分层脱粘，使脱粘面积扩大。

3）测试技术不足。测试小试样粘接和粘接强度问题不大，但测试大面积粘接时，检测手段不能保证 100% 准确：表面似乎粘接上了，但事实上未粘牢，就像金属虚焊一样；即使粘牢，粘接强度也不够高。另外实际结构件受的是剪切力不是拉力，剪切力既无法测量又不能用拉力测量代替，到目前为止还没有这方面的测试标准，所以测试技术水平目前还跟不上。

管理不严也是出现诸多问题的原因之一。由于 X-33 是合作项目，NASA 在项目进行过程中监督乏力。管理不严、设计和制造技术粗枝大叶，也是导致贮箱发生破坏的主要原因。

2000 年 8 月，NASA 透露了故障分析结果。贮箱上的微细裂纹使液氢渗入蜂窝结构壁的芯部，从而使粘接蒙皮和蜂窝结构芯部的粘接剂的强度降低了一半。而低温泵压系统又将空气吸入芯部并使其液化，试验完毕后，液氢箱温度升高，吸入的液化气体开始膨胀，从而使已有裂纹的蜂窝结构爆裂。由于在处理前胶膜早已脱落，所以粘接强度极低。虽然对低温抽吸作用有所预料，但出现那么多的微细裂纹是出乎意料的。故障分析委员会认为，研制这么复杂的大型贮箱，NASA 和洛克希德·马丁公司仅采用积木式的方法是不够的。

LH_2 贮箱试验破坏引起 NASA 官员的极大震惊，他们认为靠目前的制造技术用石墨/环氧复合材料制造的 LH_2 贮箱质量不能保证，因此决定用铝合金 LH_2 贮箱作为替换件。贮箱问题导致了首飞时间的再次推迟。由于存在包括贮箱在内的诸多技术问题，再加上市场前景的预期较差，2001 年 3 月，NASA 取消了 X-33 项目。

综上可以看出：

1）X-33 的 LO_2 贮箱目前由于相容性原因没有采用复合材料，而是采用了 2219-T87 铝合金。但 LO_2 贮箱采用复合材料仍然是未来的发展趋势。

2）X-33 的 LH_2 贮箱采用了石墨/环氧复合材料及蜂窝夹芯结构；除了承受贮箱载荷外，还对飞行器外壁起到一定的支撑作用。

3）LH_2 贮箱在制造过程中就出现了脱粘和粘接强度不够的问题，在后续试验中又出现了贮箱壁损坏。贮箱壁微裂纹、粘接强度不够和检测手段不到位等均是出现问题的主要原因。

在 X-33 项目的 LH_2 贮箱研制中，由于有了 DC-XA 的成功经验，因此贮箱材料选择了石墨/环氧复合材料。但在大尺寸的贮箱制造中还是出现了许多意料之外的问题，主要是大面积粘接的质量无法保证、微细裂纹过多以及缺乏相应的检测手段等。这说明仅依靠"积木式"验证方法用低层级试验无法保证大尺寸实物的工艺稳定性及质量，从设计、制造和检测等方面均需对大尺寸的复合材料低温贮箱进行深入的研究。

1）X-34 复合材料 LO_2 贮箱的相关研究。

MO 开发、制造及评估了 X-34 技术验证器用复合材料 LO_2 贮箱，并进行了相关的验证试验，其主要工作见表 4-3。

表 4-3　X-34 复合材料 LO_2 贮箱研制

计划	制造的部件	试验	目前状态
X-34	LO_2 贮箱直径为 56 cm 的盖板	在 LN_2 中循环 2 周，在 LO_2 中循环 50 周	用探路者进行试验
	直径为 137 cm 的 LO_2 贮箱（飞行）	部分完成	由于 X-34 项目取消而未完成
	直径为 137 cm 的 LO_2 贮箱（验证）	在 LN_2 中循环 2 周，在 LO_2 中循环 50 周	第一阶段试验完成
	燃料与通风管	在 LN_2 中循环 2 周，在 LO_2 中循环 50 周	用探路者进行试验

X-34 的 LO_2 复合材料贮箱研究大多只停留在试验验证阶段，并未进行首飞，但与其相关的研究已经取得了一定的进展[13]。

2）马文（Mawen）太空船推进剂贮箱。

Mawen 太空船推进剂贮箱为由碳纤维面板和铝蜂窝芯子组成的夹层结构，主要用于盛装肼类推进剂。主结构体积为 7.5 ft×7.5 ft×6.5 ft，仅重 275 lb，如图 4-92 所示。

图 4-92　Mawen 太空船推进剂贮箱

Mawen 已于 2013 年 11 月由阿特拉斯 V 型火箭发射，目前运行良好。

3）NASA 最新的最大复合材料液氢贮箱。

2014 年 3 月，NASA 公开了其新近完成的、号称世界上最大的复合材料低温贮箱，如图 4-93 所示。

图 4-93　世界上已知最大的复合材料液氢贮箱

该复合材料贮箱直径达 18 ft（5.5 m），2014 年 3 月在位于塔克维拉的波音发展中心完成了组装，后运往位于亚拉巴马、亨茨维尔的马歇尔航天发射中心，到达以后灌注极低温的液氢燃料，并预计与 2014 年夏天进行一系列的试验。

　　在接下来的试验中，NASA 将测试这个全尺寸复合材料贮箱的性能，并与等大的金属贮箱和 8 ft（1 ft＝0.304 8 m）直径的复合材料贮箱进行对比。8 ft 贮箱于 2012 年下半年就由波音制造完毕，后转运到 NASA，进行了低温（－252 ℃）及压力试验（加压到 135 psi 循环 20 次）。

　　NASA 没有公布更多关于该贮箱的技术细节，现仅知道该贮箱通过某种方法解决了微渗漏问题，并采用了独特的纤维铺放技术和新材料，且没有采用热压罐固化的成型方式，但根据图片可推测出贮箱在固化成型时很可能采用了离子束固化的方式，如图 4-94 所示。

图 4-94　机器臂加热使贮箱固化

　　复合材料低温贮箱是未来关注的热点技术。NASA 认为，复合材料低温贮箱相对于目前最好的金属贮箱可以减少 30％的质量，并节省 25％的成本，对提高火箭的运载能力和降低成本有着十分重要的作用。

　　美国在这个研究过程中进行了很多尝试，并取得了很多有意义的成果。更重要的是在研究过程中暴露出的问题，可以为我们提供很多有益的参考。

　　1）由于具有巨大的质量优势，复合材料已成为未来新一代低温燃料贮箱材料的首选。

　　2）在 X-33 项目的 LH_2 贮箱研制中，由于有 DC-XA 的成功经验，因此贮箱材料选择了石墨/环氧复合材料。但在大尺寸的 X-33 液氢贮箱制造中还是出现了许多意料之外的问题，主要是蜂窝夹层结构大面积粘接的质量无法保证，产生的微细裂纹过多，以及缺乏相应的检测手段等。

　　3）由于液氧与复合材料的相容性较差，因此无论是在 DC-XA 还是 X-33 中，LO_2 贮箱均选择用金属制造。但复合材料的质量优势使得人们没有放弃对复合材料 LO_2 贮箱的研制。2001 年 8 月，洛克希德·马丁公司与 NASA 对外正式宣布，经过数年的联合攻关，已经成功研制出树脂基复合材料的液氧贮箱，用以取代金属贮箱。该复合材料贮箱的直径为 1.2 m，长度为 2.7 m，质量为 225 kg，质量比相似的金属贮箱下降了 18％。由此可见，未来 LO_2 贮箱使用复合材料已成为必然的趋势。

　　4）目前美国在 LH_2 和 LO_2 低温贮箱的研制上又取得了很大的进展，但能得到的公开技术资料还比较有限。对于氢分子渗漏、液氧与复合材料相容性、大尺寸贮箱工艺质量、材料体系及性能等核心技术细节我们还知之甚少。

4.4.4.1.2　国内研究现状

我国目前对复合材料低温贮箱的研究还处在起步阶段，仅对材料在低温状态下的性能有一定研究，航天材料及工艺研究所等单位对各种树脂体系的复合材料在低温状态下的性能进行了一些测试。

在工程实际应用方面，除了应用复合材料进行了一些气瓶的研制之外，国内还没有投入应用或进入实际使用阶段的低温贮箱产品。

4.4.4.2　关键技术及应用前景分析

在液体燃料运载器的有效设计中，液氢（LH_2）燃料贮箱及供给管系统工作于-230 ℃的环境中，液氧（LO_2）燃料贮箱及供给管系统工作于-183 ℃的环境中。对于可重复使用的运载器，返回时贮箱及供给管要经受 170 ℃的高温。而且为了改善运载器的结构稳定性，需将推进剂以可控流量压入供给管并维持燃料低温液体状态，因此贮箱还要承受一定的压力；大型运载器推进剂贮箱的典型压力为 207~276 kPa，小型运载器贮箱压力为 520 kPa 或更高。

可以看出，可重复使用运载器贮箱的使用环境是非常恶劣的，其对贮箱材料的要求很高。不仅要在低温及高温情况下具有良好的力学性能，而且由于盛装的是极易挥发的 LO_2 和 LH_2，因此还需要良好的低温盛装性以防止燃料渗透及渗漏，特别是针对 LO_2，还需要考虑其与复合材料的化学相容性。这些也正是复合材料贮箱在设计时所关心的问题，针对这些问题再结合复合材料结构设计的一般方法，得到了很多有意义的结论，提出了很多考虑绝热系统、质量和损伤容限等因素的模型和方法。

（1）贮箱材料

纤维增强复合材料在低温工程中有着广泛的应用前景，从 20 世纪 70 年代末起，结合大型的低温工程项目，国际上不断展开有关复合材料低温性能的研究。

从复合材料的整体力学性能考虑，纤维起主导作用的性能（拉伸、压缩、剪切和承压）基本上不受低温的影响[14]，尤其是对于交叉铺层的层压板。基体起主导作用的性能，尤其是剪切强度和模量随温度下降反而上升。对于单向铺层复合材料[15]，低温下复合材料的模量上升，其强度虽然下降，但下降幅度也仅为 10%~15%；层间剪切断裂应力随温度降低而上升，直至达到一个平衡。所以通过复合材料的合理设计，完全可以满足贮箱的力学要求。

在进行 LH_2 复合材料贮箱气密性研究时，最初的思路是在复合材料贮箱内层加一层金属内胆，即由复合材料进行结构支撑，金属层保证气密性。但进一步的研究发现，复合材料完全可以同时胜任结构支撑和保证气密性这两大功能，由此制备出了无内胆的复合材料 LH_2 贮箱。LO_2 分子的渗透性远小于 LH_2 分子，故而其材料的气密性从技术上已不存在障碍。但为判定所用材料的气密性能否长期应用于所处环境，必须测试该材料在热循环寿命期内的特定环境下渗透气体的情况。

复合材料在低温下会受到一定程度的损伤，当处于常温和低温的反复热循环下时，这种损伤程度会大大增加。因为当材料在低于其应力松弛温度时，由于纤维和基体间的线膨胀系数的差异，其内部会产生松弛应力；随着温度的降低，松弛应力逐步积累；当松弛应力足够大时，就会通过物理运动进行释放，其表现为塌陷、层剥离以及微小裂纹等形式。所以预测复合材料的热循环寿命十分重要且很有必要。

耐低温复合材料除了具有一般复合材料的特点和优点外，还具有一些不同寻常的性能，具体如下。

1）负的线膨胀系数。碳纤维和凯夫拉纤维具有各向异性，在纤维方向上具有较小的负线膨胀系数，在垂直于纤维方向上线膨胀系数为正值。这种现象在具有不同角度±ω 的铺层的复合材料中更为突出，且±30°的铺层将得到最大的负线膨胀系数。这种复合材料可以被设计用作零膨胀或负膨胀的抗热膨胀元件，特别是应用在温度变化大的低温环境中的支撑杆等元件。另外，±30°铺层的复合材料具有极高的泊松比，选用特殊的增强材料设计的复合材料的泊松比可达 1.5，甚至还可以将其设计为负值。

2）导热性。绝热是低温技术研究中很重要的方面，在较高温度下玻璃纤维和凯夫拉纤维复合材料显示出相当低的热导率；相反，碳纤维具有与钢相似的高热导率，但是在非常低的温度下（<30 K），碳纤维的热导率最低，特别是在 20 K 下比聚合物基体的热导率还低。另外，低温时纤维增强复合材料的比热容与金属及金属合金的比热容相当或更高。另一显著的特点是在较高温度时复合材料呈现出非常明显的各向异性，沿纤维方向的热导率最大；但是在低温时各向异性减弱，且低于 10 K 时，其纵向和横向具有相似的导热性，趋于各向同性。这就意味着低温下涉及导热性时，不必考虑纤维的方向。

①增强纤维

在纤维复合材料中，载荷主要由纤维承受，其对复合材料性能起着决定性作用。碳纤维具有优异的力学性能和低温性能，是首选的增强材料。

通过对碳纤维/环氧树脂复合材料在常温—低温循环下微裂纹的传播、分布以及形态的研究，发现纤维的拉伸模量越高，则由热应力产生的微裂纹密度就越大，缺陷就越明显；因此，在选择纤维时，应当选择高强中模的纤维[6]。

②基体

可用于低温条件下的基体有以下几类。

1）热固性树脂。环氧树脂，依据交联度不同而呈硬或半软状态；聚酰亚胺（PI），极高的抗辐射性能和耐候性。

2）热塑性树脂。聚酰亚胺和聚醚酰亚胺（PEI），抗辐射性能较好；聚碳酸酯（PC）、聚醚砜（PES）、聚醚醚酮（PEEK）和聚砜（PS），韧性好（低温柔性好）；液晶聚合物（LCP），抗辐射性能和耐候性较好，不可熔，挤压时自取向固化后各向异性。

目前应用较多的是环氧树脂，在耐低温胶粘剂及低温结构材料的研究中，环氧树脂体系是最佳选择之一。其他的聚合物材料，例如常温下韧性很好的橡胶类制品，在低温液体中浸泡后就会变成一击即碎的脆性物。MDA 的研究报告以及洛克希德·马丁公司的一系列相关报道一再强调，他们研制的复合材料贮箱材料为环氧树脂/碳纤维（石墨纤维）。

一般认为超低温度下环氧树脂的断裂韧性是由裂纹尖端的应力松弛或分子链的强度控制的，也可能两方面因素都起作用。为增强分子链强度，应该增大交联度，但这样树脂的弹性就会丧失，而减小交联度则又会降低断裂韧性；为此，可以选择含有多种官能团的环氧杂合体，由刚性链承载负荷，柔性链缓和应力集中。例如，选择双酚-A 型环氧树脂（DGEBA）和四环氧基间二甲苯二胺（TGMXDA）共聚，酸酐作为固化剂制得树脂。通过对不同比例 DGEBA 和 TGMXDA 的环氧杂合体硬度、断裂韧性、介电损失和热收缩等一系列测试，所得结果表明，在该环氧杂合体中，TGMXDA 链段承载负荷，DGEBA 柔性链缓和应力集中；当 DGEBA 的比例为 50% 时，环氧杂合体的断裂韧性最高。因此可以通过环氧树脂的分子设计方法来获得目标低温力学性能的树脂。

哈特维希·G 针对环氧树脂及其复合材料在低温下的性能进行了研究，总结了环氧树脂的各种性能对交联度和温度的依赖性。里德·R·P 和沃尔什·R·P 对 9 种环氧树脂、4 种氰酸酯树脂、4 种乙烯基酯树脂和 1 种聚酯进行了研究，得到了在 295 K、76 K 和 4 K 这 3 种温度下的泊松比、杨氏弹性模量和极限拉伸强度的数据。研究表明：低温极限拉伸强度高于室温；数据的分散性在低温时更大；室温时所有树脂体系的模量均在 55～89 MPa 的范围内；在 3 种温度下，具有高模量的树脂体系倾向于低强度。

环氧树脂在室温大气环境下的耐氧化性能是其突出优点之一。但在纯氧中，由于通用型环氧树脂存在大量易氧化的基团，从燃烧性能角度考虑不太适合作为 LO_2 贮箱材料。因此必须选用特殊环氧树脂或对其进行相应的改性。对于 LH_2 贮箱，环氧树脂则比较合适，X-33 的 LH_2 贮箱正是应用了环氧基碳纤维复合材料。

③纳米复合材料

树脂基复合材料存在严重的低温脆性和低温压力容器小分子渗漏问题。这些问题的解决需要从树脂基体本身、树脂与增强纤维复合工艺和复合材料特殊设计三方面入手才能得以根本解决。纳米复合材料与常规的无机填料/聚合物体系不同，不是有机相与无机相的简单混合，而是在纳米尺寸范围内复合而成的。聚合物基无机纳米复合材料不仅具有纳米材料的表面效应和量子尺寸效应等特性，而且还将无机物的刚性、尺寸稳定性和热稳定性与聚合物的韧性、加工性以及介电性能等揉和在一起，从而使材料具有许多特异性能。这样纳米复合技术就为解决上述难题提供了一种可供选择的技术途径[16,17]。

聚合物基纳米复合材料具有无机材料、无机纳米材料、有机聚合物材料、无机填料增强聚合物复合材料及碳纤维增强聚合物复合材料等所不具备的一些性能，具体如下。

1) 同步增强增韧。以聚合物/层状纳米复合材料为例，在现有的增韧改性中，比如采用橡胶增韧环氧树脂，会使材料的强度及模量下降；采用填料增强，又会使材料的韧性下降。这些复合改性，效果往往是单一的甚至是相互矛盾的。而纳米粒子对聚合物的改性却能使材料获得足够的强度和刚度，同时又增加了材料的韧性和其他性能。

2) 用量少，综合性能好。只需很少的填料（小于 5% 的质量分数）即可使复合材料具有相当高的强度、弹性模量、韧性及阻隔性能。而常规纤维或矿物填充的复合材料则需要比聚合物/层状纳米复合材料多 3～5 倍的填充量，并且各项性能指标还不能同时兼顾。

3）具有优良的热稳定性及尺寸稳定性。对于插层纳米复合材料，由于聚合物分子链进入到层状无机纳米材料片层之间后，该分子链的运动受到限制，从而显著提高了复合材料的耐热性及材料的尺寸稳定性。

4）优异的气体阻隔性能。层状无机纳米材料在二维方向上可阻碍各种气体的渗透，从而达到良好的阻燃和防渗漏的作用。由于无机纳米层片对小分子运动具有阻隔性，使插层材料对小分子也有很好的阻隔性能。例如粘土与丙烯酸树脂的纳米复合，制得的丙烯酸树脂/蒙脱土（MMT）插层薄膜材料对氧气和氮气的渗透性比原有基体材料有大幅下降。尼龙 6/粘土纳米复合材料与尼龙 6 的物理性能相似，当粘土以层状结构分散于尼龙中时，由于粘土本身具有阻隔作用，使得复合材料对气体具有良好的抗渗漏性能，可使气体的透过率降低 50% 以上。

新一代单级入轨可重复使用的航天运载器将是 21 世纪研究发展的方向。迫切需要液氢和液氧燃料贮箱的复合材料化，要求复合材料具有高强、高韧和优异的防渗漏性能，因此需要进行改性或合成新型树脂基体来制造高性能的复合材料。常规复合材料的分散相一般是在微米数量级上，而纳米复合材料则在纳米数量级上。纳米材料具有同步增强增韧的特性，从理论上可以预期到：由于纳米粒子比表面积很大，表面原子相当多，表面的物理和化学缺陷也很多，易于同高分子链发生物理或化学的结合，使其与聚合物间界面的结合牢度大大提高，从而其强度、冲击韧性和断裂韧性与常规材料相比得到较大的改善。一般材料在低温下常常表现为脆性，而纳米复合材料在低温下将可能显示出更高的强度和韧性，因此研制聚合物/纳米复合材料可能是开发耐低温复合材料的成功途径之一。

普通的复合材料在低温下会产生裂纹，小分子容易通过裂纹渗透使材料发生分层破坏，导致材料机械性能急剧下降而发生失效。由于无机纳米层片在二维方向上对小分子运动具有阻隔作用，致使插层材料对小分子也有很好的阻隔性能，因此小分子的渗透性问题有可能得到解决。利用插层聚合、聚合物溶液插层或熔融插层方法对低温性能良好的高分子进行纳米复合改性，有可能成功研制出耐低温防渗漏的复合材料。L. Scatteia 等人分析了各种常用的碳纤维增强塑料在低温下的热性能和力学性能，同时对加有纳米夹层的情况进行了研究，认为其具有优秀的耐低温和防渗漏性能，具有很大的发展前途。

（2）低温盛装性

低温盛装性有两个因素要考虑：一是渗透性，即流体分子通过复合材料层压板扩散；二是渗漏性，即液体或气体分子通过复合材料的渗漏通道流出。流体通过无微裂纹或内部缺陷的层压板时扩散速率很低，因此不必担心其渗透性，但仍要重视渗漏性。

①渗漏性的相关研究

为满足推进系统贮箱盛装性要求，复合材料应尽量减少缺陷，因为缺陷会产生通过层压板的渗漏通道。潜在的渗漏通道包括内部相连的孔隙，受机械破坏导致的穿透裂纹和分层，以及纤维与树脂基体之间微裂纹的积累。研究表明，即使非常小的局部孔隙也能引起显著的渗漏。冲击破坏会产生沿厚度方向的局部裂纹，这也是引起渗漏的一个重要因素。

微裂纹是引起低温贮箱渗漏的一个重要因素。在碳纤维增强复合材料中，由于纤维与树脂的热膨胀系数（CTE）差异大，当复合材料冷却到低温时，显著的内部拉伸应力将在树脂基体中积累。低温时传统树脂系统变得很脆，其失效应变显著降低。降低的应变能力与源于 CTE 差异的热应变一起，能引起层压板产生微裂纹。用于低温推进系统的层压板还要承受作用于贮箱的压力及外载荷引起的机械应力，材料要在多次工作循环中经受机械应变与热应变的共同作用，不能因微裂纹导致其性能下降。

　　除了损伤和微裂纹密度之外，还有很多因素会影响材料的渗漏性能，比如微裂纹的连通性、制造残余应力以及热载荷或机械载荷产生的应力等。为了了解这些因素的影响，通常要进行渗漏试验，以便了解微裂纹连通性等因素的影响作用。常用的试验装置如图 4－95 和图 4－96 所示。

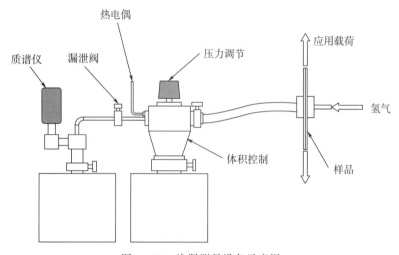

图 4－95　渗漏测量设备示意图

图 4－96　单轴渗漏测试设备

　　裂纹数量对复合材料的渗透/渗漏性能影响很大，因此人们在微裂纹数量预测上展开了大量研究。Jae 等人认为用开裂层衰减的 E_{22} 可以估算出张开的裂纹数量，且张开的裂纹数量与 E_{22} 一样，对临近铺层的角度、材料属性以及破坏层的初始属性等因素并不十分敏感，由此该方法可用于各种层板的裂纹数量预测。Jae 还认为损伤的连通程度与裂纹张开的距离对渗漏影响较大，且连通程度同时也与裂纹数量有很大关系，因此用基于虚拟裂纹闭合技术的能量释放率计算了裂纹张开距离。苏晓锋等人进行了很多相关方面的研究，比如，铺层角度及厚度对阻止微裂纹扩展及防止层板渗漏的影响。研究结果表明，各向同性铺层性能强于其他类型的铺层，且在其中插入一些薄层可以起到更好的防渗漏效果。同时，他们还用有限元分析的方法进行了低温环境下 IM7/977 - 2 复合材料的微裂纹密度预测。马利克·K 等人利用层合板的受载情况以及由微裂纹引起的刚度退化来表征裂纹的密度，并根据能量及断裂力学的知识，建立了微裂纹断裂韧度的概念，从而为低温下的复合材料设计提供指导。

　　为直接了解与渗透/渗漏相关的因素及其重要程度，人们开展了许多试验和研究。横关·T（T. Yokozeki）等人进行了在室温及液氮温度下，氦气穿过碳纤维增强板的渗漏试验。结果表明，在两种温度条件下氦气渗漏的差别不大，因此可以用室温下的试验对低温状态情况进行估算。同时，他们也证明了裂纹的角度对渗漏的影响很大，其是一个需要控制的因素。罗伊·S（Samit Roy）和奈尔·A（Abilash Nair）等人将基于第一剪切层合板变形理论的裂纹分层距离（DCOD）应用到渗漏的预测上，提出了包含温度、流体及载荷等因素的渗漏模型，该模型可以用来计算给定分层长度、裂纹密度以及载荷情况（包含热载荷）的层合板的渗漏性。国外还有许多学者进行了这方面的研究，考虑了各种因素对渗漏的影响，得到了很多有益的结论。

　　在使用过程中，无论如何都无法彻底避免微裂纹的产生，因此对贮箱的损坏及渗漏情况进行监控也就显得十分必要。轰木·A（Akira Todoroki）等人用压电材料对贮箱的微裂纹发展情况进行了监控，并取得了很好的效果。

　　（3）复合材料与 LO_2 的化学相容性

　　复合材料与 LO_2 的相容性包括 2 个方面：氧化反应和燃烧爆炸。MDA、WSTF（Johnson Space Center White Sands Test Facility）和 MSFC 等研究部门在对航天器 LO_2 贮箱可能发生的事故进行全面分析后认为，复合材料与 LO_2 相容性的表征试验主要包括：在 LO_2 中的机械冲击、气态氧中的机械冲击、高速颗粒冲击、摩擦和烟火冲击等。

　　①氧化试验

　　MDA 的测试方法是将试样浸泡于 LO_2，通过测定其质量变化来表征化学相容性。复合材料的抗氧化性是其优越于金属材料的一个重要性质。MDA 选取的复合材料试样经 184 h 后失重率小于 0.1%，几乎可以忽略不计。即便如此，MDA 仍将失重归因于复合材料浸泡前所固含水分的丧失。

　　②力学冲击试验

　　凡对 LO_2 冲击敏感的材料，一般对其他形式的能量，如碰撞、摩擦、火花和冲击波等作用也是敏感的。因此，关于 LO_2 与材料相容安全问题，有效而又简单的实验室评价方法是测定材料在 LO₂ 中的冲击敏感性。冲击敏感试验所得到的能量值表明了引发一个反应所需要的动力学能量值的大小。

NASA、美国空军以及 ASTM 一致采用 ABMA 型落锤冲击试验机进行液氧冲击敏感性试验，ABMA 型落锤冲击试验机如图 4 – 97 所示，某些材料在 9.072 kg 固定质量重锤冲击下的 50% 反应高度见表 4 – 4。

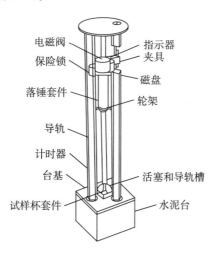

图 4 – 97　ABMA 型落锤冲击试验机

表 4 – 4　某些材料在 9.072 kg 固定质量重锤冲击下的 50% 反应高度

复合材料	树脂	50% 冲击反应高度/cm
Gr/F65	增韧双马来酰亚胺	*
T650 – 42/V – 25	环氧树脂	*
Gr/F650	双马来酰亚胺	*
Gr/F3900	增韧环氧树脂	*
IM7/8551 – 7A	增韧环氧树脂	*
Gr/Avimid N	聚酰亚胺	51.1
Glass/Phenolic	酚醛树脂	47.0
AS4/3501 – 6	环氧树脂	36.6
Glass/Nr1 – 1	氟化环氧树脂	36.3
Teflon/AS4/LRF387	环氧树脂	31.2
Gr/BtCy – 3	氰酸酯树脂	26.2
IM7/PEEK	热塑性树脂	18.5

注：* 表示高于试验仪器的最大测试高度：116.8 cm。

鲁宾逊（Robinson）又提出了 ABMA 型落锤冲击试验机采用固定能量 98 J 作为判定材料与液氧相容性阈值的不合理之处：冲头与试样面积比例太大，边缘效应显著；材料放在试样皿底部，受到冲击后，其无法通过自身变形吸收或扩散能量，这与实际使用情况不符。由此造成了有些材料虽然不能满足 98 J 冲击能量的阈值，但实际使用中却与液氧相容的情形。鲁宾逊同时还给出了改进的新型冲击试验机原理图，如图 4 - 98 所示。改进的冲击试验机所给出的试验结果明显与实际使用情况吻合。

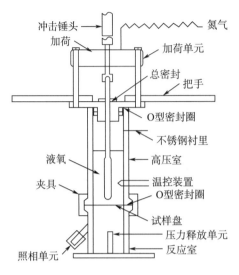

图 4 - 98　改进的冲击试验机

图德拉·M（Mark Tudela）和金·R（Ran Kim）研究了在液氧中的冲击现象。他们利用先进的技术手段获得冲击产生火花的时间以及当时的受力状况，并将其与特定的损伤形式联系起来。同时，也比较了在低温及室温下损伤形式的差异：在低温时，裂纹会沿纵向发展并向边缘扩展；而在室温下，更多的损伤形式是裂纹和分层，并没有出现向边缘扩展的情况。

③燃烧性能的测定

按照燃烧学的原理，材料在着火之前影响材料着火的主要因素是温度和升温速度。影响高聚物材料的燃烧特性参数有比热容、热导率、分解温度、燃烧热、闪点、自燃点、火焰温度、氧指数和燃烧速度。

其中最能直接表征材料与 LO_2 相容性的燃烧性能指标为自燃点和燃烧热。自燃温度（AIT）是将一小块试样置于 100％氧中加热，如果材料能够燃烧，则记录其发生燃烧的最低温度。燃烧热是单位质量材料在氧气中完全燃烧时所释放的热量。

在液氧冲击试验中，一定能量的瞬时冲击下，聚合物材料的热导率较低，材料的冲击局部会产生瞬时高温。若这个瞬时高温超过了材料的自燃点，则材料便会发生着火；如果所进行的氧化反应放出的燃烧热很大，则在维持燃烧的基础上同时能够引起液氧的大量气化，造成体积迅速膨胀，导致爆炸。因此，这两个性能参数可以帮助我们更好地理解材料在 LO_2 中的安全性，从而为材料的筛选提供了初步简易的判据。

④静电摩擦产生放电

理论上，对于贮箱材料，静电摩擦产生放电引起燃烧的可能性几乎没有。MDA 在实践中对 IM7/8552 复合材料进行了该测试：在一个室温充满高压纯氧的透明容器中，放置待测样品和一个电极。在试样和电极间给予 112 J 的电火花，IM7/8552 试样完全不燃。据

MSFC 估计，流体摩擦产生并积累的静电能量最多只能达到 30 J。所以这种机理引起的燃烧可以完全排除。

（4）工艺及检测

①粘接及固化

航天运载器使用的复合材料低温贮箱一般尺寸较大，常用的固化工艺难以保证其粘接强度，X-33 的 LH_2 贮箱就是因为粘接强度不够而试验失败。

具体的粘接工艺需要根据结构型式确定，如美国的 X-33 复合材料 LH_2 贮箱由内层壳段、蜂窝芯子、外层壳段、顶盖和叉形环组成，这些部分分别固化成型，再通过二次胶接粘接在一起。每一次成型和粘接，都必须进行全面细致的无损检测，以确定其粘接效果。即便这样，粘接强度还是无法保证：可能会出现虚粘现象，或者粘接强度达不到预期效果。

由于贮箱尺寸较大，因此给热压罐固化工艺提出了很高的要求。从国外的研究情况来看，NASA 最新的复合材料 LH_2 贮箱很有可能采用的是电子束固化工艺。

电子束固化工艺是近年来复合材料技术中的一项重要的新技术，其低成本高速固化已显示出了巨大的潜力，引起了世界各国的重视。其基本原理是通过高能电子束的照射引发复合材料中树脂基体聚合和交联反应。由于交联机理主要是自由基聚合和阳离子聚合，因此其和常规的加热固化在本质上有区别。电子束固化具有许多独特的优点：

1）可以实现室温或者低温固化，利于制件的尺寸控制并减小固化复合材料的残余应力；

2）固化速度快，成型周期短，适于制造大型复合材料制件；

3）可选择区域固化，减小了固化工艺对环境和人体的危害；

4）固化工艺便于实现连续化操作，改善了材料的工艺操作性，并且其适用期长，是低温贮箱材料的极佳选择。

目前世界各国都在加速开展电子束固化工艺和应用的研究。1987 年法国国家航空宇航（Aerospatile）公司先后试验了 2 种直径分别为 450 mm 和 1 150 mm 的火箭发动机壳体。1 150 mm 直径的发动机壳体相当于战略导弹第二级发动机的尺寸，所用增强纤维为 IM6 碳纤维，树脂为丙烯酸酯环氧，壳体复合材料重 41.8 kg，水压试验爆破压力为 16.7 MPa。壳体环向应力为 4 100 MPa，而同样材料、同样尺寸的热固化壳体的对应值为 3 700 MPa，可见电子束固化复合材料壳体的综合性能优于热固化复合材料。近两年，美国有关部门也研究了电子束固化缠绕复合材料（阳离子环氧树脂）在战术导弹火箭发动机壳体上的应用，并得出了与法国人相似的结论。

②检测

由于复合材料贮箱在生产、制造及使用过程中可能会出现微裂纹，从而形成氢分子的渗漏通道，使氢分子进入贮箱结构，导致若温度升高液氢汽化会产生灾难性后果的情况。因此在制造完成和使用寿命内，必须按一定周期对贮箱进行检测。

制造完成后的检测主要关注贮箱的粘接和固化情况，及时发现脱粘和虚粘并确保粘接强度满足设计要求，同时也要确保孔隙率小于规定值。

在使用周期内的检测则主要关心贮箱的微裂纹扩展情况，以确保裂纹密度和特征尺寸在发展到可导致灾难性后果之前被及时发现。使用周期内的检测规范制定应与贮箱的设计思想相符合。

目前复合材料常用的检测手段有 X 射线和超声波等,其能否对贮箱粘接情况进行可靠的检测需要通过试验证实。

(5) 试验验证

从 X‑33 复合材料 LH_2 贮箱的研制过程中可以看出,复合材料结构验证通常采用的积木式试验方法不能完全应用于复合材料低温贮箱,具体原因如下:

1) 贮箱结构型式一般较为简单,甚至不如大多数航空飞行器的组合件级结构复杂,因此,若按照积木式验证方法,除全尺寸试验外,只需对贮箱进行元件级和试样级试验即可。但很明显这种试验是不够的:贮箱结构型式虽然简单,但尺寸规模较大,小尺寸试验件的工艺稳定性及材料分散性等性能结果无法类推到全尺寸结构上。

2) 贮箱的工作环境较为复杂,既有高温又有低温,同时还要承受力学载荷。在这种情况下,小尺寸试验件上反映出的环境影响通常不能代表全尺寸产品的情况。

复合材料低温贮箱的全尺寸试验需要将温度、载荷和使用次数等条件进行综合考虑,以模拟最真实的使用状态。X‑34 复合材料 LO_2 贮箱所进行的试验在国内研制时可供参考,如表 4‑3 所示。

从目前国内外的研究状况来看,复合材料低温贮箱通常首选石墨/环氧树脂体系。就我国而言,目前复合材料低温贮箱尚有许多关键技术有待突破,相关技术的分类及技术成熟度评估如表 4‑5 所示。

表 4‑5　复合材料低温贮箱关键技术

序号	技术分类	具体内容	技术成熟度
1	贮箱材料	低温性能评价	4
2		纤维与树脂匹配性	4
3		力热耦合循环载荷下裂纹扩展	4~5
4		树脂低温增韧	3~4
5		环氧树脂改性	4
6		氢分子渗漏机理及评价标准	3~4
7		复合材料与液氧化学相容性及评价标准	3
8	工艺及检测	大尺寸复合材料件成型质量及评价	4
9		粘接质量检测	4
10		微裂纹检测	3~4
11		电子束固化	3~4
12		纳米复合材料	2~3
13	试验验证	适用于贮箱结构的积木式验证体系	2~3
14		力热耦合试验技术	4~5
15		微裂纹扩展预测及剩余强度分析	4~5
16		微裂纹特征尺寸与渗漏量的关系	3~4

该表仅为根据已公开资料进行的技术成熟度评估，准确的技术成熟度需对相关单位进行调研后方能确定。

4.5　可重复使用新型航天飞行器结构连接

4.5.1　对接接头

飞行器某些相互连接部件和该部件连接用的零件的总和称为对接接头。对接接头实现了各部件的连接，从而使载荷从一部分结构传到另一部分结构中，并依此按次来确定接头的强度。

最经常使用的耳片-叉形接头，一般情况下，其由 3 部分组成（图 4 - 99 中 1、2、3）：连接部分、尾部和过渡部分。

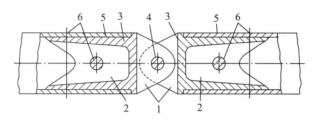

图 4 - 99　对接接头

1—连接部分（耳片、叉形接头）；2—尾部；3—过渡部分（隔板）；

4—锁紧螺栓（对接）；5—飞行器零件；6—紧固螺栓（铆钉）

接头过渡部分的功用是连接接头的连接部分 1 和尾部 2。当作用于耳片的合力方向与作用于尾部的合力方向不一致时，过渡段就显得极其必要。在这种情况下，当接头存在轴向力时，过渡段承受局部弯矩（图 4 - 100）。

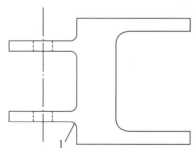

图 4 - 100　相对于尾段的耳片位移

1—过渡接头

在个别情况下过渡段可以不用，连接部分直接过渡到尾段（图 4 - 101）。有时过渡段与尾段连接，以形成能够承受弯力的支座（图 4 - 102）。以机翼-机身对接接头（图 4 - 103）为例，我们将带有支座或尾段的耳座（或叉形接头）组成的接头部分称为接头零件或简称为接头。

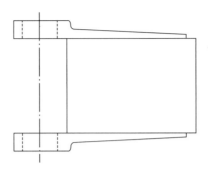

图 4 - 101　无过渡接头耳片

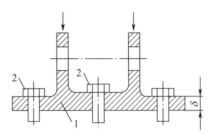

图 4 - 102　带有支座的接头

1—支座；2—紧固螺栓

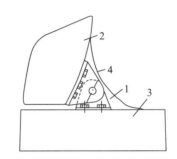

图 4 - 103　带有支座的接头

1—接头；2—机身；3—机翼；4—整流罩

现代高速飞行器机翼的厚度越来越小。因此，不论是飞行器翼梁高度 H（图 4 - 104），还是接头轴线之间的距离 h 都在变小，因而导致接头上的力增大（$P = M/h$）。

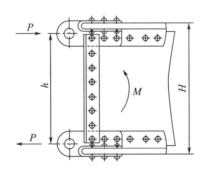

图 4 - 104　典型的机翼（张臂式）对接接头

减轻接头的质量是对其结构的基本要求之一。该任务的解决在很大程度上依赖于距离 h 的增大。例如，在某些情况下，当机翼与机身的侧壁对接时，由于机翼（图 4 - 105）整流片（整流罩）的存在，可以增大距离 h。在这种情况下，可以得到超过翼梁高度的数值 h，因此锁紧螺栓中的力将小于翼缘条中的力。

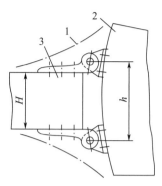

图 4 - 105　整流罩存在条件下的接头底座
1—整流罩；2—机身；3—机翼

实现链节最小值原则是减少接头质量的第二种方法。该原则假设有 2 条承力的拉链（图 4 - 106），因为两个链的各环节的截面直径是一样的（在力相同情况下），而展开链节链 b 长度比链 a 的短，因此单位长度的链 b 比单位长度的链 a 轻。也就是说，减少链节数量可使结构减轻。我们在设计中应尽可能地遵守这一原则。从这一角度出发，我们来研究机翼与机身的对接接头的 3 个结构方案（图 4 - 107、图 4 - 108、图 4 - 109）。图 4 - 107 所给出的结构方案由 9 个链节组成，图 4 - 108 所给出的结构方案由 7 个链节组成，图 4 - 109 所给出的结构方案由 5 个链节组成。根据链节数目，图 4 - 107 所给出的链条是最重的，图 4 - 109 所给出的链条是最轻的。

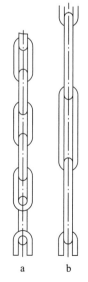

a　　　b
图 4 - 106　不同的链节数链

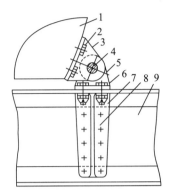

图 4-107　九连环结构

1—机身；2、6—螺栓；3、5—插头；5—锁紧螺栓；7—支柱；8—铆钉；9—翼梁

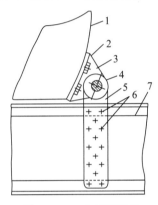

图 4-108　七连环结构

1—机身；2—螺栓；3、5—接头；5—锁紧螺栓；6—铆钉；7—翼梁

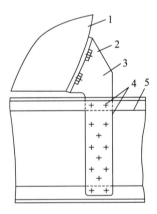

图 4-109　五连环结构

1—机身；2—螺栓；3—接头支柱；4—铆钉；5—翼梁

通过图 4-109 所给出的结构与图 4-107 和图 4-108 所示的结构比较，可以看出，链节数的减少会导致接头拆开的难度加大，但并不总是如此。存在接头结构在链节数减少的同时，又能保证接头容易拆卸（在存在锁紧螺栓的情况下）。这种接头在图 4-110 中已给出，该接头整个链条由 3 个链节组成：机身、锁紧螺栓和翼梁。

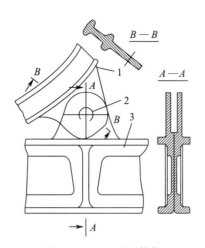

图 4 - 110　三连环结构

1—机身；2—紧锁螺栓；3—翼梁

图 4 - 107 所示的接头的三连环部分 [图 4 - 111（a）] 和该接头的五连环部分 [图 4 - 111（b）] 比单环部分 [图 4 - 111（c）、图 4 - 111（d）] 重。这是因为在第一种情况下安装有锁紧螺栓，在组合耳座处，接头的厚度增加了一倍（阴影部分），而在第二种情况下则不存在这个问题。对接接头中的链节数减少的另一个例子已在图 4 - 112 中给出。在图 4 - 112（a）所示情形中，在接头尾段（图 4 - 112 中 1）中的整个长度上，截面增大一倍。因为力依次从接头传递到缘条，正如该力从链条的一个链节传到另一个链节，那么由于尾段和缘条（被紧固螺栓孔）的减弱，沿着整个尾段长度方向的截面就变得更大。除此以外，对孔的补偿（保留钻孔处所需的截面面积）的必要性使没有孔的缘条和尾段截面过重，或者加垫片（图 4 - 113 中 1）而使缘条加强。

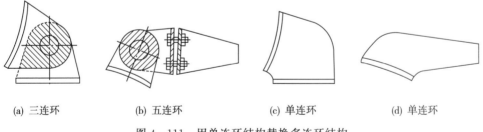

(a) 三连环　　　　　(b) 五连环　　　　　(c) 单连环　　　　　(d) 单连环

图 4 - 111　用单连环结构替换多连环结构

如果拒绝采用图 4 - 112（a）所示的接头结构和利用大梁缘条的接头终端 [图 4 - 112（b）] 来替代，那么因尾段装在缘条上而引起的结构加重是可以避免的。在这种结构中，链节 [图 4 - 112（a）] 的作用是连接大梁缘条锻造端。当然制造这种大梁缘条要求的工艺会更加复杂。

类似的设计原则可以应用到缘条 [图 4 - 112（a）] 与腹板及支柱与缘条和腹板等连接处。在图 4 - 112（c）上，接头—螺栓—缘条—支柱这些链节已被一个整体结构所代替。

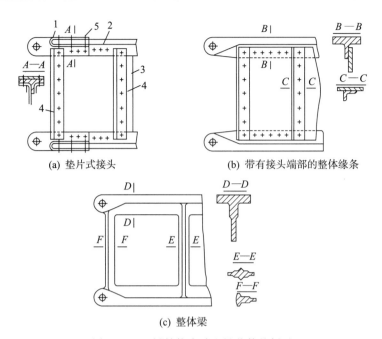

(a) 垫片式接头　　　　　　　(b) 带有接头端部的整体缘条

(c) 整体梁

图 4 - 112　梁结构中减少链节数的例子

1—尾段；2—缘条；3—腹板；5—支柱；5—螺栓

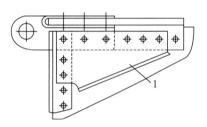

图 4 - 113　垫片使缘条加强

1—垫片

　　图 4 - 114 所给出的是各部件完全结合的例子。在这种情形下，机身框和中翼梁构成一个整体结构，该结构由于取消了对接接头而使质量大大地减小。

　　在选择接头安装点的时候要适当地遵循链节最小值原则。在外翼与中翼［图 4 - 115 (a) ］对接时，应努力使外翼的梁与中翼的梁直接固定在一起（分别通过图 4 - 115 中 5、6）。尤其要避免使用承受弯曲的中间环节。在图 4 - 115 (b) 中外翼梁被固定在中翼肋的接头上，肋本身由接头与中翼梁固定在一起。肋是中间环节，该环节承受着弯曲并增加了结构质量。图 4 - 115 (c) 所给出的是美国瓦尔基里式飞行器的机翼结构图，为了放置收起状态的主起落架，该机中翼前梁相对于外翼前梁发生位移。在此情况下，肋是梁之间的中间环节，其承受着梁上的垂直和水平剪力所引起的弯曲，而作用于缘条上的轴向力则使肋承受扭矩。

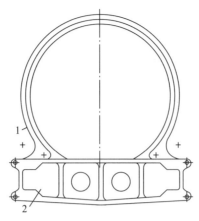

图 4 - 114　复杂的单环结构

1—机身框；2—中翼梁

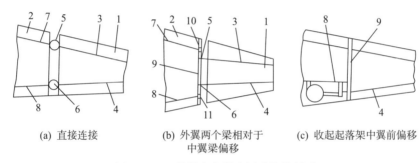

(a) 直接连接　　　(b) 外翼两个梁相对于　　　(c) 收起起落架中翼前偏移
　　　　　　　　　　　　中翼梁偏移

图 4 - 115　外翼和中翼大梁连接的例子

1—外翼；2—中翼；3、4—外翼大梁；5，6，10，11—接头；7，8—中翼大梁；9—肋

4.5.2　铆钉连接

在铆接中，将板材与板材或板材与型材用铆钉或空心铆钉连接起来时（图 4 - 116），为改进铆接结构的外表面铆接质量，一般采用埋头铆接。如果外表面是厚板（1 mm 及 1 mm 以上），那么将铆钉头铆接到板材的锪窝凹槽内 [图 4 - 116 (c)、图 4 - 116 (e)]。如果是使用铝合金薄板（小于 1 mm），为了形成埋头铆钉凹槽，被铆接的板材需要进行模压 [图 4 - 116 (d)]。

埋头铆接与普通铆接比较具有以下优点：

1）铆钉缝布置在外面时，流过埋头铆钉上的气流摩擦气动阻力可以减小；

2）提高蒙皮与型材连接的拉脱强度；

3）保护铆缝免受外部机械损伤；

4）增加板材和铆钉锥头面的挤压面积；

5）薄板模压时，锥头抗剪连接强度由于板材承受剪切而增大，并达到普通铆钉强度的 125%。

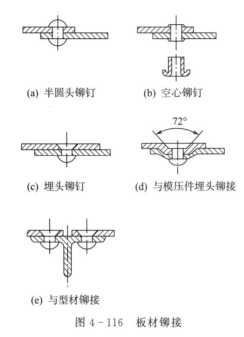

(a) 半圆头铆钉　　　　(b) 空心铆钉

(c) 埋头铆钉　　　　(d) 与模压件埋头铆接

(e) 与型材铆接

图 4 - 116　板材铆接

如果薄板互成角度，其间的连接一般采用型材转接件（图 4 - 117）或弯边板材（图 4 - 118）。

如果板材所形成的角度不是直角，那么板材弯边不应做成锐角［图 4 - 118（c）］而应做成钝角［图 4 - 118（d）］，这样便于加工弯边和简化铆接操作工作。

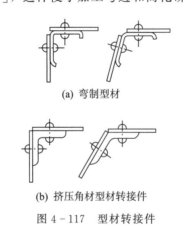

(a) 弯制型材

(b) 挤压角材型材转接件

图 4 - 117　型材转接件

如图 4 - 119 所示，如果将板材固定在其他两个板材上，那么不应将其两边的弯边直接连接，因为在给定的公差范围内很难精确地保持尺寸。在采用图 4 - 119（b）、(c) 所示结构时，不需要精确地保持尺寸并可以简化装配。在这些情况下，如果铆钉（图 4 - 119 中 3）在装配时最后安放，那么过渡板材（图 4 - 119 中 1）或角材（图 4 - 119 中 2）是工艺补偿件。

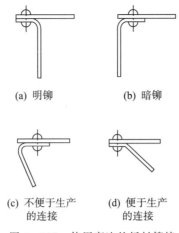

(a) 明铆　　　　　　(b) 暗铆

(c) 不便于生产　　(d) 便于生产
　　 的连接　　　　　 的连接

图 4 - 118　使用弯边的板材铆接

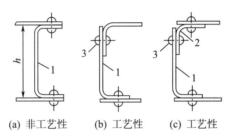

(a) 非工艺性　　(b) 工艺性　　(c) 工艺性

图 4 - 119　工艺性和非工艺性板材连接

1—过渡板材；2—角材；3—铆钉

使用铆钉和螺栓钻孔的铆钉连接和螺栓连接具有以下的固有缺点：

1) 增加加工工序工作量；

2) 钻孔削弱了截面强度；

3) 由于孔边缘处应力集中降低了静强度和疲劳强度；

4) 铆接时破坏了表面的光滑度；

5) 阳极化板材铆接时，在每个铆钉的周围形成阳极化层的细微径向裂纹，因而降低了抗蚀性和疲劳强度；

6) 铆钉头质量引起结构质量的增加；

7) 铆接伴随着强大的生产噪声。

在所指出的缺点中，有些是可以避免的。例如，为减小钻孔和铆接的工作量，铆缝的设计应尽量考虑工艺性要求，即钻孔和铆接过程尽可能实现机械化，为此需要将铆钉沿直径母线设置，保持铆钉间距不变，选择加强元件之间的距离，以及选用整倍数的铆钉边距等。

为补偿铆钉孔对截面强度的削弱，设计时增加了设置铆钉或螺栓处连接元件的厚度（在连接处局部增厚，尤其是锪窝埋头铆钉的连接处）。通过增加连接元件钻孔处截面的厚度也可成功地防止由孔边缘处应力集中引起铆接和螺栓连接疲劳强度的降低。

疲劳对结构强度和寿命的影响问题值得特别关注。在交变循环载荷作用下，结构材料的应力集中处（铆钉孔处）首先出现不可见的极细微的裂纹，继而裂纹发展、长度增长，削弱截面强度，并最终导致结构破坏。在裂纹形成后，应力集中急剧增加，加速了疲劳的破坏过程。

疲劳裂纹的扩展速率具有重要的意义：材料的塑性越强，则疲劳裂纹的扩展速率越小。扩展速率小就能及时发现初始裂纹，并采取维修措施，恢复结构强度。出于这一缘故，往往强度越高的材料对结构越不利，而强度越小塑性越好的材料反而对结构越有利。例如，强度极限为 550 MPa 的铝合金 B95 - T（7A04）与强度极限为 460 MPa 的铝合金 Д16 - T（2A12）相比前者疲劳裂纹的扩展速率要大。

除了采用疲劳裂纹扩展速率小的材料外，还可提出一系列阻止疲劳裂纹扩展的设计措施。在图 4 - 120（a）上示出了在拉伸力 P 作用方向上装配了与铆缝连接起来的、由一系列薄板制成的结构件。所形成的疲劳裂纹只能沿薄板宽度箭头 A 的方向扩展。将腹板分成图 4 - 120 中 1 和 2 两部分可能是有益的，虽然完好的薄板承受全部载荷，但是整个载荷结构的迅速破坏将会被暂时停止，而在结构的例行检查时会发现该局部破坏。

在薄壁梁情况下 ［图 4 - 120（b）］，腹板受剪失稳后，裂纹沿箭头 A 的方向扩展，将腹板分成 1 和 2 两部分可能是有益的，因为裂纹受腹板分割处（在该情况中上面腹板是下面边界）的限制，此时腹板的完好部分应承受全部剪力。

可采用以下措施限制裂纹扩展。

1）采用点焊加强或焊接的板材以图 4 - 120（c）中 1 和 2 形式纵向连接，隔断裂纹扩展的可能途径 ［沿图 4 - 120（c）中的箭头 A 方向］。这种连接能阻碍裂纹扩展，特别是能使其扩展速率放慢。

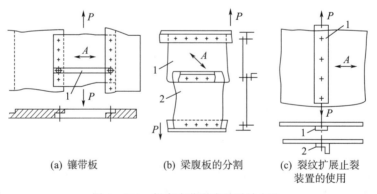

(a) 镶带板　　　　　(b) 梁腹板的分割　　　　(c) 裂纹扩展止裂装置的使用

图 4 - 120　提高疲劳强度的设计方法

1，2—腹板

2）用垫板实现板材连接，连接中采用具有波状边缘的垫板（具有锯齿形的垫板或舌形垫板，图 4 - 121）和不同铆钉直径，图 4 - 121 中 $d_1 < d_2$，其中 d_1 为外排铆钉直径，

而 d_2 为内排铆钉直径。这种方法能够提高沿边缘铆钉排的板材强度，特别是能改善连接的疲劳特性。为保证沿内排铆钉的强度，垫板的厚度应大于板材的厚度。

在所有连接形式中，螺栓（铆钉）连接应力集中现象最为严重，而借助点焊进行连接的应力集中程度略低，胶接和胶焊连接最佳。

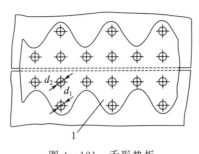

图 4-121 舌形垫板
1—具有波状边缘的垫板

4.5.3 金属的胶接与胶焊连接

胶接载荷传递要比螺接和铆接均匀得多，避免了应力集中。但是由于没有足够强度的胶，以前金属零件的胶接还难以实现。现今由于新的环氧树脂基、酚甲醛树脂基及酚橡胶合成物基的高强度合成胶的出现，使得金属结构的胶接代替铆接、螺接及焊接成为可能。研究胶接金属结构，可参照以前飞行器木制结构胶接所积累的丰富经验，当然这是以新科技为基础的。

在飞行器制造业中，胶主要用来连接蒙皮和机翼、机身及尾翼等的构架元件。首先采用胶来粘合承力结构是在黄蜂歼击机的机翼上（德-哈维兰公司，1944年）用酚甲醛胶将铝合金的机翼元件和木制元件粘接起来。在1946年该公司批量生产了鸽运输机，在其结构中，机翼和机身的金属蒙皮是用胶将金属长桁连成了一体。胶接在德-哈维兰公司的第一代喷气式客机彗星的结构中得到了广泛的应用。在该结构中，长桁用胶将有双曲率的机翼和机身蒙皮相连接。

胶接有许多不同于铆接的优点，具体如下：

1）在胶膜连续作用的条件下，胶接能保证密封性；

2）由于没有垫片等，同铆接相比，胶接可以节省材料，减小质量；

3）由于应力分布较铆接均匀，胶接具有很高的疲劳强度；

4）胶接使薄元件结构具有较大的刚性，由于连续（而非点式的）连接，其能承受较高应力的压缩；

5）大部分胶接具有和基底金属一样的耐腐性能；

6）合成胶可以粘接各种厚度的各种材料，而这对于焊接或钎焊来讲是不可能的；

7）金属胶接要比铆接经济得多，德-哈维兰公司生产鸽运输机时（1946年），壁板胶接结构的采用使其成本降至铆接壁板成本的35%。

胶接具有如下不足：

1）耐热性较低。最好的胶在不超过 250 ℃时具有足够的强度（仅适宜铝合金），而现代胶的高耐热性是短时性的。

2）不均匀扯离（撕裂）时强度低。在剪切和非均匀扯离强度足够大时，胶接不能很好地承受非均匀扯离，例如在撕裂力和弯矩同时作用时。

3）工艺过程复杂。在胶接时必须给零件全部或局部加热并用沿连接面均匀分布的压力对其挤压。这就需要复杂的且笨重的贵重设备。而能够冷粘接的胶的强度要比加热胶低。

4）较难检验。检查胶接质量以便发现缺陷（聚合度或局部脱粘）时不可能不破坏结构，或是需要专门的超声波检测设备。

5）胶膜易老化，其特性随时间而转变。

6）因为胶接强度取决于胶膜厚度，因而为保持最佳厚度必须精修粘接面。

4.5.3.1 铝合金零件的胶接

用于粘接金属的胶应满足下列要求：

1）对铝合金无腐蚀性；

2）与铝合金有很好的附着力；

3）在不大的单位压力下固化；

4）在固化时单位压力值的改变对胶层强度影响很小；

5）耐硫酸氧化性；

6）较高的耐气候性和抗菌性；

7）耐老化性；

8）较好的渗透性；

9）聚合时，有阻止溢出的足够黏度；

10）对温度和空气温度急剧变化的敏感性较小；

11）不存在挥发的毒性成分。

此外，根据胶的使用条件，需对胶提出附加要求，例如，对给定温度的耐热性、在燃油介质中的稳定性等。

金属胶接强度取决于胶接状态（温度及单位压力）和实验温度。

4.5.3.2 耐热胶

现在化学的发展允许制造多种合成胶，其可用于受热为 150～250 ℃的连接。BK-1就是这类胶中的一种，一些胶在胶接处的强度特性参数列于表 4-6 中。

表 4-6 在不同温度下胶的强度（剪切应力/MPa）

胶牌号	温度/（℃）					
	-60	+20	+60	+100	+150	+200
BK-1	16.4	15.9	—	9	3.2	1.2
BK-32-3M	11.5	15.4	17	3	—	—

在湿度变化、高湿度及水直接作用的环境中，胶具有较高耐水性，当水对其作用时，耐水性是用其强度表示的。胶 BK-1 的耐水性根据其在水中停留的时间，详细数据列于表 4-7 中。

表 4-7　胶 BK-1 的耐水特性（剪切应力/MPa）

构件在水中的停留时间(昼夜)	温度/(℃)	
	20	150
0	15	10.8
3	14.8	13.7
5	15.3	11

聚合前后胶 BK-1 的密度等于 $1.29\ g/cm^3$。在胶接结构中胶在每平方米涂胶面上的耗量不会超过 250 g。

为了粘接在 200～250 ℃温度下使用的结构接头，通常采用胶 BK-7。胶 BK-7 的强度指标较 BK-1（8.0～9.0 MPa）略低，但在 230 ℃以内两者的强度非常接近。然而大量的非金属填料限制了胶接能力，胶接后适度的黏性允许用毛细法将其涂上。

4.5.3.3　金属板材的胶接形式

金属板材的各种胶接形式示于图 4-122，其中认为最好的方案是 3、4、7、9 和 11，满足要求的方案是 2、5、6 和 10，方案 1 和 8 是最差的。

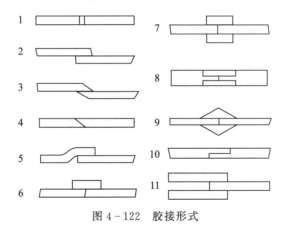

图 4-122　胶接形式

4.5.3.4　胶焊连接

胶焊就是点焊，其焊点间的中间区在焊前涂上胶（胶膜焊接）或焊后注入胶（图 4-123）。

胶焊连接的强度取决于搭接面积，等于焊点强度和胶的设计强度之和。

4.5.3.5　在循环载荷下胶接和胶焊连接的受力情况

铝合金铆接、焊接和胶接的许多试验数据证实，在循环加载下胶接和胶焊连接具有很大优势。在图 4-124 和图 4-125 中列出了铝合金板材铆接和胶接疲劳强度的比较特性曲线。

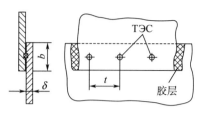

图 4-123　胶焊（胶＋点焊）

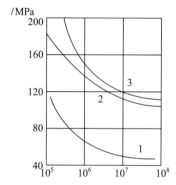

图 4-124　铝合金 ДТД646 的疲劳特性（板材厚度为 0.8 mm，搭接长度为 37 mm）

1—铆接；2—胶接；3—基材金属 ДТД646

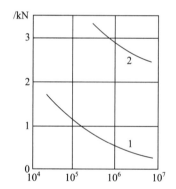

图 4-125　双面搭接的连接受剪时，铝合金试件的疲劳特性

注：循环的平均载荷为 3 kN，样件宽度为 24.5 mm，中间区厚度为 1.65 mm，每个侧区厚度为 0.9 mm

1—铆接；2—胶接

4.5.3.6　胶焊连接的疲劳强度

胶焊连接疲劳强度特征为图 4-126～图 4-129 所示的曲线图，其中 $N_ц$ 为加载循环数。在单排连接时，焊接具有较高的疲劳强度（如图 4-126），这是由于在胶接和胶焊接时胶的非均匀扯离（撕裂）比较严重。

在两排和三排搭接时（图 4-127 和图 4-128），根据耐疲劳性能由高到低依次为：胶焊接、胶接、铆接及焊接。

在图 4-129 中示出了用结合点连接的疲劳强度曲线，该连接类似于采用紧固件的整个蒙皮的连接。这时，胶焊连接具有最大的疲劳强度和疲劳极限，而后是胶接、焊接，最差为铆接。

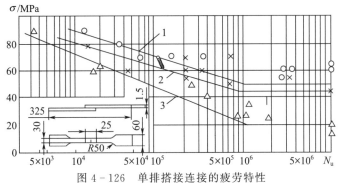

图 4 - 126　单排搭接连接的疲劳特性

1—焊接，2—胶焊接，3—胶接

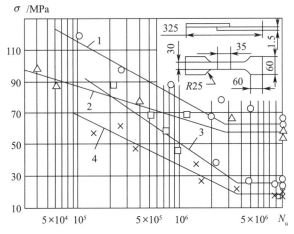

图 4 - 127　两排搭接连接的疲劳特性

1—胶焊接；2—胶接；3—铆接；4—焊接

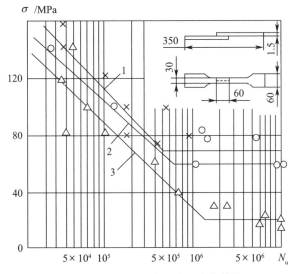

图 4 - 128　三排搭接连接的疲劳特性

1—胶焊接；2—胶接；3—焊接

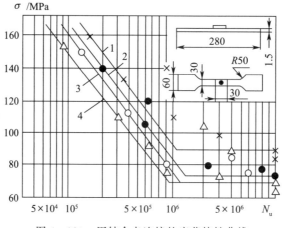

图 4 - 129　用结合点连接的疲劳特性曲线
1—胶焊接；2—胶接；3—焊接；4—铆接

因而，对于承受循环加载的结构，最适合的是胶焊和胶接。这两种方式既适合对接，又适合粘合连接，而单点（单排）对接的形式应该避免使用。

4.5.3.7　对胶接和焊接结构设计的建议

1）对传递较大载荷的胶焊连接进行结构设计时，应采用多排焊缝。焊点两排交错排列时，胶接的强度等于基材的强度。

2）在安装对接接头时，若出现点焊仅能在单面接近或很难接近情况，该接头宜采用胶铆连接，并选用冷凝胶。

3）在蒙皮和型材一同受压的结构中，宜采用胶接，因为胶接的连续性避免了焊缝间与型材相连的薄蒙皮局部失稳的危险。但是应避免突然出现非均匀扯离（撕裂）结构，因为高强度胶不能很好地承受撕裂。

4）在构架和蒙皮的胶接结构设计时，必须保证在固定焊机上能够使用直焊条，型材能够满足上述要求（图 4 - 130）。但应指出的是，仅图 4 - 130（a）、（b）和（e）型连接可以在焊接后进行双面涂胶，至于图 4 - 130（c）、（d）、（f）和（g）型连接，需要沿胶膜焊接或沿胶液层焊接。

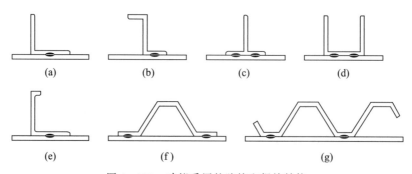

图 4 - 130　建议采用的胶接和焊接结构

5）对称型材［图 4 - 130（c）、（d）、（f）、（g）］在最大程度上避免了非均匀扯离，因为有封闭腔的结构在焊接后必须能保证阳极化及随后除掉腐蚀性的硫酸剩余物的操作，因而这类连接仅适合于耐腐蚀合金。

6）需避免过紧或过松的配合结构，因为在这些结构下，对胶来讲间隙可能太小或太大了。这样胶接和焊接可能对圆柱形零件的套管连接就不再合适（管子与管子、管子与套筒等），因为在焊接前的涂胶在零件匹配时将被挤出，而焊后涂胶，黏性胶可能不能渗入小间隙中去。

为了避免在胶夹层中形成局部脱粘及收缩裂纹，对于硬化时有收缩量的胶［图 4 - 131（a）］不建议用在宽度超过 15 mm 的、太大的间隙上。这种情况下适合采用下陷连接［图 4 - 131（b）］或采用其中一个连接零件的厚度成斜面减小式的连接方式［图 4 - 131（c）］。

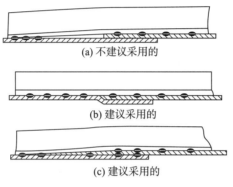

(a) 不建议采用的

(b) 建议采用的

(c) 建议采用的

图 4 - 131　蒙皮与型材的连接

7）建议胶接的结构如图 4 - 132 所示。图 4 - 133 示出了角胶接方案。在蒙皮同紧固型材的连接中（图 4 - 134），建议胶带宽度为蒙皮厚度的 25 倍。

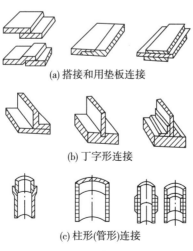

(a) 搭接和用垫板连接

(b) 丁字形连接

(c) 柱形(管形)连接

图 4 - 132　建议的胶接

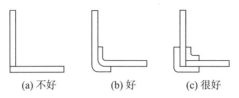

(a) 不好　　　　(b) 好　　　　(c) 很好

图 4 - 133　有一定角的胶接形式

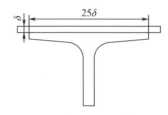

图 4 - 134　同蒙皮粘接时建议的尺寸

4.5.3.8　在飞行器制造业中使用胶焊连接的前景

胶焊连接能保证高强度（静强度和疲劳强度）、密封性、耐蚀性和结构的最小质量。胶焊连接在生产中相对简单且经济，制造大型的胶接壁板和长桁构架的工作量是生产内缝密封的铆接壁板的工作量的 1/3.7，与密封表面铆接的工作量之比为 1/2.5，比非密封铆接劳动量少 20%。胶焊缝制作的成本是内缝密封铆接的 1/2.5，是面密封铆接的 1/2.1。1 m 胶焊接缝的附加增重要比面密封铆接增重少 33.5 g，比内密封铆接少 13.5 g。

在合理采用胶焊连接情况下，能在减少结构质量的同时增加结构的静强度和疲劳强度。

4.5.4　复合材料连接

为了充分发挥先进复合材料在轻质航天飞行器结构上的潜力，无论是胶接还是机械连接都应保证不削弱结构的性能。由于拥有高比强度复合材料纤维的脆性相对较高，因此，在这方面复合材料比传统金属材料存在的问题严重得多。如图 4 - 135 所示，复合材料重新分配载荷的能力非常小，所以复合材料设计中不能像金属材料（拥有屈服阶段）那样采用大量的设计近似。为此需要研究复合材料的连接问题，以提供可靠的设计技术，尤其对于厚截面和多紧固件等设计情况更应引起重视。

在复合材料接头设计中应考虑以下 6 个基本要素：

1）所需传递的载荷；

2）接头传递载荷的区域；

3）连接元件的几何参数；

4）接头所处的使用环境；

5）接头的质量/成本效益；

6）接头的可靠性。

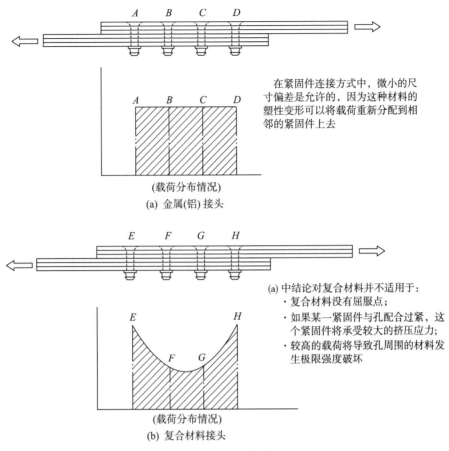

在紧固件连接方式中，微小的尺寸偏差是允许的，因为这种材料的塑性变形可以将载荷重新分配到相邻的紧固件上去

(载荷分布情况)

(a) 金属(铝) 接头

(a) 中结论对复合材料并不适用于：
· 复合材料没有屈服点；
· 如果某一紧固件与孔配合过紧，这个紧固件将承受较大的挤压应力；
· 较高的载荷将导致孔周围的材料发生极限强度破坏

(载荷分布情况)

(b) 复合材料接头

图 4 - 135　金属与复合材料接头的比较

前 4 项属于一般规定，但是从优化角度来讲，还应该满足后 2 项。设计中要决定采用哪一种连接方法：一般情况下，对于低载荷的连接，胶接比较有效；对于高载荷连接，机械连接则比较有效。但复合材料的缺口敏感性对采用紧固件连接的接头效率产生很大的降低作用。

一般而言，楔形和阶梯形接头是效率最高的复合材料接头，在这两种接头内的载荷传递路径变化相对最小；其次是双搭接和单搭接接头，其效率相对要低一些。

为了达到减小结构质量和降低成本的双重目标，应尽可能地限制使用机械连接或胶接接头。对于可拆卸零件或总装时各部件的连接等，需要使用机械紧固件。由于复合材料的性能和特点比较独特，用于连接复合材料结构的大部分紧固件必须与这些材料相匹配，以免出现问题。

4.5.4.1　复合材料机械连接

（1）影响复合材料机械连接强度的主要因素

影响复合材料机械连接接头强度的因素远比金属的多，因此了解这些因素并在设计中加以考虑是很重要的。这些因素可以归纳成以下 5 类：

　1）材料参数：纤维的类型、取向及形式（单向带和编织布）、树脂类型、纤维体积含量和铺层顺序。

　2）连接几何形状参数：连接形式（搭接或对接及单剪或双剪等）、几何尺寸（排距/孔径、列距/孔径、端距/孔径、边距/孔径或厚度/孔径等）和孔排列方式。

　3）紧固件参数：紧固件类型（螺栓或铆钉、凸头或沉头等）、紧固件尺寸、垫圈尺寸、拧紧力矩和紧固件与孔的配合精度。

　4）载荷因素：载荷种类（静载荷、动载荷或疲劳载荷）、载荷方向和加载速率。

　5）环境因素：温度、湿度和介质。

　（2）机械连接几何参数的定义及选择

　机械连接中几何参数的定义见图4-136。为防止复合材料机械连接中出现低强度破坏模式，并使其具有较高的强度，被连接板的几何参数一般应按表4-8选取。

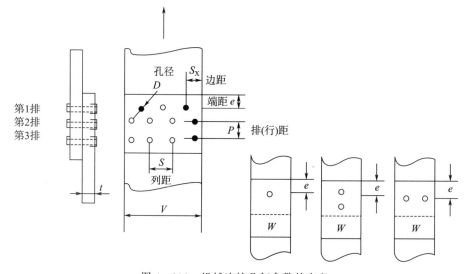

图4-136　机械连接几何参数的定义

表4-8　机械连接中几何参数的选择

列距/孔径 (S/D)	排距/孔径 (P/D)	边距/孔径 (S_X/D)或(W/D)	端距/孔径 (e/D)	孔径/板厚 (D/t)	沉头孔板厚 t
≥5	≥4	≥2.5	≥3	1~2	$t≥0.6D$
5	5	3	3	1~2	$t≥0.6D$

注：1. 以上为建议值，设计中有很多情况，不可能完全遵守；

　　2. 复合材料结构排双排钉的时候，一般不允许交错排列。

　①机械连接形式及其选择

　复合材料结构的机械连接形式按有无搭接板来分，主要有对接和搭接两类；按受力形式分有单剪和双剪两类，其中每类又有等厚度和变厚度两种情况，详见图4-137。

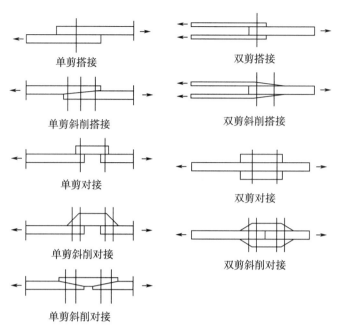

图 4-137　机械连接形式

复合材料机械连接形式的选择应注意以下几点：

1）连接设计宜采用双剪连接形式。单剪形式的连接会产生附加弯曲而造成接头承载能力的减小和连接效率的降低，应尽量避免。

2）不对称连接形式，如单剪形式，推荐采用多排紧固件。紧固件的排距应尽可能大些，使偏心加载引起的弯曲应力降低到最小。应注意到，当用增加层合板厚度的方法增强不对称连接时，随着板厚的增加，偏心导致的附加弯曲应力也变得更大，一定程度上抵消了材料厚度增加所起的增强作用。

3）碳纤维树脂基复合材料的塑性很差，会造成多排紧固件连接载荷分配的严重不均，因此如有可能，尽量不采用多于两排紧固件的多钉连接形式。多排紧固件连接钉孔的安排，应尽可能采用平行排列，避免交错排列，以提高连接强度，特别是疲劳强度。

4）设计合理的斜削型连接可以提高连接强度，不合理的斜削形式的搭接连接的承载能力反而比等厚度连接形式还要差。设计的关键是斜削搭接板厚度和紧固件直径的选择。

②紧固件的选用及对拧紧力矩的要求

适当的拧紧力矩将明显地提高螺栓连接的强度。对不同直径的螺栓，推荐的拧紧力矩值见表 4-9，其他紧固件的拧紧力矩可参照螺栓拧紧力矩的要求。

表 4 - 9　螺栓拧紧力矩 /（N · m）

螺母形式		厚型	薄型	所有类型
螺栓头形式		沉头拉伸型 六方头型	所有类型	沉头剪切型
螺纹直径	M5	3～5	2.3～3.2	2.3～2.9
	M6	5～8	2.9～4.9	3.1～3.9
	M8	10～15	6.4～10.8	10.2～11.3
	M10	18～25	12.3～19.1	10.8～11.9
	M12	25～30		

4.5.4.2　复合材料胶接

（1）胶接基本连接形式

对于飞行器上的板类构件，4 种基本连接形式如图 4 - 138 所示，图 4 - 139 为其他几种板与板和板与型材的连接形式。

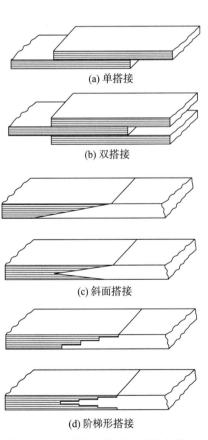

(a) 单搭接

(b) 双搭接

(c) 斜面搭接

(d) 阶梯形搭接

图 4 - 138　胶接连接的 4 种基本形式

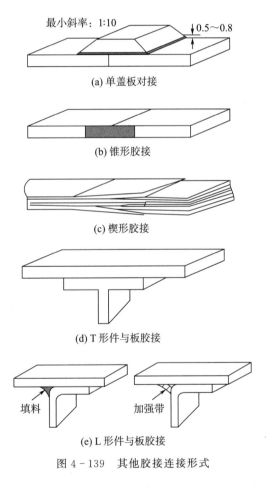

最小斜率：1:10　　0.5～0.8

(a) 单盖板对接

(b) 锥形胶接

(c) 楔形胶接

(d) T 形件与板胶接

填料　　加强带

(e) L 形件与板胶接

图 4 - 139　其他胶接连接形式

当被胶接件比较薄（小于 1.8 mm）时，可采用单搭接。但对于无支撑单搭接连接，由于载荷偏心产生的附加弯矩，在胶接连接的两端可能出现很高的剥离应力，使连接强度降低，因此需要增大搭接长度与厚度之比，使 $L/t = 50 \sim 100$，以减轻偏心效应。当两个被胶接件刚度不等时，偏心效应更大，因此应尽量避免使用单搭接。若单搭接有支撑（如梁、框或肋等），其变形受到了限制，偏心效应减轻，则可将其视作双搭接分析。

对中等厚度板（$L/t \approx 30$），采用双搭接比较合适。

当被胶接件很厚时，宜选用斜面搭接，其搭接角度在 $6° \sim 8°$ 范围内可获得很高的连接效率。但是由于所需角度非常小，工艺上很难实现，因此对厚的被胶接件通常采用阶梯形搭接。阶梯形搭接具有双搭接和斜面搭接两种连接的特性：通过增加台阶数，使之接近于斜面搭接角；每一阶梯胶层接近纯剪状态，同样可获得较高的连接效率。

（2）胶接几何参数选择

胶接几何参数如图 4 - 140 所示。以承受拉伸载荷 P 的等厚度单搭接为例，其连接几何参数为：被胶接件厚度 t，胶层厚度 h 和搭接长度 L。

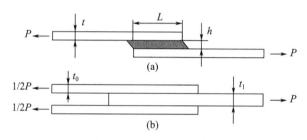

图 4 - 140　连接几何参数

被胶接件厚度 t 通常由需传递的载荷 P 来确定。胶层厚度 h 对连接强度有一定影响：增加胶层厚度可以减小应力集中，提高连接强度；但厚度过大易产生气泡缺陷，反而使强度下降；胶层薄则要求被胶接件间贴合度高，因而胶层也不宜过薄，一般以 $0.10 \sim 0.25$ mm 为宜。

复合材料层合板被胶接表面纤维方向最好与载荷方向一致（或者纤维方向与载荷方向成 $45°$ 角），不得与载荷方向垂直，以免被胶接件过早产生层间剥离破坏。

参 考 文 献

［1］ 阿尔逊 Л. Д，码洛申克 Л. A，沙鲍什尼科夫 B. M.. 评估薄壁结构的强度：机器制造出版社，1974.

［2］ A. Л. 吉梅利法尔勃. 飞机结构设计基础，莫斯科机器制造出版社，1980.

［3］ 别利亚科夫 И. T，巴利索夫 Ю. Д.. 设计飞行器的工艺问题：机器制造出版社，1978.

［4］ 阿列克山德罗夫 A. Я. 泡沫塑料夹心的结构 . M：机器制造出版社，1972.

［5］ 比留克 B. И，黎平 E. K，伏罗洛夫 B. M. 飞机结构的设计方法：机器制造出版社，1977.

［6］ 王戈，刘长军，李效东，等 . 聚合物基复合材料在液氧贮箱中的应用研究 . 宇航材料工艺，2005，1.

［7］ 赵伟栋，张宗强，等 . 低温聚合物基复合材料研究进展 . 宇航材料工艺，2003，5.

［8］ 夏德顺 . 重复使用运载器贮箱的研制状况 . 导弹与航天运载技术，2001，2.

［9］ ROBINSON M J，STOLTZFUS J M，OWENS T N. Composite material compatibility with liquid oxygen. AIAA 97 - 1107：973 - 982.

［10］ Reusable launch vehicle technology development and test program. N 96219049.

［11］ Greg Walton. N 19990025987.

［12］ DORNHEIM M A. Bonding bugs delay X - 33's first flight. A viation Week & Space Technology，N 1999201225：46.

［13］ ACHARY D C，BIGGS R W，BOUVIER C G，et al. Composite development & applications for cryogenic tankage，AIAA 2005 - 2160.

［14］ ROUSSY L，PARCELIER M. Influence of polymeric matrix and fiber on composite materials at low temperatures：Sixth International aerospace planes and hypersonics technologies conference，AIAA95 - 6134. Chattanooga ，1995.

［15］ ABUMERI G H，KOSAREO D N，Roche J M. Cryogenic composite tank design for next generation launch technology. AIAA 2004 - 3390.

［16］ 徐国财，张立德 . 纳米复合材料 . 北京：化学工业出版社，2002.

［17］ 黄锐，王旭，李忠明，等 . 纳米塑料聚合物/纳米无机物复合材料研制、应用与进展 . 北京：中国轻工业出版社，2002.

第 5 章　可重复使用新型航天飞行器机构设计

5.1　概述

航天飞行器机构是指，使飞行器及其部件或附件完成规定动作或运动，在飞行器发射入轨后和返回时实现各种动作或运动，以及使飞行器及其部件或附件处于要求的工作状态或工作位置的机械组件。航天飞行器上的所有机构均与结构系统有众多接口且关系密切，但机构的发展远没有结构成熟，在航天飞行器今后的发展过程中需要不断进行改进和完善。

可重复使用航天飞行器的机构包括舵面传动机构和空间机构两部分。舵面传动机构又称操纵机构，其主要功能是传递驱动装置的输出力来改变作用于机体活动舵面上的力和力矩，用以平衡活动舵面或使舵面产生相应的舵偏角，从而达到控制飞行器姿态的目的。

空间机构主要指可重复使用新型航天飞行器本体上用于在轨执行机械动作的部件，包括运动机构及其伺服控制系统。可重复使用新型航天飞行器上的空间机构一般包括有效载荷舱门机构、太阳电池阵机构和可展收式辐射器机构等。

5.2　传动机构

5.2.1　传动机构功能

可重复使用新型航天飞行器的活动舵面一般可分为副翼、襟翼、尾翼以及阻力板等，以 X-37B 为例，活动舵面由左右副翼、左右 V 尾、体襟翼和阻力板组成，如图 5-1 所示。各传动机构带动相应舵面偏转，实现对飞行器运动姿态的控制：副翼同向偏转控制俯仰，差动偏转控制滚转；体襟翼用于俯仰配平；V 尾同向偏转控制偏航，反向偏转控制俯仰；阻力板用于着陆前的能量和速度控制。

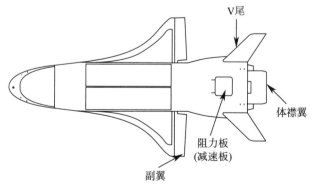

图 5-1　X-37B 活动舵面

5.2.2　传动机构设计

5.2.2.1　驱动方式选取

传动机构按驱动方式可分为直接驱动和间接驱动两种。直接驱动为伺服作动器输出端与活动舵面直接相连，直接驱动活动舵面进行运动，无中间传递环节。间接驱动是伺服作动器推动传动机构运动再带动活动舵面进行运动。直接驱动和间接驱动各有优缺点，如表5-1所示。

表 5-1　舵面传动机构驱动方式对比

	直接驱动	间接驱动
结构型式	简单（运动零部件较少）	复杂（运动零部件较多）
热防护设计	容易	较难
铰链润滑	不需要	考虑及设计内容较多
传动间隙	不需要	考虑及设计内容较多
装配性	好	较差，需有调整环节
可靠度	较高	较低，设计内容较多
功耗	大	小
输出力矩	小	大
机构质量	小	大
驱动精度	高	低

从表5-1中可以看出，两种驱动方案各有优缺点：直接驱动方式通常适用于输出力矩要求小、舵面转速高的情况，间接驱动方式通常适用于输出力矩要求大、舵面转速低的情况。

对于可重复使用新型航天飞行器而言，舵面载荷较大、转速低且舵面偏转范围有限，因此传动机构多选用间接驱动。

5.2.2.2　传动机构方案拟定原则

可重复使用新型航天飞行器传动机构主要用于控制各活动舵面按规定指令运转，根据不同活动舵面的运转形式、安装空间和作用，对传动机构的要求也不同，但在拟定传动机构方案时应遵循以下原则。

（1）采用尽可能短的运动链

采用简短的运动链有利于降低传动机构的质量和制造成本，也有利于提高传动机构的效率和减小积累误差，同时简短的运动链还有利于提高传动机构的可靠性。

（2）优先选用基本机构与成熟方案

基于可重复使用新型航天飞行器特定的工作环境和工作特点，要求传动机构具有高的可靠性。由于基本机构结构简单、设计方便且技术成熟，故在满足功能要求的条件下，应优先选用基本机构。若基本机构不能满足或不能很好地满足活动舵面的运动或动力要求时，则可适当地对其进行变异或组合。

（3）应使传动机构具有较高的机械效率

传动机构的效率取决于组成机构的各传动环节的效率，当传动机构中包含有较低效率的传动环节时，传动机构总的效率就会随之降低。但要注意的是，机构中各运动链所传递的功率往往相差很大，在设计时应着重考虑使传递功率最大的主动链具有较高的机械效率；而对于传递功率很小的辅助运动链，其机械效率的高低则可放在其次地位，注重考虑其他方面的要求。

（4）充分考虑力的传递方式，优先选用拉杆传递

对于可重复使用新型航天飞行器而言，舵面气动载荷往往较大，应根据舵面运动特点充分论证传动机构中力的传递方式，尤其是舵轴的受力。可重复使用新型航天飞行器舵面偏转范围有限，通常为非整周转动，既可采用拉杆传递也可采用扭转传递，应根据舵面功能及布局空间确定力的传递方式，通常优先选用拉杆传递。拉杆传递中拉杆受力形式为拉或压，舵轴不承受扭矩，因此舵轴可设计得细长些，拉杆可长些，使整体刚度高、质量小且效率高。由舵轴承受来自摇臂传递的扭矩：舵轴受扭转，摇臂受弯曲。为了增加刚度且限制舵轴的扭转变形和摇臂的弯曲变形，舵轴直径往往较粗，导致结构质量增加，且传递误差往往较大。

（5）遵循刚度设计和强度校核原则

机构零部件在设计过程中，应按照刚度设计原则进行零件结构与接口形式设计，以保证整个机构系统的传动刚度，降低传动过程中机构零部件变形对运动精度的影响。同时应根据载荷条件对机构零部件进行强度校核。

传动机构的刚度要求主要是基于两个方面的考虑：一是在外载荷的作用下，传动机构各部分会产生弹性变形，导致活动舵面偏转角产生误差；二是传动机构的刚度直接影响舵系统的自振频率，若传动机构的刚度不够，则活动舵面容易发生颤振。但是刚度要求往往与传动机构的质量及零部件尺寸要求相矛盾，两者应综合考虑，在保证传动机构刚度的前提下尽可能使质量最小。

（6）环境适应性设计

可重复使用新型航天飞行器传动机构在空间轨道上不工作，但在长期在轨过程中，空间环境对机构的影响非常大，如润滑、冷热膨胀比和空间离子等。传动机构必须能够适应长期的空间在轨环境；同时在再入段，舵面传动机构要能够承受气动热载荷和长时间大载荷。因此，在设计中应充分考虑机构对空间在轨和再入段的环境适应能力。

（7）高可靠性设计原则

发射入轨段舵面传动机构虽然不工作，但要承受火箭上升产生的振动、冲击和加速度载荷。在再入段过程中，舵面传动机构在气动热载荷下要进行长时间大负载的快速重复运动，出现故障的可能性非常大，因此保证高可靠性是机构设计的首要任务。

5.2.2.3　传动机构构型设计及参数优化

传动机构的构型设计是传动机构设计中极其重要的一环，构型设计的正确和合理与

否，对提高传动机构的运动精度和质量、降低制造成本与维护费用等影响很大，故一个好的构型方案直接决定着传动机构的整体性能。

可重复使用新型航天飞行器控制舵的运动多为绕舵轴、在一定偏转范围内的旋转运动，形式单一，但往往负载较大，因此对传动机构要求具有较高的动态特性和控制精度，通常选用连杆机构。如 X‑37B 副翼、V 尾、体襟翼及阻力板的传动机构均为连杆机构，其机构构型原理图如图 5‑2～图 5‑4 所示。

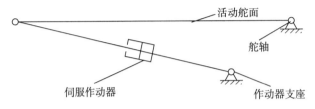

图 5‑2　X‑37B 传动机构构型一

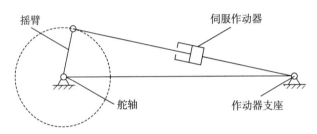

图 5‑3　X‑37B 传动机构构型二

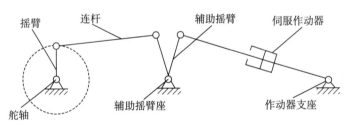

图 5‑4　X‑37B 传动机构构型三

X‑37B 传动机构构型方案一为拉杆式机构，直线伺服作动器直接推动舵面绕舵轴转动；该构型简单直接，伺服作动器直接与活动舵面连接，中间环节少，刚度高，传递效率高。构型方案二为扭转式机构，直线伺服作动器直接推动摇臂，摇臂带动舵轴转动实现舵面偏转；该方案构型为一级传动，传动路线短，活动舵面通过摇臂与伺服作动器连接，摇臂受扭转变形，刚度较构型一低。构型方案三采用双摇臂结构型式，采用直线伺服作动器推动辅助摇臂摆动，辅助摇臂带动连杆推动摇臂，摇臂与舵轴固连，从而实现舵面偏转；该方案传递路线较长，为二级传动，但伺服作动器离舵面较远，可有效实现伺服作动器的热防护要求，以满足伺服作动器的使用环境要求。

确定传动机构构型后，应按照包络范围要求、载荷条件和伺服作动器性能指标完成对舵面传动机构中连杆长度、摇臂长度和支座位置等参数的多轮迭代，选取传力路线合理、运动包络小且满足伺服作动器性能指标的设计方案，固化传动机构尺寸参数。

设计过程中，此项设计内容应与伺服作动器需求分析同步进行，进行综合优化。

5.2.3　传动机构的负载力矩

飞行器上各传动机构在操纵舵面时，要克服空气动力所造成的气动负载，同时还需克服活动舵面自身的惯性力矩以及舵轴转动时的摩擦力矩。其中最主要的负载为舵面的气动负载，即铰链力矩。

铰链力矩是作用在舵面上的气动力相对于舵面铰链轴的力矩 M_j，其值取决于舵面的类型与几何形状、马赫数、仰角或侧滑角以及舵面的偏转，其中以舵面偏转所产生的铰链力矩为主[1]。因此，铰链力矩 M_j 的表达式可近似写成

$$M_j = C_{hj}^{\delta} Q S_{\delta} c_{\delta} \delta_j = M_j^{\delta} \delta_j \qquad (5-1)$$

式中　C_{hj}^{δ} ——铰链力矩导数；

　　　Q ——动压；

　　　S_{δ} ——舵参考面积；

　　　c_{δ} ——舵平均几何弦长；

　　　M_j^{δ} ——单位舵偏角产生的铰链力矩；

　　　δ_j ——舵偏角。

舵面负载铰链力矩不同于一般的负载。由式（5-1）可知，在舵面类型与几何形状一定的情况下，相同舵偏角产生的铰链力矩随飞行状态改变：动压 Q 越大，铰链力矩也越大，而且铰链力矩的方向（即系数 M_j^{δ} 的符号）也随之改变。系数 M_j^{δ} 的符号及大小取决于舵面转轴 O_{δ} 相对于舵面气动力压力中心的位置。通常舵面转轴的位置设置在压力中心的前面，即 $M_j^{\delta} < 0$ [1]。

当动压 Q 增大时，铰链力矩 M_j 急剧增加，超声速飞行时甚至可达到 10^4 N・m 的数量级。对于可重复使用新型航天飞行器，在再入返回阶段是超声速飞行，因此，为了减小铰链力矩，把舵面转轴的位置设置在压力中心变化范围的中间。这样在同样舵面偏转角下，压力中心随马赫数 Ma 的增加由前向后移动，铰链力矩的方向（系数 M_j^{δ} 的符号）也随之改变。当压力中心位于转轴 O_{δ} 后面时，$M_j^{\delta} < 0$，铰链力矩的方向力图使舵面恢复到中立位置；当位于 O_{δ} 前面时，$M_j^{\delta} > 0$，铰链力矩的方向则力图使舵面继续偏转，出现所谓的铰链力矩反操纵现象[1]。

5.2.4　传动机构活动关节

5.2.4.1　轴承选用

轴承是支承轴系的重要零部件，在舵面传动机构中，舵轴轴承为控制舵面提供支承，通过自身的径向和轴向承载能力承担舵面载荷。根据轴承中摩擦性质的不同，可把轴承分为滑动摩擦轴承（简称滑动轴承）和滚动摩擦轴承（简称滚动轴承）两大类。可重复使用

新型航天飞行器传动机构工作环境恶劣，所需响应速度较快，对轴承的要求很高，因此多采用滚动轴承。滚动轴承具有摩擦系数小、功率消耗小、启动阻力小，以及启动容易等优点。常用的滚动轴承有向心轴承、推力轴承、向心推力轴承和向心关节轴承等。

选用轴承时，应考虑以下主要因素：

（1）轴承载荷

轴承所受载荷的大小、方向和性质是选择轴承类型的主要依据。

根据载荷的大小选择轴承类型时，对于较大载荷宜选用滚子轴承，滚子轴承中主要元件间是线接触，承载后的变形也较小；对于较小载荷宜选用球轴承，球轴承中主要元件间为点接触，承受较轻的或中等的载荷时摩擦较小。

根据载荷的方向选择轴承类型时，对于纯径向载荷，一般选用深沟球轴承、圆柱滚子轴承或滚针轴承；对于纯轴向载荷，一般选用推力轴承，较小的纯轴向载荷可选用推力球轴承，较大的纯轴向载荷可选用推力滚子轴承。当轴承在承受径向载荷的同时还有不大的轴向载荷时，可选用深沟球轴承或接触角不大的角接触球轴承或圆锥滚子轴承；当轴向载荷较大时，可选用接触角较大的角接触球轴承或圆锥滚子轴承，或者选用向心轴承和推力轴承组合在一起的结构，向心轴承和推力轴承分别承担径向载荷和轴向载荷。

（2）轴承的调心性能

由于加工误差或安装误差导致当轴的中心线与轴承座中心线不重合而有角度误差，或因轴受力而弯曲或倾斜时，会造成轴承的内外圈轴线发生偏斜。这种情况会导致轴承安装困难。为便于轴承安装可采用具有一定调心性能的调心轴承或带座外球面球轴承。

同时还应根据对舵面传动机构的摩擦力矩要求、运动速度、工作范围及安装方式等因素，完成对轴承的选用。对可重复使用新型航天飞行器，轴承工作在高温环境下，设计时要考虑高温环境下轴承的选用与装配。

5.2.4.2　润滑设计

润滑设计是机构设计的重要内容之一，其一般包括润滑剂的选择、实施润滑的措施及密封结构设计。润滑设计与机构设计不能割裂开来，二者必须同时考虑，否则就不可能完全实现润滑的目的。

（1）润滑的作用

润滑是指在两个活动零件（摩擦对偶件）之间形成低剪切力的薄膜，将两个摩擦对偶件隔开，防止两个表面之间、由相对运动中的直接接触而造成的过度摩擦、磨损或磨耗。

舵面传动机构是由多个活动构件组合而成，活动构件间均存在相对运动的表面。为了保证机构动作满足设计要求和保证机构动作的可靠性及准确性，在相对运动的零部件之间采取润滑措施对于多次重复长期使用的机构尤为重要。润滑对机构运动的性能、维护和成败起着至关重要的作用。

可重复使用新型航天飞行器传动机构在空间环境中保存，在大气再入过程中工作，将承受高温大负载，因此与一般机构的润滑不同，具体表现在：

1) 空间中气体润滑效应消失。在大气中，金属表面存在着气体吸附膜、氧化膜和气体润滑效应，但在真空中，这种吸附膜和氧化膜易被破坏和消失，导致在相对运动的表面间易形成冷焊，造成机构运动失效。应充分考虑空间在轨的热润滑剂的选取。

2) 真空中润滑剂的蒸发。在真空环境中，一般的润滑油或润滑脂急剧蒸发，因此采用液态润滑剂时要进行专门的密封措施或选择能适用于真空环境的润滑剂。

3) 再入过程中运动关节承受着高温大负载，要采用不易蒸发的润滑剂，以避免运动关节出现烧结现象，防止出现很高的摩擦系数。

由于润滑对机构的特殊性和重要性，在设计之初就应把润滑作为舵面传动机构设计的一个特有问题考虑，而不应到了设计的最后才对其进行确定。在舵面传动机构的开始设计过程中就要考虑润滑措施，以保证机构设计的摩擦系数；对采用的润滑材料、润滑工艺和润滑系统进行充分的验证，保证机构在不同使用环境条件下的性能一致性与环境适用性；根据机构的工作环境和工作寿命进行地面试验。

（2）润滑设计的要求

对于舵面传动机构润滑设计，应满足以下要求：

1) 在舵面传动机构的相对运动表面之间应具有适当的润滑能力，以满足机构性能和减小摩擦；

2) 应采用空间在轨及再入环境工作时可用的润滑材料或润滑表面，要对其充分进行试验验证，以保证润滑材料的可用性和高性能；

3) 应改善润滑材料在地面、空间在轨和再入高温大负载下的性能，以保证润滑剂的使用性能，即使润滑剂退化，仍不会影响机构性能或可保证机构的一定性能；

4) 尽量不采用滑动运动副，如果非采用不可，则一个运动表面为硬表面，另一个运动表面应进行相应的润滑或采用自润滑材料，对于直接接触的金属，应采用相异材料；

5) 施加润滑材料时应进行表面清洁，以保证润滑材料在基体表面上的湿润和粘接。但需注意的是，表面清洁不能使润滑剂的润滑作用降低或退化；

6) 润滑剂应满足规定的防汽化要求和防污染要求。

（3）润滑材料

润滑材料主要有 4 种：润滑油、润滑脂、固体润滑材料和自润滑材料。这 4 种润滑材料各有优缺点，其主要性能如下。

1) 润滑油为液体润滑剂，与固体润滑材料相比，其优点是摩擦系数小，可以有效地减少零部件的磨损；使用过程中的噪声低；使用寿命较长；对空气湿度不敏感；导热性能良好。因此，对于多次循环的高速运动情况，应采用液体润滑剂。但润滑油存在缺点：需要在封闭或密闭的条件下，应有防止挥发或离心运动造成损失的应对措施；物理性能对温度敏感，难以进行加速寿命试验；导电性能差；挥发后对其他设备可能造成污染[2]。

2) 润滑脂是一种由稠化剂和润滑液体组成的塑性润滑剂，可以看作是液化的半固体材料，与润滑油相比其具有很多优点：不易损失；在摩擦表面上保持能力良好；没有滴油或溅油现象；对摩擦表面有良好的粘附性；可工作条件广泛，高压、低速、振动及间歇往复运动都可适用。其适用于齿轮传动等场合，但在真空中也会挥发。

3）固体润滑材料具有良好的耐磨性能，其优点是：可承受大负载，有较宽的使用温度范围，可在高真空、低温和强辐射等特殊环境下使用。

4）自润滑材料是一种摩擦系数很低的材料，可直接作为相对运动表面的零件进行润滑，如改性的聚四氟乙烯；也可作为一种润滑材料与结构复合而成的自润滑材料，如聚酰亚胺/MoS_2、Vespel SP_3 等。其可用作滚动轴承、滑动轴承的隔离和滑动材料。

对于可重复使用新型航天飞行器而言，传动机构活动关节要经历冲击、大载荷、真空、高温和高低温交变环境。真空下不能采用液体润滑材料，高温和高低温交变环境下润滑材料容易变质。因此，传动机构活动关节要能够承受冲击、大载荷且耐高温，并且具有自润滑性能，传动机构活动关节多采用固体润滑材料和自润滑材料。固体润滑材料目前广泛采用的是二硫化钼（MoS_2）和聚四氟乙烯聚合物（PTFE），这些材料具有较低的滑动摩擦系数[2]。

5.2.5　伺服传动器

考虑到空间存储和可重复要求，传动机构采用机电伺服作动器。机电伺服作动器分为直线伺服作动器和旋转伺服作动器两类，旋转伺服作动器驱动的传动机构比直线伺服作动器驱动的传动机构结构紧凑，但刚度低且可承载力矩较小。可重复使用航天飞行器各控制舵面负载力矩较大，故多选用直线伺服作动器。

直线伺服作动器有平行式和串行式两类典型的布局方案。平行式布局方案中，伺服电机与丝杠平行布置，通过端部的齿轮减速器驱动丝杠作动器，如图 5-5 所示。这种布局方案的优点为轴向尺寸短，参数设计余地较大；但缺点是较大推力情况下，端部齿轮减速器设计及工艺问题较难解决。串行式布局方案中，伺服电机与丝杠串行布置、同轴安装，如图 5-6 所示。这种布局方案的优点为结构设计难度低，缺点是其轴向尺寸较大。在传动机构的设计中，需根据空间限制、接口形式及载荷工况条件选取合适的伺服作动器。

图 5-5　平行式布局直线伺服作动器

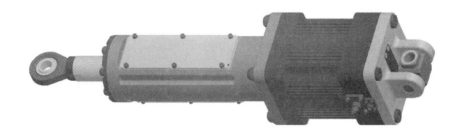

图 5-6 串行式布局直线伺服作动器

5.2.6 传动机构与机身结构的连接设计

传动机构与机身结构连接采用基座形式，基座主要采用的设计原则包括基本设计要求、刚度原则、强度原则及肋板布置原则等。

基座设计的基本要求如下：

1）满足刚度和强度的前提下质量应最小；

2）抗振性能好，受迫振幅应限制在允许范围内；

3）温度场分布合理，热变形对精度影响小；

4）结构设计合理，工艺性好，便于锻造和加工；

5）便于安装与调整，方便维修和更换。

刚度是基座设计最重要的参数，提高刚度的主要措施有：

1）用构件受拉/压代替受弯；

2）合理布置零件的支承，避免出现对刚度不利的受载形式；

3）合理设计零件的断面形状，使基座在相同截面面积下，能有尽可能大的断面惯性矩；

4）正确利用肋板加强刚度，尽可能使肋板受压；

5）用预变形抵消工作时的受载变形；

6）选用合理的结构，如桁架或板结构代替梁结构。

为保证基座的连接刚度，设计时应注意以下几点：

1）改善连接部位的受力状态；

2）合理提高接触面的平面度等级，改善其表面粗糙度；

3）预紧力大于作用力；

4）合理布置螺栓的数量、直径及排列方式等，尽量采用小直径高密度的螺栓连接方式，以提高连接刚度；

5）合理设计肋板的位置、厚度及数量，尽量等刚度布置肋板；

6）对于两个基座之间的、通过螺栓连接的刚度的主要影响因素有：预紧力的大小、参与力传递的接触面大小（接触面越大，接触变形就越小，接触刚度就越高），以及基座的刚度大小。

肋板的作用主要是提高基座的强度、刚度，减小质量，减小截面变形，以及降低振动

及噪声等,所以在设计时要遵循肋板布置原则,具体如下:

1) 提高基座的强度和刚度;

2) 根据材料力学原理,使主材的内力尽量小;

3) 材料尽量少,加工方便且经济;

4) 考虑与基座的弹性匹配,对舵面传动机构的性能影响最小。

5.2.7　传动机构设计考虑因素

在研制阶段,要对舵面传动机构的多个可行方案进行深入分析及全面比较,一般要从方案的成熟性、可靠性、生产经济性、试验及贮存维护的简便性,以及安装操作的方便性等方面进行比较,确定最优方案并开展详细结构设计。

在详细结构设计时,舵面传动机构设计应考虑以下因素:

(1) 冷热结构接口匹配性

飞行器再入时,存在再入气动加载和气动加热,舵面传动机构部分零件工作在高温载荷下。此外,在机构运动过程中,外露于机身外侧的零件结构表面均安装有热防护材料,以保证机构零件能够在高温环境中正常工作。

因此,在机构零件设计中,应考虑机构金属材料与热舵轴及热防护材料的不同热膨胀系数,考虑冷热结构接口的匹配性,以保证在高温环境下冷热结构连接的可靠性。

(2) 制造与装配工艺可行性

对舵面传动机构进行详细设计过程中,机构零件的结构型式、配合形式和装配方式设计应充分考虑机械加工及装配工艺的可行性,在满足设计要求的前提下尽量降低机构实际生产与装配中的操作难度。

(3) 间隙和滞后的影响

在实际舵面传动机构产品中,机构铰链轴系、轴承内外圈和作动器作动轴等部分间都存在一定的间隙,这些间隙引起了重复性误差,降低了机构的运动精度。设计过程中应根据设计要求,在考虑装配可行性前提下尽量减少间隙。

滞后是指舵面传动机构位置缺乏重复性,其是由摩擦和连接点滑动等因素引起的。

间隙和滞后都可以引入非线性现象,对舵面传动机构的运动非常不利。相对于间隙,滞后引起的幅值较小,但由于几乎所有的运动组件都存在滞后,要采取相应措施减小其影响[2]。

(4) 摩擦和噪声的影响

在舵面传动机构中静摩擦大于动摩擦,因此机构开始运动时阻力较大,造成运动滞后,而运动后摩擦的下降又造成过冲。这就会造成机构的随动性,对机构的控制影响较为严重。摩擦力矩的动态变化也会引起高频转动误差,在设计舵面传动机构时要保证伺服作动器有足够的力矩来克服摩擦力矩。

噪声是由于零部件间摩擦或间隙等因素引起的,低频噪声及高频噪声可能会引起机构的抖动[2]。

5.3　空间机构

5.3.1　有效载荷舱门结构与机构

5.3.1.1　概述

类似于 X-37B 飞行器和航天飞行器，有效载荷舱门一般在中舱的有效载荷舱上，为两扇对开式舱门结构。其在发射和返回时关闭、在轨打开，是飞行器上各种任务设备和有效载荷对外工作的窗口。

有效载荷舱门结构与机构一般包括舱门结构、舱门开闭机构、舱门锁紧机构、热控组件和伺服控制系统等。其中热控组件和伺服控制系统由于其功能的差异性较小，一般随大系统进行设计，如针对电池阵、舱门及辐射器等设计一套统一的热控和伺服系统可以减少系统接口和资源的浪费。

根据有效载荷舱门结构与机构的组成和任务剖面，其应具备的一般功能如下：

1) 有效载荷舱门结构与机构主要工作段为在轨无重力环境，应考虑到重力、体积和功耗等因素，其动力部件设计不应考虑地面重力影响，但要求其在地面重力场中能通过零重力设备的辅助进行运动；

2) 舱门结构外层覆盖防热毡，用于再入返回时的气动热防护。舱门表面应满足飞行器对冷、热结构表面的要求；

3) 舱门内表面一般安装有热辐射器，能够相对舱门实现展收动作，舱门结构应考虑对其接口、包络和动态特性等的影响；

4) 舱门应能在轨自动解锁并打开，以支持辐射器、电池阵和有效载荷等设备和仪器的在轨工作；返回时应能自动关闭并锁紧，确保舱门边界对舱体进行密封；

5) 舱门展收机构一般能通过自动流程或地面遥控完成舱门的打开和关闭，在轨打开状态下应能锁定；可保持一定的刚度，以确保打开状态的稳定性；

6) 舱门锁紧机构一般能通过自动流程或地面遥控完成舱门的打开前解锁和关闭后锁紧操作，应能够承受发射惯性载荷和再入气动载荷；

7) 由于有效载荷舱门为可重复使用飞行器的主要入口，考虑到地面故障状态下的飞行器开舱需求，应使舱门具有地面手动机械解锁开启舱门的功能；

8) 有效载荷舱门结构与机构应能满足自然环境、力学环境和空间环境等全任务剖面的环境考核，其中在轨状态下要着重关注机构的热控状态，以确保在太阳辐射和空间冷黑环境下机构及其电气部件正常工作。

5.3.1.2　主要技术问题

借鉴 X-37B 飞行器和航天飞行器方案，有效载荷舱门结构与机构设计主要面对的技术问题如下。

(1) 功能复杂的舱门重复展收与锁紧机构技术

1) 展收机构：飞行器必须能够根据需要随时展开及收拢舱门；两个舱门可独立工

作，也可协调工作；能在任意位置锁定并断电保持；能动态监测舱门运动参数，判断舱门开合状态；舱门关闭时，对接处具备一定的缓冲或补偿功能，以保证舱门关闭紧密且可靠；舱门展收机构驱动与电机单元要求尽可能设计成冗余结构，提高其可靠性；舱门展收机构系统要具备电气限位功能和卡滞检测功能，具有相对智能的故障自检及报错功能。

2）锁紧机构：要在狭小的空间内实现高承载锁紧机构的研制，能够承受发射和再入时的惯性载荷、气动载荷及再入热环境；需要布置若干个锁紧机构，且各机构相互独立工作；有独立的驱动系统，以提高系统可靠性；机构驱动单元、电机及传感器相互独立，以增加系统冗余、提高可靠性；锁紧机构具备电气限位、位置反馈和运动卡滞检测功能，具有相对智能的故障自检及报错功能。

（2）严酷的地面、发射、在轨和返回环境适应性技术

除经受地面的制造、操作、运输、存贮和试验等环境条件以外，飞行器一般还需要经历发射、空间轨道运行和返回地面这三个特殊且复杂的环境条件。地面环境包括自然环境（重力、大气压、温度、湿度、腐蚀和污染等）、制造环境（局部应力、残余应力、局部变形和氢脆等）、操作环境、贮存环境、运输环境以及地面试验环境等。发射过程中，机构将经历声、振动、冲击和加速度等力学环境。轨道环境可分为在轨工作环境和在轨空间环境；在轨工作环境因具体执行任务而定，在轨空间环境包括真空、热辐射、带电粒子（电子、质子及离子）辐射、紫外辐射、中性原子和分子颗粒、微流星和空间碎片，以及磁场和微重力等。返回段需承受极大的气动力和气动热载荷。这些复杂环境对机构性能均有不同程度的影响。在机构内部主要产生机械应力、电应力、热应力和环境应力等。能在复杂恶劣的空间环境中不需进行维修，并能在寿命期间内可靠稳定工作是有效载荷舱门机构重要的特征之一。

（3）热密封与热铰链技术

展收机构在驱动舱门展开和闭合的过程中，舱门需要绕固定转轴旋转，且转轴的位置在飞行器热防护材料外侧。若直接在转轴位置采用固定铰链，则返回段面临高温条件的考验，而该温度在 1 000 ℃ 左右，采用这种方式时如何设计满足再入段苛刻热环境的固定铰链是很大的难点；若采用其他方式，如何既不让实际转轴暴露在防护材料外侧，又能够保证舱门运动轨迹的转轴在外侧是展收机构设计的关键技术问题。

根据美国航天飞行器的飞行数据及仿真结果可知，舱门装置部位在返回过程中的温度约为 700 ℃，为防止热气流从舱门边界处进入舱内，舱门边缘必须设置热密封材料以保护舱内设备。但是有效载荷舱门本身处于机构大开口部位，在此处的舱体刚度较小，初始状态下良好的密封在遇到返回时的载荷会发生变形，这对热密封是非常严酷的考核。如何通过设计和试验对其变形间隙进行评估，对热密封的补偿性进行设计，以及通过试验正确地模拟热密封效果等问题，在可重复使用航天飞行器上将十分关键。

5.3.1.3　设计案例

航天飞机是世界上第一架往返于地球和宇宙太空的航天运载器，其可在轨停留 7～

30 天。

　　航天飞机整个机身分为前（forward fuselage）、中（mid fuselage）、后（aft fuselage）三个部分，如图 5-7 所示。有效载荷舱门（payload bay doors）安装在中机身上，分为两扇——左舷舱门（port）及右舷舱门（starboard）。

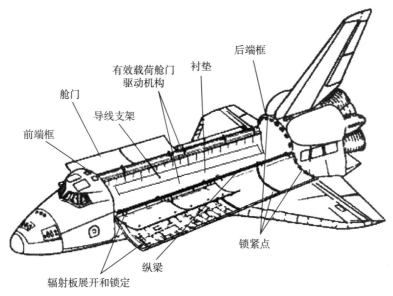

图 5-7　航天飞机有效载荷舱门结构图

航天飞机有效载荷舱门设计参数要求如下：

1）可以使用 10 年并执行 100 次飞行任务；

2）可以适应热/冷结构的变形，保证热/气密封；

3）能够在结构变形、偏移、未对准、有摩擦以及安装热/气密封件的情况下锁闭；

4）在进行热控措施的情况下能够适应 -110.6～+171.1 ℃的温差；

5）舱门锁闭机构能够在 -73.3～+121.1 ℃的温度下工作。

　　航天飞机舱门长为 18.28 m、弦长为 3.04 m、直径为 4.57 m、面积为 148.64 m² 。除最前部为 2.54 m 外，舱门轮廓不变。

　　舱门重复锁紧机构有 32 个锁紧点，其中 16 个布置在两舱门间，8 个布置在前端框，8 个布置在后端框，如图 5-8 和图 5-9 所示。

　　每扇舱门由 5 段组成，除了 55.9 cm 的尾部外，各段均由圆周膨胀接点连接，前部 9.15 m 的舱门内装有可展开的辐射器，辐射板是铰接锁定在舱门内表面上的。前部辐射板可在轨道中展开，其由机电作动系统操纵（开锁、闭锁、伸展和收回）；后部的辐射板是固定的。

　　舱门关闭后被锁定于前部及尾部隔板和顶部中线处。闩锁系统由 8 组闩锁机械装置组成，每组各由 4 个闩锁以及相应的直角横杆、推杆、旋转杆、滚轴和 1 台机电作动器组成。此外在每扇舱门和 4 个膨胀接点上各有 5 个用来连接舱门段的惰性抗剪销钉。沿舱门顶部中线装有 4 个抗剪紧固连接件，前 4 段各 1 个。

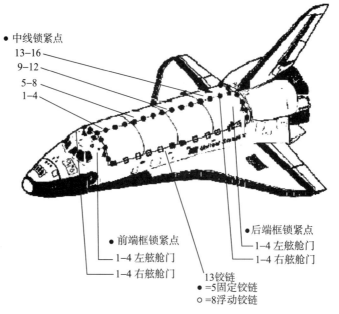

图 5-8　舱门锁紧点布局

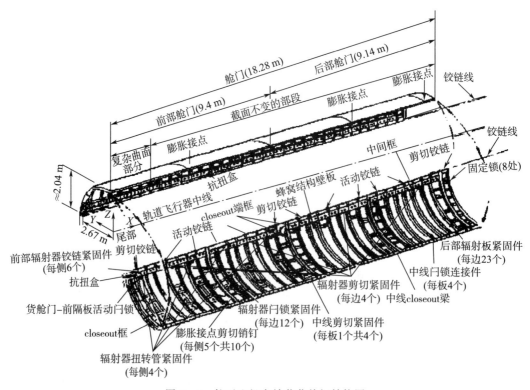

图 5-9　航天飞机有效载荷舱门结构图

舱门关闭时也被固定在尾部机身隔板上，但允许在前段机身处沿纵向移动。舱门亦可承受扭转载荷、气动压力载荷和有效载荷舱排气的滞后压力。

舱门的主要结构是复合材料蜂窝/框架结构，面板由石墨/环氧树脂带和纤维方向为 0°/±45°/0°的石墨/环氧树脂织物组成，每张蒙皮的总厚度为 0.040 6 cm，Nomex 蜂窝芯高为 1.52 cm，外蒙皮粘接有 200 mm×200 mm 的铝丝避雷网。舱门共有 28 个中间框，其中包括 8 个膨胀接点 closeout 框，1 个前部 closeout 框，1 个后部 closeout 框。舱门框架由多层石墨/环氧树脂浸渍增强织物构成，如图 5-10 所示。

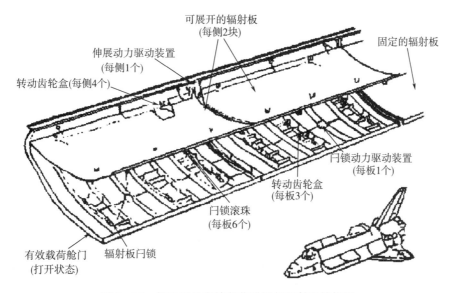

图 5-10　航天飞机有效载荷舱门与辐射器结构图

前后舱界面、舱门顶部中线和圆周膨胀接点处均嵌有热密封件和压力密封件。舱门外表面覆有可重复使用绝热物。

舱门可承受 163 dB 的噪声以及 −112～+57 ℃的温度变化。

航天飞机有效载荷舱门热密封采用外层热障密封和内层气压密封件的复合密封方式，主要密封材质为石英纤维和硅橡胶。密封的部位主要包括：2 扇舱门对接处、舱门与舱体隔壁之间、舱门与纵梁之间和舱门部件之间膨胀连接件。

航天飞机上升及再入过程中，最外层的热密封件承受的最高温度不得超过 315 ℃。考虑到隔热系统的作用及航天飞机铝制的主结构，在此过程中舱门气密件承受的最高温度可能在 200 ℃左右。航天飞机在轨时低温环境较为突出，据历次飞行数据显示舱内最低为 −106.7 ℃，最高为 126.7 ℃。而且在同一姿态时，舱内各部位温差较大，所以对于密封件的温度适应能力要求十分苛刻。

由于航天飞机舱门面积较大，所经受的外界温度变化跨度宽，因此，在航天飞机飞行过程中舱门热胀冷缩尺寸变化幅度大。从图 5-11 中可以看出 2 扇舱门在室温下并不是紧密连接的，在中间留下了供膨胀占用的缝隙。舱门在开启时，右舷舱门首先打开；关闭时则相反，右舷舱门最后关闭。

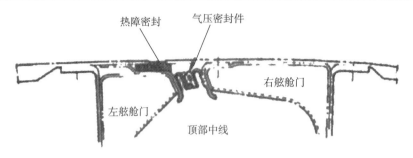

图 5-11 2 扇舱门对接处密封结构图

对接处密封包括 2 类密封件：外层的是热障密封，内层的是气压密封件。热障密封由石英纤维紧密排列组成，外形类似刷状；据推测气压密封可能是硅橡胶中空的管状密封条，其能够进行大比例的压缩，其应力—应变曲线比较平坦。

图 5-12 所示为有效载荷舱门与前舱体隔壁之间的密封结构，同时还包括热障密封和气压密封件。

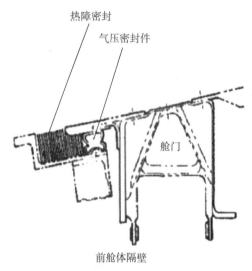

图 5-12 舱门与前舱体隔壁之间的密封

舱门与纵梁之间的密封结构见图 5-13。在纵梁上安装有合页，由于合页外部有防热保护，为了不影响舱门的运动，热障密封在合页处需断开。

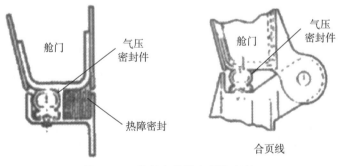

图 5-13 舱门与纵梁之间的密封

5.3.2　太阳电池阵机构

　　太阳电池阵是航天飞行器的发电装置，由太阳电池电路和太阳电池阵机构两部分组成。太阳电池阵具有质量功率比高、寿命长及可靠性好等特点，因而在空间技术中得到广泛应用。由于航天飞行器目前尚无其他更为理想的电源可供选用，除采用高效且大容量的蓄电池外，大部分还是依靠太阳电池阵作为其主要电源。

　　以卫星和空间站为代表的航天飞行器任务流程均为单次发射，并不要求多次往返。因此，国际上大部分太阳电池阵机构均通过火工品保持入轨前收拢锁紧，入轨后通过剪断火工品、释放扭簧弹性势能实现打开，因此只能进行单次展收，不具备重复展收能力。但随着近年来以美国 X - 37B 为代表的可重复使用新型航天飞行器技术的发展，太阳电池阵机构必须具备可重复展收与锁紧能力。可重复展收太阳电池阵机构作为一项新技术正在逐步成为未来研究的发展方向。

　　此处重点以 X - 37B 可重复展收太阳电池阵机构为例进行介绍。区别于传统太阳电池阵，可重复展收太阳电池阵机构运动关节均采用电机驱动，采用非火工品压紧方案。为了满足舱内收拢及舱外展开的功能要求，可重复展收太阳电池阵机构一般由基板与板间展收机构、伸展机构、对日定向机构及压紧释放装置串联而成，详见图 5 - 14 及图5 - 15。

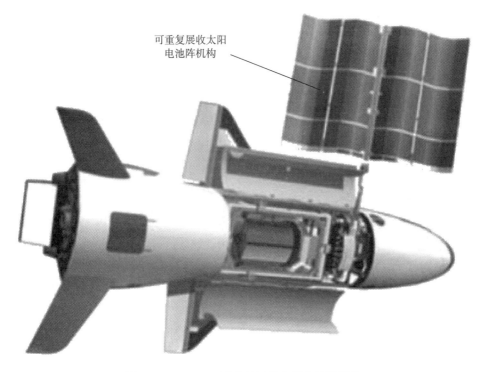

图 5 - 14　X - 37B 可重复展收太阳电池阵机构

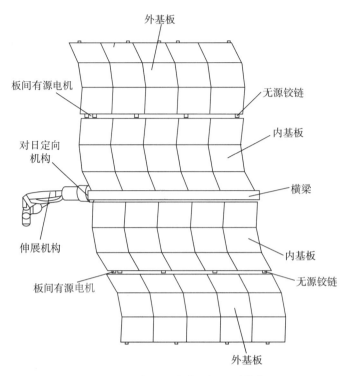

图 5-15   太阳电池阵基板展开状态

5.3.2.1   基板与板间展收机构

太阳电池阵基板为刚性基板,由碳纤维网格面板和铝蜂窝组成。依照飞行器外形,太阳电池阵基板采用了多折异面构型。根据功率需求,为保证电池片贴片的面积大与收拢包络小的双重需求,基板沿横梁设计为两侧多层基板对称折叠形式。

横梁与太阳电池阵内基板,内基板与外基板间采用板间展收机构,用于实现基板之间的重复展开与折叠。每套板间展收机构由板间有源电机和无源铰链构成。板间有源电机为基板间相对旋转提供驱动力,无源铰链在保证基板间连接的同时跟随板间有源电机一起转动,如图 5-15 所示。

5.3.2.2   伸展机构

伸展机构(图 5-16)是一个四连杆机构,由上臂、下臂、连杆、基座及驱动电机组成,负责整个太阳电池阵在飞行器舱内位置固定、转移及舱外位置固定。其能够带动整个太阳电池阵在二维平面内展开,并将太阳电池阵从舱内转移至舱外。

此四连杆机构采用 1 个电机驱动,在二维空间内完成类似于人手臂肘关节与肩关节同时转动的运动,其传动环节少;同时在电机不工作情况下,机构在极限位置具备自限位功能,避免了额外设计限位结构,使构造简单,能可靠地应用于太阳电池阵的在轨展收运动。

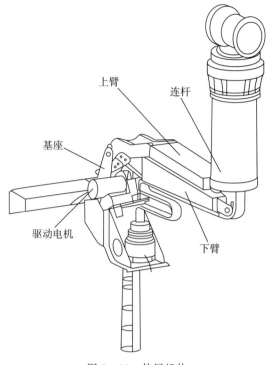

图 5 - 16　伸展机构

5.3.2.3　对日定向机构

对日定向机构（图 5 - 17）为两自由度驱动指向机构，包括 A 轴驱动关节和 B 轴驱动关节，两个驱动关节正交布置，以保证太阳电池阵可通过双轴转动实现太阳光的垂直入射。其中 A 轴驱动关节可实现 360°旋转，B 轴驱动关节可实现有限角度范围旋转。每个驱动关节由轴承组件、电机、传动组件、位置传感器、速度传感器及相应的结构本体组成。

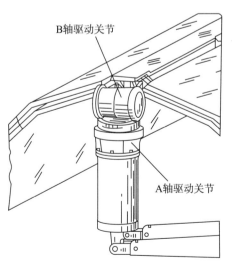

图 5 - 17　对日定向机构

5.3.2.4   压紧释放装置

　　可重复展收太阳电池阵机构的压紧释放装置采用被动限位的方式，具体是在飞行器结构两侧的主梁上安装限位块，每侧各 4 个。当太阳电池阵收拢到飞行器舱内时，太阳电池阵基板搭接在飞行器两侧的 8 个限位块上（图 5 - 18），利用飞行器有效载荷舱关闭时舱门对太阳电池阵基板顶部的压力实现对太阳电池阵机构的压紧。当舱门打开后，太阳电池阵机构的压紧状态解除。

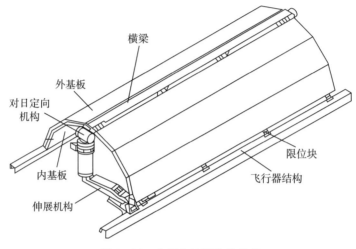

图 5 - 18   太阳电池阵收拢状态

参 考 文 献

［1］ 吴森堂，费玉华．飞行控制系统．北京：北京航空航天大学出版社，2005.
［2］ 陈烈民．航天器结构与机构．北京：中国科学技术出版社，2005.

第6章　可重复使用新型航天飞行器结构疲劳和损伤容限设计

6.1　疲劳设计

结构在重复载荷作用下经常因疲劳而产生裂纹，最终导致疲劳破坏，这种因循环应力或交变应力而使材料抵抗裂纹扩展和断裂能力减弱的现象，称为疲劳。

疲劳破坏一般有以下特征：

1）在交变载荷作用下，构件交变应力远小于材料的静强度极限（σ_b）的情况下破坏就可能发生。

2）不管是脆性材料或塑性材料，疲劳断裂在宏观上均表现为无明显塑性变形的突然断裂，其属于低应力类脆性断裂，故不易察觉，并具有更大的危险性。

3）疲劳破坏是一个累积损伤的过程，要经历一定的时间历程，甚至是时间历程很长。疲劳破坏过程实际由3个过程组成：裂纹形成、裂纹扩展和快速断裂。

4）疲劳破坏常具有局部性，并不涉及到整个结构的所有细节和部位。因此改变局部设计，就可延长结构寿命，并不需要更换结构全部材料或修改其他细节设计。

5）疲劳破坏断口在宏观和微观上均有其特征，特别是宏观特征在外场目视检查时即能进行观察，借此可判断断口是否属于疲劳破坏。

了解疲劳破坏的特征，对结构的疲劳设计有很大的帮助。

6.1.1　材料疲劳性能曲线

疲劳失效以前所经历的应力或应变循环次数称为疲劳寿命，一般用 N 来表示。为了评价与估算疲劳寿命，需要利用反映材料基本疲劳强度特性的 S-N 曲线，典型的 S-N 曲线如图 6-1 所示。

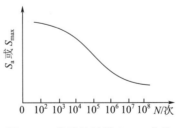

图 6-1　典型的材料 S-N 曲线

S-N 曲线是指存活率为 50% 的中值寿命的曲线，以公式的形式可确定材料的 S-N 曲线，较常见的经验公式有以下几种。

（1）指数函数公式

$$N \times e^{aS} = C \tag{6-1}$$

式中　a 和 C——取决于材料性能的材料常数。

式（6-1）两边取对数，可得

$$aS\lg e + \lg N = \lg C \tag{6-2}$$

或进一步改写成

$$xS + \lg N = b \tag{6-3}$$

其中

$$x = a \cdot \lg e$$
$$b = \lg C$$

由此可见，指数函数的经验公式相当于在半对数坐标图中 S 与 $\lg N$ 成线性关系。

（2）幂函数公式

$$S^a \times N = C \tag{6-4}$$

式中　a，C——取决于材料性能的材料常数。

式（6-4）两边取对数，可得

$$a\lg S + \lg N = \lg C \tag{6-5}$$

可见，幂函数的经验公式相当于在双对数坐标图中 $\lg N$ 和 $\lg S$ 成线性关系。

图 6-2 中把一条 $S-N$ 曲线分成了三段，具体包括低循环疲劳（LCF）区、高循环疲劳（HCF）区以及亚疲劳极限（SF）区。低循环疲劳问题的研究在工程中有着很大的实际意义，因为许多实际结构，如核压力容器及航空发动机等就存在着低循环破坏现象。

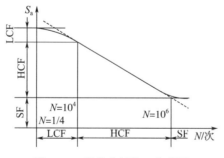

图 6-2　疲劳破坏的三个范围

6.1.2　疲劳特性图

由 $S-N$ 曲线可以看出 S_{max} 的数值越高，疲劳破坏的循环次数就越少。事实上，这是对一定的应力状况（即一定的平均应力 S_m 或一定的循环特征 R）而言的。图 6-3 所示为 2A12CZ 铝合金板材的 $S-N$ 曲线，当 S_{max} 值一定、平均应力 S_m 或循环特征 R 不同时，疲劳破坏的循环次数是不同的。由于工程实际应用时常常需要对应于一定应力状态下材料的疲劳特性，因此常通过试验做出材料在不同应力状况下的等寿命曲线 [也称古德曼（Goodman）图]，图 6-4 就是一个这样的例子。

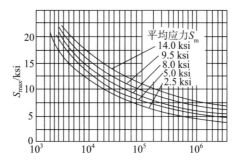

图 6 - 3   2A12CZ 板（$\delta=1$ mm）的 $S - N$ 曲线

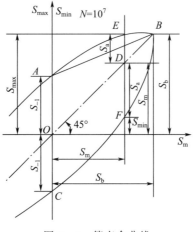

图 6 - 4   等寿命曲线

图 6 - 4 中曲线 ABC 所包围的区域表示，在规定的寿命（$N=10^7$）内，材料不会发生破坏。

等寿命曲线还常常绘制成如图 6 - 5 所示的 $S_a - S_m$ 曲线的形式。这种曲线的形式更清楚地表明了应力幅 S_a 随平均应力 S_m 变化的情况。其反映了在给定的某一疲劳寿命下，循环应力中两个应力水平分量（应力幅 S_a 和平均应力 S_m）之间的关系，因此等寿命图又常称为 $S - S$ 图。

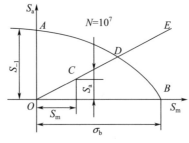

图 6 - 5   等寿命曲线形式二

在 $S_m > 0$ 的情况下，S_m 增大、S_a 减小。在曲线 ADB 下面的区域内的任何一点都表示在规定寿命（$N = 10^7$）内不发生破坏。如图中的 C 点，在其对应的平均应力和应力幅下循环加载，材料直到 $N = 10^7$ 都不会发生破坏。若在曲线 ADB 上任一点对应的平均应力和应力幅循环加载，则恰好在规定的寿命时破坏。应该指出的是，这种说法只是为了说明等寿命曲线的意义，没有涉及试验结果的分散性。我们规定了一个比值 $A = S_a / S_m$ 作为应力变化的特征，在 S_a-S_m 图上可以看出，由原点 O 出发画的任何一条直线，在其上面的所有点（图 6-5 中的 C、D 和 E 点），其比值 A 都是相同的。

材料的等寿命图可根据试验结果绘制，工程上也常用经验公式表示材料（光滑试件）的等寿命图，其主要有以下几种形式。

1）抛物线公式［也称杰波（Gerber）公式］，即

$$S_a = S_{-1} \left[1 - \left(\frac{S_m}{\sigma_b} \right)^2 \right] \qquad (6-6)$$

2）直线公式［即古德曼（Goodman）公式］，即

$$S_a = S_{-1} \left(1 - \frac{S_m}{\sigma_b} \right) \qquad (6-7)$$

3）对于塑性材料，有时把材料受到的应力达到屈服极限 σ_S 作为破坏的标志，于是工程上就把式（6-7）进一步改写成为如下形式

$$S_a = S_{-1} \left(1 - \frac{S_m}{\sigma_S} \right) \qquad (6-8)$$

这一经验公式也称为索德柏格（Soderberg）公式。

以上三种经验公式的关系可由图 6-6 表示出来。

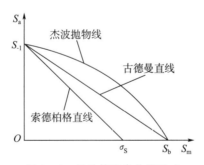

图 6-6　几种等寿命曲线形式

在结构的抗疲劳设计中，为了把材料的疲劳性能更清楚、更全面地反映出来，常常利用所谓的典型疲劳特性图（图 6-7）。

6.1.3　影响疲劳强度的因素及相应措施

6.1.3.1　影响疲劳强度的因素

结构在一定的载荷作用下会发生破坏，这是在静强度和疲劳强度中都存在的问题，但是两者的载荷条件和破坏情况是有原则性区别的，这就是疲劳强度问题区别于静强度问题

的特殊性。应力集中、腐蚀和温度等对材料的静强度和疲劳强度都有影响，但是对其影响的情况和程度是不一样的。零件表面的粗糙度和零件尺寸的大小对零件的静强度（σ_b）没有什么明显的影响，但是对于零件的疲劳强度则必须考虑这些因素的影响。

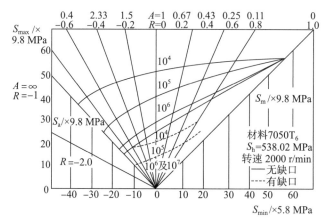

图 6 - 7　典型疲劳特性图

影响结构疲劳强度的因素很多，概括起来有以下几个方面。

1）工作条件。

· 载体特性（应力状态、循环特征及高载效应）；

· 载荷交变频率；

· 使用温度；

· 环境介质。

2）几何形状及表面形状。

· 尺寸效应；

· 表面粗糙度，表面防腐蚀性能；

· 缺口效应。

3）材料本质。

· 化学成分；

· 金相知识；

· 纤维方向；

· 内部缺陷。

4）表面热处理及残余内应力。

· 表面冷硬化；

· 表面热处理；

· 表面涂层。

通过长期的生产实践和科学试验，人们对影响疲劳强度的众多因素有了一定的认识，并且还在不断地扩大和深化这些认识。本节将简要讨论一些较常遇到的影响疲劳强度的主要因素。

（1）应力集中的影响

在实际构件中，由于结构上的要求，一般都存在截面变化、拐角和孔等。在这些形状变化处，不可避免地要产生应力集中，而应力集中又必然使零件的局部应力提高。当构件承受静载荷时，由于常用的结构材料都具有一定的塑性，因此在破坏发生以前会有一个宏观塑性变形过程，使构件上的应力重新分配，自动趋于均匀化。因此，应力集中对于构件的静强度没有太大影响。而疲劳破坏时的情况则完全不同，截面上的名义应力尚未达到材料的屈服极限，因此破坏以前不产生明显的宏观塑性变形，不会出现像静载荷破坏前那样的载荷重分配过程。这样便使得构件的疲劳强度主要决定于最大应力附近的局部应力情况，故应力集中处的疲劳强度往往比光滑部分低，成为构件的薄弱环节。因此，在疲劳设计时必须考虑应力集中效应。

（2）尺寸效应

试件和构件的尺寸对其疲劳强度影响极大。一般来说，构件和试样的尺寸增大时，其疲劳强度降低。这种疲劳强度随构件尺寸的增大而降低的现象称为尺寸效应。引起尺寸效应的因素很多，归纳起来可分工艺因素和比例因素两大类。

大型构件的铸造质量一般都比小型构件差，存在的缺陷比小型构件大且多；大截面零件的锻造比或压延比都比小型构件小；大型构件热处理时的冷却速度比小型构件小，淬透深度也比小型构件小；大型构件机械加工时的切削力及切削时的发热情况也都与小型构件不同。上述情况都使大型构件的疲劳强度较小型构件低且差。这便是工艺因素引起尺寸效应的原因。

此外，应力梯度也是尺寸效应的成因之一。当构件上的应力分布不均匀、存在应力梯度时，相比于外层，其内层的应力较低、位移较小、对其外层有支持作用的晶粒所阻滞，因而弯曲试样中的应力并非直线分布，外层有一水平地段。这样，假设大小试样在疲劳破坏时水平地段的深度相等，则由于小试样的应力梯度较大，使由直线分布计算出的名义弯曲应力比水平地段应力（等于均匀分布时的疲劳极限，即拉压疲劳极限 σ_{-1}）高出很多；而大试样的应力梯度较小，从而其名义弯曲应力比拉压疲劳极限的高出量较少。这样，大小试样疲劳破坏时的名义弯曲应力便有所不同：小试样较高，大试样较低，因而产生了尺寸效应。

（3）表面质量的影响

疲劳裂纹常常从零件的表面开始，因为最大应力一般发生在零件表面层，并且在表面层缺陷也往往最多。所以，金属零件的表面层状态对疲劳强度会有显著的影响。通常表面层状态是指表面加工粗糙度、表面层的组织结构及应力状态等。

大量试验研究结果指出，试件的表面粗糙度对疲劳强度有一定影响。通常疲劳强度随表面粗糙度的提高而增加；反之，如果表面加工越粗糙，疲劳强度的降低就越严重，而且通常这种影响对强度越高的钢就越明显。表面粗糙度对疲劳强度的影响可用表面敏感系数 β 来表示

$$\beta = \frac{\text{某加工试件的疲劳强度}}{\text{精抛光试件的疲劳强度}}$$

图 6-8 是在几种不同加工方法下，表面敏感系数随强度极限 σ_b 的变化情况。从图可以看出，σ_b 越高，就越需要注意表面加工的粗糙度。如果我们使用高强度优质合金钢但不注意其表面粗糙度，就会使优质钢白白浪费掉。

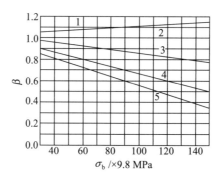

图 6-8　几种加工方法的 β 随 σ_b 的变化

1—抛光（$Ra<0.050$）；2—磨削（$0.100<Ra<0.20$）；3—精车（$0.40<Ra<1.60$）；

4—粗车（$3.2<Ra<12.5$）；5—轧制（未加工表面）

对于轻金属合金，其表面加工质量对疲劳强度的影响与钢类似。值得强调的是，钛合金材料表面加工质量对疲劳强度的影响非常敏感。表面质量系数对材料 $S-N$ 曲线的修正方法与应力集中系数 K 以及尺寸影响系数相同。

（4）使用环境的影响

可重复使用新型航天器的载荷剖面多样且使用环境恶劣，并对构件疲劳强度有着不可低估的影响，因此，越来越多的学者开始将各种环境下的疲劳问题作为一些特殊疲劳问题来研究，并得到了一些极为有用的结论，下面就一些重要的环境因素对疲劳强度的影响分别作简要介绍。

①腐蚀疲劳

材料在循环应力和腐蚀介质联合作用下引起的疲劳破坏，称为腐蚀疲劳。

腐蚀作用使金属表面变粗糙，形成很多坑穴或缝隙等应力集中点，因此，材料承受变应力的疲劳强度就大大降低。应该指出的是，交变应力作用的同时又受腐蚀的情况对疲劳强度的不利影响更为严重。对于腐蚀疲劳，叠加原理是不适用的，因此材料对于复合环境的基本抗力主要取决于材料对腐蚀的抗力。这也就是说，增加材料对腐蚀的抗力比增加其疲劳强度更为重要。

腐蚀对疲劳强度的影响可用腐蚀系数 β_2 来表示

$$\beta_2 = \frac{\text{腐蚀环境下材料的疲劳极限}}{\text{空气中光滑试件的疲劳极限}}$$

腐蚀疲劳强度与腐蚀介质的种类有很大关系。试件在空气中和在真空中的疲劳强度有很大的差别。这表明，从某种意义上讲，空气也是一种腐蚀介质。我们通常所说的在空气中（实验室内）做试验，是指在干燥的空气中进行的试验，此时空气的腐蚀作用比较小。即使同一种腐蚀介质，若作用的方式不一样，金属腐蚀疲劳强度也会不同。如一个试件完全浸在盐水中做试验，用浸透盐水的湿布贴在试件表面做试验，以及试件在盐雾中做试验，这三种情况下的腐蚀疲劳强度都不一样。在盐雾中做试验的试件疲劳强度最低，这与盐雾中含氧比较多有关。

腐蚀是一个过程，所以腐蚀疲劳强度与腐蚀介质作用的时间有关系，也就是说，试验频率对腐蚀疲劳强度有很大影响。频率越低，腐蚀疲劳强度就越小，这与普通疲劳是不同的。腐蚀疲劳与应力腐蚀也不一样，在各种腐蚀环境下疲劳强度都要降低；并且其不像应力腐蚀那样存在阈值，随着循环次数的增加，腐蚀疲劳强度将不断降低。因此，在腐蚀环境下的疲劳强度一般是指在某一频率和循环次数下的疲劳强度。

②擦伤疲劳（微动疲劳）

腐蚀疲劳中的一种特殊形式是：在重复载荷作用下，互相接触的表面存在着相对运动，而这种相对运动是有限的，其相对位移量很小（如几十微米）。这种情况下的腐蚀疲劳被称为擦伤疲劳、擦伤腐蚀或磨蚀疲劳，也可称为微动疲劳或微动擦伤疲劳。凡是存在接触表面的工程结构，配合零件之间的小量相对位移都会发生擦伤疲劳。因为擦伤疲劳与装配应力、偏心及表面残余应力等多种因素有关，所以通常不易进行理论计算。目前，研究其的主要方法是试验。

从擦伤的机理来看，擦伤同零件之间的相对位移有密切关系。另外，擦伤同氧化过程有关，所以氧气的存在会加快擦伤疲劳。因此要防止或减轻擦伤疲劳可以从以上两方面考虑并采取措施。阻止构件之间的相对运动可以防止擦伤，故对于不动的连接件，若采用干涉配合或预紧力可以防止擦伤。在部分可重复使用新型航天飞行器的连接件中，常在两个贴合面间填以塑料垫片或多层铝箔胶合整片，以及在耳孔内使用干涉配合的衬套等，这些都是防止擦伤疲劳的有效措施。在相对运动的零件之间还可以加润滑油，一方面可以减小摩擦系数，另一方面可以防止氧化，从而减小擦伤疲劳的影响。另外，采取表面加强化工艺，使表面造成残余压应力（如表面液压或钢的渗氮等），这样也可以大大改善抗擦伤疲劳性能。在有振动情况下，虽然载荷不大，但由于频率相当高，其引起的擦伤疲劳是非常严重的，所以消除或减小振动也是防止擦伤的重要措施之一。

③热疲劳

在可重复使用新型航天飞行器结构中，由于气动加热及发动机开车和停车等原因，结构或构件内存在温度梯度。由于航天飞行器结构是一个高度静不定结构，其会限制构件的自由膨胀和收缩。并且在一个零件上，由于温度梯度的影响，一部分材料会约束另一部分材料的变形，这样在交变的温度作用下会引起交变的热应力，从而使构件产生疲劳破坏。为了与前面所讲的高温疲劳区别，把这种由交变热应力引起的疲劳破坏称为热疲劳。在高温时发生的疲劳破坏有相当大的部分是由这种热疲劳引起的。

决定抗热疲劳性能的重要因素有热膨胀系数 α、热传导率 K 和材料对交变应变的抗力。热膨胀系数大不利于减小温度梯度，而热传导率 K 高有利于减小温度梯度。材料能抵抗的交变应变分为弹性部分和塑性部分。弹性应变变程与疲劳强度成正比，即和抗拉强度密切有关；而塑性应变变程与延性有关。在几百次（或更少次数）的低循环情况下，塑性材料的塑性应变变程比弹性应变变程大；但在较高循环次数的情况下，弹性应变变程占主要部分。热疲劳大都属于大塑性应变的低周疲劳，与室温下的低周疲劳相比，需考虑的因素更多，如在高温下应力和应变的松弛等因素；若在更高的温度下，还得考虑材料的氧化及融化等现象。

④声疲劳（噪声疲劳）

可重复使用新型航天飞行器结构因受到高声强噪声的激励而产生振动，即为声疲劳问题（有附面层噪声、尾流噪声和冲击波等）。在这种高声强（140～150 dB）的声环境下，如果不采取措施会使有关部位的结构很快发生疲劳破坏，例如在喷气发动机尾喷管和钢机尾罩上的裂纹，就是由于声疲劳所引起的。目前采取的措施，一方面是为减声，另一方面是增加受力结构的阻尼（常用夹层胶合蒙皮或蜂窝夹层结构等），以将交变应力控制在安全的幅值以内。

以上介绍了影响疲劳强度的一些较常遇到的因素，事实上，影响疲劳强度的因素还有很多。除了前面已经讨论过的一些因素以外，还有些不可忽略的因素，并且有些因素目前还无法完全清楚描述，或做出明确的、规律性的定量分析，有待于深入研究。

6.1.3.2 提高疲劳强度的措施

我们对影响疲劳强度的因素有了认识以后，重点不在于我们能够去解释这些因素，而是要运用这些认识去指导我们的实践。这里仅就与使用维护有关的方面作一介绍。

（1）减缓局部应力

由于应力集中是影响疲劳强度的主要因素，因此减缓局部应力是提高构件疲劳强度的一项重要措施。在维护使用中减缓局部应力的方法，主要是增大圆角半径和打止裂孔。

①增大圆角半径

减缓局部应力的一般原则是：防止截面有急剧的变化；当这种变化不可避免时，应保证在变化区有足够的圆角半径。

②打止裂孔

当构件上出现疲劳裂纹之后，为了减缓裂纹尖端的局部应力，较为有效的办法是打止裂孔。由疲劳裂纹扩展规律可知：疲劳裂纹在达到临界裂纹之前，扩展是缓慢的；一旦超过临界裂纹长度之后，裂纹即以声速瞬时撕毁结构。因此，一旦出现裂纹就面临两个任务，一是如何制止裂纹缓慢扩展，二是如何防止裂纹瞬时扩展。打止裂孔是为了解决前一个问题，对于后一问题则需要采用专门的止裂装置。

打止裂孔之所以能减缓裂纹尖端的局部应力、制止裂纹缓慢扩展，主要是因为孔增大了裂纹尖端的曲率半径，降低了应力集中跨度（图6-9）。同时，其又钻掉了裂纹尖端的塑性区。这样就消除了裂纹缓慢扩展的条件。

但应当指出，止裂孔制止裂纹缓慢扩展的作用只是暂时的，因为使裂纹扩展的动力——外载荷仍旧存在。止裂孔本身就有应力集中，因此经过一段时间后，裂纹仍然会穿过止裂孔继续向前扩展；并且一旦穿过止裂孔后，其发展速度就会变快。尽管如此，比较同一种裂纹扩展可知，打止裂孔的总的裂纹长度比不打止裂孔要短得多。需要注意的是，止裂孔应除去全部的裂纹，并包括裂纹前端的塑性区，因为塑性区内也有微裂纹存在。

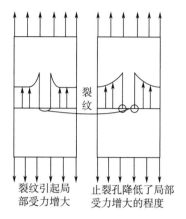

图 6-9　止裂孔降低应力集中

（2）提高和保持表面质量

①制造过程中，选择合理的加工工艺，提高表面质量

由于表面状态对金属的疲劳强度有着重要的影响，在加工工艺中，人们就通过各种表面处理的方法来提高金属的疲劳强度。对于钢材可以通过表面化学热处理，如表面渗碳、渗氮、氰化和表面淬火（如高频电表面淬火，有时也用火焰加热表面淬火）等。各种表面处理方法的表面质量系数 β 均有明显提高，如表 6-1 所示。

表 6-1　各种强化方法的表面质量系数 β

强化方法	芯部强度 σ_b/MPa	β		
		光轴	低应力集中的轴 $K_f \leqslant 1.5$	高应力集中的轴 $K_f = 1.8 \sim 2$
高频淬火	600~800	1.5~1.7	1.6~1.7	2.4~2.8
	800~1 200	1.3~1.5		
氮　　化	900~1 200	1.1~1.25	1.5~1.7	1.7~2.1
渗　　碳	400~600	1.8~2.0	3	
	700~800	1.4~1.5		
	1000~1 200	1.2~1.3	2	
喷丸硬化	600~1 500	1.1~1.25	1.5~1.6	1.7~2.1
滚子滚压	600~1 500	1.1~1.3	1.3~1.5	1.6~2.0

注：1. 高频淬火是根据直径为 10~20 mm、淬硬层厚度为 0.05~0.20 d 的试件试验求得的数据，对大尺寸的试件，表面质量系数的值会有所降低；

　　 2. 氮化层厚度为 0.01 d 时用小值，在 (0.0~0.04) d 时用大值；

　　 3. 喷丸硬化是根据 8~40 mm 的试件求得的数据，喷丸速度低时用小值，速度高时用大值；

　　 4. 滚子滚压是根据 17~130 mm 的试件求得的数据。

②使用维护中，注意保持表面质量

1）消除构件上由于加工而残留的刀痕。消除的方法是：用挫刀、砂布进行打磨，但严禁用砂轮打磨；应注意打磨方向，防止造成新的周向刀痕。打磨处的粗糙度应为 $Ra >$

1.60，并保持过渡区均匀光滑。

实践证明，这个措施对于预防承力构件裂纹有明显效果。例如：凡按规定对某型主起落架支柱上进行打磨抛光了的合拢部位，均未再发现裂纹；而未进行打磨抛光的，几乎都出现了裂纹。由于起落架支柱上合拢部位比较容易因加工产生周向刀痕或尖角，因此目前对于大部分现役飞行器，都规定对主起落架支柱上合拢部位进行打磨抛光。

2）应尽力防止构件表面人为造成伤痕。

（3）合理地施加预应力

众所周知，结构强度主要取决于结构中的薄弱环节，如机械连接孔和敞孔等部位，即连接件的薄弱部位。近年来的研究证明，对连接孔采用不同形式的干涉配合和对敞孔采用应力挤压，能有效地提高连接件的疲劳强度。实际上，这两种方法都是对孔施加了适当的预应力。

疲劳寿命设计的目标是通过对疲劳关键部位进行合理的选材，开展抗疲劳结构细节设计，使可重复使用新型航天器结构全剖面载荷谱作用下的安全使用寿命期内破坏概率最小。通过分析和实验所给出的可重复使用新型航天器安全寿命应满足订货方提出的设计使用寿命要求。

6.1.4　疲劳设计准则

为了使结构设计满足疲劳强度要求，需要制定疲劳设计准则，设计准则可表示为

$$N_{aq} = N_{sy} = \begin{cases} \dfrac{N_{js}}{f_{js}} \\[2mm] \dfrac{N_{sh}}{f_{sh}} \end{cases} \tag{6-9}$$

式中　　N_{aq}——安全寿命；

N_{sy}——使用寿命；

N_{js}——计算寿命；

N_{sh}——试验寿命；

f_{js}——计算分散系数；

f_{sh}——试验分散系数。

疲劳分散系数是考虑到疲劳计算或试验固有的分散性，以及使用载荷谱与设计载荷谱的差异等原因而引入的一个参数。分散系数 f 由 3 部分组成

$$f = f_1 \cdot f_2 \cdot f_3 \tag{6-10}$$

式中　　f_1——由于必须计及的各种因素引起的削弱而引进的安全系数；

f_2——考虑试验结果的分散性而引进的分散系数，其与试验的件数有关；通常试验件数增多，所取分散系数可降低；

f_3——载荷分散系数，因外载荷不准确而引进的分散系数，载荷分散系数 f_3 有的国家由规范规定，美国定为 1.5；如疲劳载荷谱由实测统计得到，则数据较准确，此时 f_3 可取 1。

f_1 与 f_2 可合并为一个分散系数,既考虑到试验件数目,也考虑了使用经验而必须计及的安全要求。例如,对关键元件(如发生破坏会引起灾难性事故)的分散系数取高些,非重要元件取低些。一般情况下,全飞行器疲劳试验中规定,对关键元件分散系数取 5,而对非重要元件可取 3,我国全机疲劳试验分散系数取 4。

6.1.5　疲劳设计原理

疲劳设计通常依据累积损伤理论和工程常用的线性累积损伤理论——Miner 法则。线性累积损伤理论的基本假设是:各级交变应力引起的疲劳损伤可以分别计算,然后再线性叠加起来;某级应力水平造成的疲劳损伤与该级应力水平所施加的循环数 n_i 以及同一级应力水平下直至发生破坏时所需的循环数 N_i 的比值成正比。比值 n_i/N_i 称为第 i 级应力水平的损伤,总损伤等于各级损伤的总和;当总损伤等于 1 时结构发生疲劳破坏,即结构疲劳破坏时

$$\sum_{i=1}^{m} \frac{n_i}{N_i} = 1 \qquad (6-11)$$

式中　m——载荷谱中应力水平级数。

线性累积损伤理论没有考虑各级载荷的相互影响,不能计及低于持久极限的低应力所造成的损伤,也不能计及高应力引起的残余应力以及应变硬化(或软化)等因素的有利或不利影响。因此,用线性累积损伤理论来估算寿命与实际寿命相差较大,为此往往采用两种途径解决,一种是将线性累积损伤的破坏条件表示为

$$\sum_{i=1}^{m} \frac{n_i}{N_i} = D \qquad (6-12)$$

式中　D——可大于 1 的值。

另一种方法是采用所谓的相对线性累积损伤法则。该方法可表示为

$$N_A = N_B \frac{\sum (n_i/N_i)_B}{\sum (n_i/N_i)_A} \qquad (6-13)$$

式中　N_A 和 N_B——两个类似结构、类似载荷谱(即 A 谱和 B 谱)下的寿命;

$\sum (n_i/N_i)_A$,$\sum (n_i/N_i)_B$——分别为 A 谱和 B 谱的计算累积损伤。

相对线性累积损伤理论,常用于基准使用载荷谱测定后的结构使用寿命的重新评定,以及具有继承性的结构设计。

6.1.6　疲劳寿命估算方法

6.1.6.1　疲劳寿命的概念

(1)疲劳寿命的定义

航天器结构的疲劳寿命是指结构从投入使用到最后发生疲劳断裂所经历的飞行次数(或飞行小时数),而飞行器结构的疲劳断裂是指结构的关键部位发生了疲劳破坏,所以结构的疲劳寿命又是以关键部件的疲劳寿命为代表的。结构的关键部件有时可能不止一个,

使其疲劳寿命相等为最佳；否则，只能以其中疲劳寿命最小者为代表。

除了上述一般性的定义外，关于疲劳寿命还有多种定义，如无裂纹寿命、裂纹扩展寿命、全寿命、安全寿命、使用寿命和经济寿命等。由于疲劳破坏一般经历疲劳裂纹的形成、疲劳裂纹的稳定扩展和疲劳裂纹扩展到临界尺寸时的快速（不稳定）扩展，而裂纹的不稳定扩展时间很短，因此飞行器结构的疲劳寿命 N 为

$$N = N_i + N_g \tag{6-14}$$

式中　N——疲劳寿命，或称全寿命；

N_i——裂纹形成寿命（即无裂纹寿命）；

N_g——裂纹扩展（稳定）寿命。

至于安全寿命和使用寿命，是在考虑了安全系数和疲劳寿命分散性以后的无裂纹寿命或全寿命的安全指标。经济寿命则是指结构实际使用的寿命；结构使用到一定时间后产生了疲劳破损，需进行修复；如果破损较为严重，不修不能用，而再修又不经济，此寿命即为经济寿命。

（2）无裂纹寿命和裂纹扩展寿命比重

在全寿命中，无裂纹寿命和裂纹扩展寿命所占的比重同结构型式、载荷条件、环境和材料等因素有关。例如，对于疲劳试验中的标准小试件（一般直径为 6~10 mm），试验中一旦出现裂纹，则很快就会发生断裂；这说明该试件裂纹形成寿命是主要的，而裂纹扩展寿命所占的比例则很小，甚至可以忽略不计。可是，对带有缺陷的板材的试验则不同，裂纹扩展寿命所占的比例比较大，约占 1/2 甚至更大。但是随着冶金技术、加工工艺水平以及无损探伤技术的不断提高，在结构的关键部位和危险的方向上确保无明显初始裂纹（缺陷）的存在也是有可能的，这样，结构的无裂纹寿命所占的比例必然会提高。因此，对于飞行器结构，考虑其无裂纹寿命是必要的。

无裂纹寿命的估算是疲劳学科研究的课题，而裂纹扩展寿命则是断裂力学研究的课题。那么，上述两个阶段究竟如何分界呢？工程上所谓的疲劳裂纹形成阶段常指疲劳裂纹产生并扩展到工程上可检裂纹长度的阶段。这里所说的可检裂纹长度是不确定的。有人认为，初始裂纹长度应是断裂力学计算方法可应用的最短裂纹长度；也有人用疲劳机理和断裂机理分别算出应力集中处的材料破坏速率，当两种破坏速率相等时所对应的裂纹长度即为初始裂纹长度。然而从工程的观点看，初始裂纹的确定是同裂纹检测手段和要求的置信水平有关的。但不管如何确定初始裂纹的长度，只要我们通过计算得出了结构的无裂纹寿命，则认为在结构的危险部位的小范围内已发生破坏，即出现了工程上较小的可检裂纹。

（3）疲劳寿命估算方法分类

估算疲劳寿命的方法可分为名义应力法和局部应力-应变法。名义应力法是最早形成的抗疲劳设计方法，其以材料或构件的 $S-N$ 曲线为基础，对照试件或结构疲劳危险部位的应力集中系数和名义应力，结合疲劳损伤累积理论，校核疲劳强度或计算疲劳寿命。局部应力-应变法是一种较新的疲劳寿命估算方法，其以材料或构件的循环应力-应变曲线和应变-寿命曲线为基础，将构件上的名义应力谱转换成危险部位的局部应力应变谱，结合

疲劳损伤累积理论,进行疲劳寿命估算,其主要应用于高应力、低循环疲劳(低周疲劳)寿命的估算。对于一些具有良好设计传统的设计和制造单位,也可采用类比法,即利用已知寿命的部件,通过类比原理来确定未知部件的寿命,但这需要原有经验和资料数据的积累。

疲劳寿命估算方法的分类如下

$$
\text{疲劳寿命估算方法}\begin{cases}\text{名义应力法}\begin{cases}\text{常规方法}\\\text{应力严重系数}\end{cases}\\\text{局部应力-应变法}\\\text{类比法}\end{cases}
$$

6.1.6.2 疲劳寿命估算的名义应力法

用名义应力法估算航天器结构危险部位或拟具体计算的关键部位的疲劳寿命,需要做的工作很多,具体如图 6-10 中的估算程序框图所示。

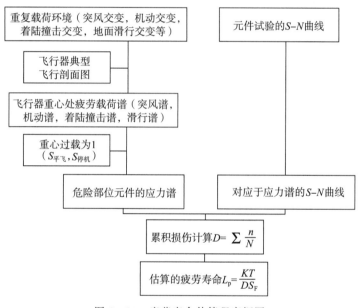

图 6-10 疲劳寿命估算程序框图

(1) 确定交变载荷环境,计算疲劳载荷谱

1) 确定交变载荷环境。可根据规范或飞行实测统计资料确定。

2) 确定疲劳载荷谱。根据航天器预期的飞行任务给出具有代表性的一种或几种飞行剖面图,从而将各种复杂载荷环境数据转换成具体航天器重心处的各种类型的疲劳载荷谱。

(2) 确定危险部位应力谱

这里首先要确定危险部位或关键部位,在进行寿命估算时危险部位应为已知。利用已确定的疲劳载荷谱,通过结构中应力和过载(或载荷)间的相互关系,计算出危险部位的应力谱。对于较刚硬的航天器或者是航天器重心附近的部位,可认为其待确定的应力谱和重心过载谱成线性关系，此时，水平等速飞行中静载荷作用下（此时重心过载为 1）的常规强度计算所提供的应力分析，就可直接用于计算某部位的应力谱。

（3）取得对应于应力谱的 S-N 曲线

S-N 曲线是与应力比 R 对应的。如果要求得与应力谱相应的 S-N 曲线，就必须有多条 S-N 曲线，而能直接用于估算危险部位疲劳寿命的 S-N 曲线必须由试验获得。这种试验既耗钱又费时，很难获得多条所需的 S-N 曲线。通常实际工作中的做法是：先按一个给定的平均应力直接由疲劳试验获得一条 S-N 曲线，再由有关的疲劳试验资料获得不同平均应力时的 S-N 曲线。当缺乏有关试验资料时，也可借助古德曼直线公式推求，即

$$S'_{a} = S_{a} \frac{\sigma_{b} - S_{m}}{\sigma_{b} - S'_{m}} \tag{6-15}$$

式中　S_{m}——给定 S-N 曲线的平均应力；

　　　S_{a}——某个寿命下从 S-N 曲线上查得的交变应力；

　　　S'_{m}——要求的平均应力；

　　　S'_{a}——等寿命前提下与 S'_{m} 相对应的交变应力；

　　　σ_{b}——强度极限。

（4）运用线性累积损伤原理进行寿命估算

先计算每次循环应力造成的损伤

$$d_{i} = \frac{n_{i}}{N_{i}}$$

再求出总损伤

$$D = \sum d_{i} = \sum \frac{n_{i}}{N_{i}}$$

若应力谱代表的时间为 T，λ 是以 T 为单位的周期数，疲劳寿命分散系数为 S_{F}，则有

$$\lambda D = \lambda \sum \frac{n_{i}}{N_{i}} = K \tag{6-16}$$

安全疲劳寿命 L_{p} 为

$$L_{p} = \frac{\lambda T}{S_{F}} = \frac{KT}{DS_{F}} \tag{6-17}$$

对于 K 应取多少是有不同意见的，在没有合适的数据时，作为初步估算不妨取 $K = 1$。对疲劳寿命分散系数 S_{F} 的合理确定既是一个理论问题，也是一个实际问题。对其的确定是对疲劳载荷、使用环境、材料或构件性能等各种因素分散性的一种考虑，需要针对具体情况进行具体分析。

6.1.6.3　应力严重系数法

该方法主要用于连接件的疲劳寿命估算。严重系数法本质上也是一种名义应力法。在连接件处的应力集中现象用应力严重系数来表示。图 6-11 表示单钉连接件。板所受到载荷可

分成两部分：一部分是旁路通过的载荷 P；另一部分是由紧固件传递的载荷 ΔP。P 和 ΔP 在孔边引起应力集中，如图 6-12 和图 6-13 所示。旁路载荷 P 引起的局部最大应力 σ_1 为

$$\sigma_1 = K_{tg} \frac{P}{Wt} \qquad\qquad (6-18)$$

式中　K_{tg}——旁路毛面积应力的应力集中系数；

　　　t——板的厚度；

　　　W——板的宽度。

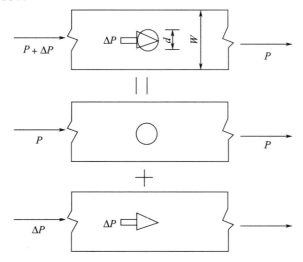

图 6-11　单钉连接件的受力情况

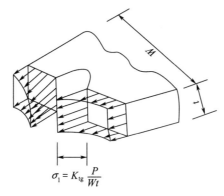

$$\sigma_1 = K_{tg} \frac{P}{Wt}$$

图 6-12　旁路载荷 P 引起的局部应力

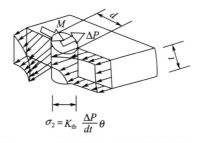

$$\sigma_2 = K_{tb} \frac{\Delta P}{dt} \theta$$

图 6-13　传递载荷 ΔP 引起的局部应力

传递载荷 ΔP 引起的局部应力为

$$\sigma_2 = K_{tb} \frac{\Delta P}{dt} \theta \qquad (6-19)$$

式中 K_{tb}——挤压应力引起的应力集中系数；

　　　d——孔径；

　　　θ——挤压应力分布系数。

K_{tb}，K_{tg}，θ 由相应试验曲线查得。孔边最大应力为两部分应力之和

$$\sigma_{max} = K_{tg} \frac{P}{Wt} + K_{tb} \frac{\Delta P}{dt} \theta \qquad (6-20)$$

以孔附近毛面积的名义应力作为参考应力 σ_{ref}，则严重系数 SSF 可表示为

$$SSF = \frac{\alpha\beta}{\sigma_{ref}} \left(K_{tg} \frac{P}{Wt} + K_{td} \frac{\Delta P}{dt} \theta \right) \qquad (6-21)$$

式中 α——孔的表面状态系数；

　　　β——紧固件和连接板配合的填充系数。

α，β 可由试验确定。SSF 愈大，疲劳寿命也就愈短。因此，可以把严重系数看作应力集中系数 K_t，由相应 K_t 值的材料的 S-N 曲线初步估算连接件疲劳寿命。

6.1.6.4 局部应力-应变法

利用名义应力法考虑材料及结构的疲劳特性均是建立在应力与疲劳损伤的关系上的。但实际上，疲劳应力只反映了结构所承受的载荷，而应变则反映了结构内部的变形，其和应力相比，与疲劳损伤有更直接的联系。特别是在短寿命区，疲劳应力较大，应力集中部位进入塑性状态，就不可再用应力与疲劳寿命的关系计算疲劳寿命了。实验数据表明，当疲劳寿命小于 10^4 时，S-N 曲线就不再适用了，必须用应变与疲劳寿命的关系来描述材料的疲劳特性，并称之为应变疲劳。

用应变疲劳计算结构寿命的方法称为局部应力-应变法。其基本理论仍是 Miner 线性累积损伤理论，只是计算损伤度不再使用名义应力和 S-N 曲线，而是根据疲劳危险部位的局部真实应变和 ε-N 曲线计算结构的损伤。局部应力-应变法的计算步骤如下。

（1）确定载荷与局部应变的关系

对于实际的结构，给出的疲劳载荷谱往往是名义应力谱或载荷谱，而局部应力因为应力集中和材料进入塑性区与疲劳载荷或名义应力不再成正比关系，所以首先要确定局部应力集中处的真实应力和真实应变。工程上常用的方法有以下几种。

①诺伯法

假设用线弹性理论计算的理论应力集中系数 K_t 是真实应力集中系数 K_σ 和真实应变集中系数 K_e 的几何平均值

$$K_t = \sqrt{K_\sigma K_e} \qquad (6-22)$$

真实应力集中系数和真实应变集中系数的定义分别为

$$K_\sigma = \frac{\sigma}{S}, \quad K_e = \frac{\varepsilon}{e}$$

式中　σ，ε——真实应力及真实应变；

　　S，e——名义应力及名义应变。

当名义应力和名义应变处于弹性范围状态时

$$e = S/E$$

将 K_σ 和 K_e 的表达式代入式（6-22）可以得到

$$K_t^2 = \frac{\sigma\varepsilon}{Se} = \sigma\varepsilon\,\frac{E}{S^2} \tag{6-23}$$

即

$$\sigma\varepsilon = K_t^2\,\frac{S^2}{E} \tag{6-24}$$

当结构细节的形式、名义应力及材料的弹性模量确定的时候，式（6-23）是 σ-ε 平面上的一条双曲线。同时材料在循环载荷下的真实应力-应变关系曲线为稳定迟滞回线，故稳定迟滞回线与式（6-24）描述的双曲线的交点，即为在名义应力 S 上的局部真实应力和真实应变。

②试验标定法

局部的真实应变是可以用贴应变片的方法测到的。在结构应力集中的部位贴上应变片，对结构施加给定的疲劳载荷 ΔP 或名义应力 ΔS，在迟滞回线稳定后就可以测得对应 ΔP 或 ΔS 的应变变程 $\Delta\varepsilon$。通过测量不同的 ΔP 或名义应力 ΔS 所对应的 $\Delta\varepsilon$ 值，就可以得到一条 ΔP-ε 或 ΔS-ε 标定曲线。试验标定时要注意：应变片的尺寸应适当，太大将测不到应力集中区的真实最大应变，太小将影响测量精度。

③弹塑性有限元法

用弹塑性有限元方法可以计算出对应载荷或名义应力的局部真实应变，但应注意：在有限元模型中的本构关系应用稳定迟滞回线，而不能用静拉伸的 σ-ε 曲线。由于弹塑性有限元法计算应力-应变关系的计算量太大，不可能直接从载荷谱计算应变谱，一般也是计算出一条 ΔP-ε 或 ΔS-ε 标定曲线。

以上 3 种方法各有优缺点：诺伯法方法简单，但精度不高；试验标定法精度高，但是试验费用大、周期长；弹塑性有限元法介于两者之间，但是在有限元模型建立时应十分仔细，以免造成较大的计算误差。

（2）计算应变谱

得到载荷变程 ΔP（或名义应力变程 ΔS）之后，就可以根据载荷谱（或名义应力谱）计算局部应变谱。下面通过一个实例介绍计算应变谱的方法。

结构的疲劳危险部位的名义应力谱如图 6-14（a）所示，确定应变谱的过程如下。

①确定加载过程中的局部应力-应变过程

1）采用诺伯法。首先按线弹性原则计算该部位的理论应力集中系数 K_t 及对应载荷谱的名义应力，然后由原点出发作稳定迟滞回线 a，再按载荷谱中的名义应力变程 $\Delta S = S_b - S_a$ 作双曲线 $\sigma\varepsilon = K_t^2\,\dfrac{(\Delta S)^2}{E}$，便得到交点 B 处对应的局部实际应力 σ_b 和应变值 ε_b。

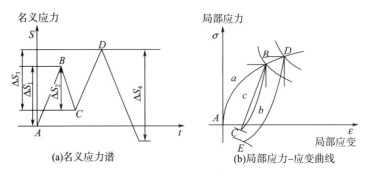

图 6 - 14   局部应力-应变的确定

2）采用载荷-应变标定曲线。从载荷变程（或名义应力变程）与实际应变变程标定曲线出发，计算对应载荷变程 ΔP 的局部实际应变变程 $\Delta\varepsilon$；从原点绘制稳定迟滞回线 a，与竖直线 $\varepsilon=\Delta\varepsilon$ 交于 B 点，得到对应的局部应力和应变 σ_b，ε_b。

②确定卸载过程的局部应力-应变过程

从 B 点出发作向左的 ε 轴和向下的 σ 轴，以 B 点为原点作稳定迟滞回线 b，同时按与第一步相同的方法计算对应 C 点的局部应力 σ_c 与应变 ε_c。

③计及记忆效应的加载局部应力-应变过程

所谓材料的记忆效应，是指在非等幅的加载—卸载—加载过程中，加载时应力-应变曲线由 O 点到 A 点（图 6 - 15），卸载时由于塑性变形的存在，并不是沿 A-O 曲线，而是相当于将 O-A 曲线转 $180°$，由 A 点到 B 点；当第二次加载时，按 O-A 曲线的形状从 B 点到 A 点，但是当进一步加载时并不是继续向上，而是如同"记住"了前一次加载的情况，像并无卸载-再加载过程一样继续沿 A-C 曲线加载。这个特点称为材料的记忆效应。

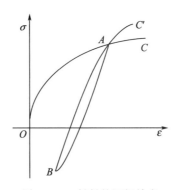

图 6 - 15   材料的记忆效应

如按图 6 - 14（b）C-D 加载过程计算的应力-应变过程超过了 B 点，则需按从 A 点出发的稳定迟滞回线计算对应 D 点的局部应力-应变。B-C-B 的卸载-加载过程构成了一个独立的疲劳应变循环，其疲劳应变的幅值 ε_a 和均值 ε_m 分别为

$$\varepsilon_a=(\varepsilon_b-\varepsilon_c)/2，\quad \varepsilon_m=(\varepsilon_b-\varepsilon_c)/2$$

不断重复步骤②和③，就会将载荷谱或名义应力谱完全转化为局部应力-应变谱。与此同时，可以将载荷谱分离成独立的疲劳应变循环。

（3）计算载荷谱造成的损伤

按照 Miner 线性累积损伤理论，载荷对疲劳危险部位造成的损伤为每一个疲劳应变循环所造成的损伤的和。计算各疲劳应变循环造成的损伤的步骤如下。

①计算等效应变幅

用等效应变幅计算公式计算幅值为 ε_{ai} 的疲劳应变循环所对应的等效疲劳应变循环幅值 ε_{eqi}。

$$\varepsilon_{eqi} = (2\varepsilon_{ai})^m (\sigma_{max}/E)^{1-m} \tag{6-25}$$

式中　m——材料常数。

②计算每一个疲劳应变循环造成的疲劳损伤

从 $S-N$ 曲线上查找对应等效疲劳应变循环幅值 ε_{eqi} 的疲劳寿命 N_{jI}，则对于完全疲劳应变循环造成的损伤为

$$d_i = \frac{1}{N_j}$$

对于半循环造成的损伤为

$$d_i = \frac{1}{2N_j}$$

③计算一个载荷谱造成的损伤

按照 Miner 线性累积损伤理论，一个载荷谱造成损伤 d 为

$$d = \sum_{i=1}^m d_i$$

（4）计算疲劳寿命

当结构疲劳危险部位的疲劳损伤达到了疲劳损伤的临界值 D_c 时，结构将发生破坏，则结构的疲劳寿命为

$$T = t\frac{D_c}{d} = t\frac{D_c}{\sum\limits_{i=1}^m d_i} \tag{6-26}$$

临界疲劳损伤值 D_c 取决于结构的形式和结构的重要性。

局部应力-应变法使用材料的 $S-N$ 曲线进行试验的工作量较小。同时直接应用局部真实应力与应变可以比较真实地反映结构的疲劳损伤状态，是一种比较有前景的疲劳寿命估算方法。

6.1.6.5　估算裂纹形成寿命的类比法

由于 Miner 线性累积损伤公式中常量 K 的取值至今还没有很好解决，于是人们试图充分利用以往的成功经验，提出类比估算裂纹形成寿命的方法，以避免常值 K 带来的误差。

（1）类比估算公式的建立

对于一个已知寿命的部件，按 Miner 线性累积损伤理论有

$$\lambda \sum \frac{n_i}{N_i} = K \qquad (6-27)$$

式中　λ——已知寿命部件的循环周期数；

　　　n_i——已知寿命部件在载荷谱的一个周期内，第 i 级载荷循环次数；

　　　N_i——第 i 级载荷下的破坏循环次数。

由于

$$S_a^m N = C \qquad (6-28)$$

式中　S_a——应力幅；

　　　m，C——与零部件材料、形状以及载荷的循环特征有关的常数；

　　　N——与 S_a 对应的破坏循环次数。

所以对同一部件的同一部位有

$$S_{a_i}^{m_i} N_i = S_R^{m_i} N_0 \qquad (6-29)$$

即

$$\frac{N_i}{N_0} = \left(\frac{S_R}{S_{a_i}}\right)^{m_i} \qquad (6-30)$$

式中　S_R——应力比为 R 时的疲劳极限；

　　　N_0——与 S_R 对应的循环基数。

将式（6-27）两边乘以 N_0，得

$$\lambda \sum n_i \frac{N_0}{N_i} = K N_0 \qquad (6-31)$$

将式（6-30）代入式（6-31）得

$$\lambda \sum n_i \left(\frac{S_{a_i}}{S_R}\right)^{m_i} = K N_0 \qquad (6-32)$$

对于一个未知寿命的部件，同样可以有

$$\lambda' \sum n'_i \left(\frac{S'_{a_i}}{S'_R}\right)^{m'_i} = K' N'_0 \qquad (6-33)$$

当未知寿命部件和已知寿命部件具有可类比性（即结构型式、载荷性质、加载顺序以及材料类型等特征基本相同）时，有

$$S'_R = S_R$$
$$N'_0 = N_0$$
$$K' N'_0 = K N_0$$

因而可得

$$\lambda' \sum n'_i \left(\frac{S'_{a_i}}{S'_R}\right)^{m'_i} = \lambda \sum n_i \left(\frac{S_{a_i}}{S_R}\right)^{m_i} \qquad (6-34)$$

即

$$\lambda' = \frac{\sum n_i \left(\dfrac{S_{a_i}}{S_R}\right)^{m_i}}{\sum n'_i \left(\dfrac{S'_{a_i}}{S'_R}\right)^{m'_i}} \lambda \tag{6-35}$$

（2）类比估算公式的简化

① m 值的影响

由式（6-28）可知，m 值对裂纹形成寿命是有影响的，但是 m 值的影响在式（6-33）中要比在式（6-28）中小得多。

图 6-16 是根据两种飞行器的相同部件用各自的载荷谱类比计算的结果。由图可见，m 值的变化对寿命的影响是较小的。例如，当 m 值增加 1 时，相对寿命才降低 5%。

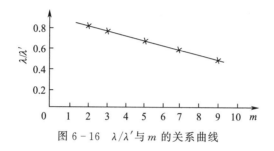

图 6-16 λ/λ' 与 m 的关系曲线

图 6-16 是取 $m'_i = m_i$ 时的情形。若 $m'_i = m_i$，且有完整的 $S-N$ 曲线时，m 值可由曲线直接取值；若没有现成的 $S-N$ 曲线，则可取 m 的推荐值。同样可知，m'_i 或 m_i 取值有误差时，其所带来的误差比迈纳（Miner）线性累积损伤公式中因 K 值所带来的误差要小得多。

② 类比公式的简化

从工程应用的角度看，取 $m'_i = m_i = m$ 是具有足够的精度的，一般情况下 m 为二者的平均值。这样，式（6-35）便可得到简化，即

$$\lambda' = \frac{\sum n_i S_{a_i}^m}{\sum n'_i S'_{a_i}^m} \lambda \tag{6-36}$$

6.2 损伤容限设计

6.2.1 基本概念

损伤容限是指结构在规定的未修使用周期内，抵抗由缺陷、裂纹或其他损伤而导致破坏的能力。简单地说，就是指飞行器结构中初始缺陷及其在使用中缺陷发展的允许程度。因此，损伤容限设计概念承认结构在使用前就带有初始缺陷，但必须通过设计的方法把这些缺陷或损伤在规定的未修使用周期内的增长控制在一定的范围内。在此期间，结构应满足规定的剩余强度要求（含缺陷或含裂纹结构的承载能力），以保证飞行器结构的安全性

和可靠性。因此，损伤容限设计研究的对象是那些影响飞行安全的结构部件在使用寿命期内的安全裕度问题。

从损伤容限设计的基本内容上看，其就是通过设计、分析和试验验证，对可检结构给出检修周期，对不可检结构提出严格的剩余强度要求和裂纹增长限制，以保证结构在给定的使用寿命期内，不至因未被发现的初始缺陷扩展失控而造成飞行器的灾难性事故。故该损伤容限设计所追求的目标就是通过设计、分析、试验与监测维修等各种手段，保证飞行器在使用寿命期内其剩余结构（带损伤结构）仍然能够承受使用载荷的作用，不发生结构的破坏或过分变形，并提供保证安全性所要求的检查水平。

图 6-17 说明了结构损伤容限设计的基本概念。下面对损伤容限设计、分析、试验以及使用与维修四大方面的技术内容作一简单罗列。

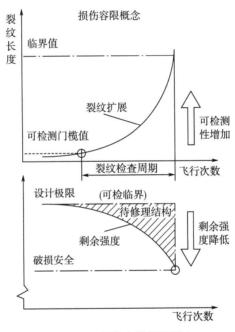

图 6-17　损伤容限设计概念

（1）设计

1）制定设计规范与设计要求；

2）确定结构分类划分及其设计选择原则；

3）结构材料的选择；

4）结构布局和结构细节设计；

5）制造装配中的质量控制设计。

（2）分析

1）危险部位的选择与分析；

2）载荷和应力谱的分析；

3）初始损伤品质的评定；

4）裂纹扩展分析；

5）剩余强度分析。

（3）试验

重要结构部件与全机损伤容限试验。

（4）使用与维修

1）结构损伤的无损检测；

2）检查能力评估与检查间隔制定。

6.2.2　与安全寿命设计方法的区别

总结安全寿命设计思想可以看出，安全寿命设计概念认为飞行器在使用前结构是完好无损的，且在使用寿命期内也不应出现可检裂纹；一旦在疲劳关键部位出现宏观可检裂纹就认为结构已经破坏。这就是说，安全寿命设计只考虑裂纹形成寿命，不考虑裂纹扩展寿命，并规定安全寿命的给出必须通过全尺寸疲劳试验进行验证，对疲劳破坏固有的分散性及一些不确定的因素用分散系数来考虑。

安全寿命设计的目标是通过对疲劳关键部位进行合理的选材，开展抗疲劳结构细节设计，适当控制应力水平，改善结构细节的抗疲劳品质，注意降低几何、材料和载荷不连续造成的应力集中，以及在生产过程中贯彻良好的质量控制，使飞行器结构在载荷谱作用下的安全使用寿命期内疲劳破坏概率最小。通过设计、分析和试验所给出的安全寿命应满足订货方提出的设计使用寿命要求。

对比前面所讲的损伤容限设计思想，我们可知：这两种不同的设计原理在对结构初始缺陷状态的认识出发点上就存在着差异，这样在结构设计方法、分析评估体系以及试验验证的关注焦点等多方面也就存在着差异。因此，安全寿命设计与损伤容限设计在概念内容、方法等方面有着实质的不同。但应当说是，在不同意义上解决结构的使用寿命设计及飞行器安全问题，两者总的目标是一致的，而且在结构件抗疲劳细节设计的原理上仍有许多共同之处。

图 6-18 以工程上直观的形式给出了这两种设计所关心的裂纹或损伤在不同阶段的示意曲线。图中所列的几个特征性损伤尺寸意义如下：

a_i——对应疲劳起裂点（对应主导裂纹的形成点）；

a_1——对应安全寿命（又称疲劳寿命）终结点的宏观可检裂纹；

a_2——对应外场使用中检测仪器手段所能测定的裂纹尺寸；

a_0——对应损伤容限设计起点的按规范规定的初始裂纹尺寸；

a_{cr}——对应裂纹不稳定扩展的临界裂纹尺寸。

由图 6-18 可知，由疲劳源引发的疲劳裂纹总寿命应是由裂纹形成寿命 N_1 和裂纹扩展寿命 N_2 两部分组成的，即

$$N_\Sigma = N_1 + N_2 \tag{6-37}$$

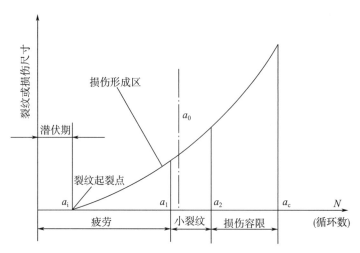

图 6-18　损伤尺寸与载荷循环数的关系

在按损伤容限设计的寿命估算中，因首先承认存在初始缺陷 a_0，故 $N_1 = 0$，裂纹扩展寿命即为总寿命

$$N_\Sigma = N_2 \qquad\qquad (6-38)$$

要注意疲劳诱发裂纹 a_1 和损伤容限设计中的初始缺陷 a_0（裂纹）是两个不同的概念，不能将其混同起来。a_0 的确定在规范中另有规定，目前在工程上经常是根据无损检测能力来确定 a_0，通过试验按 90% 的觉察概率和 95% 置信水平要求将其确定。还应当指出的是，损伤容限设计在确定结构的初始缺陷 a_0 上仍是一个难点，过程中往往掩盖了结构件的裂纹形成寿命段。

事实上，在实践中形成了一种安全寿命/损伤容限设计思想，即用抗疲劳设计方法确定飞行器的安全寿命，用损伤容限设计确定结构损伤的检查间隔，以进一步保证飞行器的飞行安全。目前已较多采用了这种组合设计方案。

6.2.3　与断裂力学的关系

结构中存在的缺陷、损伤或裂纹实际上都是指结构内部的受损状态，只不过是这些术语所描述的受损几何形态不同而已。损伤容限设计方法中将这些受损的几何形态都等效成简单几何形态的裂纹来处理，这是因为断裂力学在含裂体方面的众多研究成果为损伤容限的设计分析方法提供了强有力的理论基础。也可以说，损伤容限设计的分析评估体系完全有赖于断裂力学的研究与发展。

图 6-19 描述了一个含裂纹结构随循环交变载荷作用或在载荷和环境侵蚀的联合作用下，裂纹随时间扩展、剩余强度随裂纹长度增加而逐渐降低的情况。经过一段时间，剩余强度就会低到无法承受工作中可能出现的意外高载荷；如果不出现意外高载荷，那么裂纹将继续扩展，剩余强度将继续降低，最后在正常工作载荷下结构就会断裂；当结构预先存在缺陷或有应力集中时就更是如此。为了使结构在整个工作寿命期间破坏的可能性维持在可以接受的、低的程度以保证结构安全，损伤容限设计应对以下问题十分关心。

1）剩余强度与裂纹尺寸的关系；

2）在预期的工作载荷下，能够容许多大的裂纹，即临界裂纹尺寸是多少；

3）裂纹从一定长度的初始尺寸扩展到临界尺寸需要多长时间；

4）在结构工作寿命开始时，允许存在多大的初始缺陷；

5）每隔多长时间，应该对结构进行一次裂纹检查（即裂纹检查周期的确定）。

上述问题断裂力学都可给出满意或十分有价值的回答。因此，要深入理解损伤容限设计体系，必须从断裂力学的理论基础谈起。

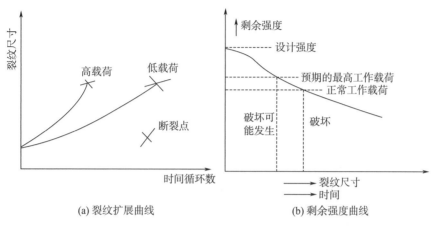

(a) 裂纹扩展曲线　　　　　　　(b) 剩余强度曲线

图 6-19　含裂纹结构及其剩余强度的演变

6.2.4　损伤容限设计的内容和方法

6.2.4.1　损伤容限设计的要点

综合上述分析，损伤容限设计时应注意以下几点。

1）尽量将结构设计成破损安全结构，例如采用多传力途径的结构布局、静不定结构型式及组合承力结构等，并且使结构具有缓慢裂纹扩展特性。

2）保证结构破损安全的关键是定期地对结构进行检查或考验性试验。因此对于易产生裂纹的重要构件，要尽量设计成可检结构，且有开敞的检查道路，以便日常维护检查、修理和更换。

3）正确合理地确定检查周期是保证结构破损安全的关键。要确定检查周期必须确定最小可检裂纹尺寸和破损安全载荷下的临界裂纹尺寸。这就要求比较准确地计算出对应于每一个裂纹的剩余强度和裂纹扩展速率，从而使裂纹扩展寿命计算更符合实际情况。

4）采用断裂韧度高、抗裂纹扩展性能好的材料，以保证结构具有较高的剩余强度和缓慢裂纹扩展特性。如图 6-20 所示，当材料的断裂韧度提高，而使临界裂纹尺寸由 a_c 提高到 $2a_c$ 时，能用于检查的总间隔由 BC 增加到 BD。同样缓慢裂纹扩展速率降低，不但可增加不可检裂纹之前的裂纹扩展寿命，并且可增加用于检查周期的裂纹扩展寿命（如图 6-21 所示）。

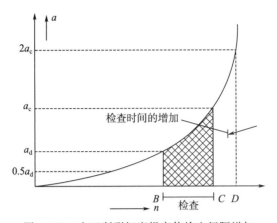

图 6 - 20　由于断裂韧度提高使检查间隔增加

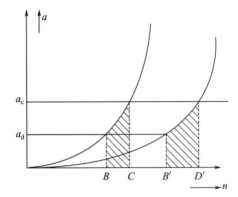

图 6 - 21　由于裂纹扩展速率降低使检查间隔增加

5）最小可检裂纹尺寸的确定取决于所选用的检测手段和监测人员技术水平。提高检测灵敏度对提高结构的安全性起着非常重要的作用。从增加检查时间上看，其甚至比提高材料的断裂韧度更明显（如图 6 - 22 所示）。由于小裂纹阶段裂纹扩展速率很低，当最小可检裂纹尺寸由 a_d 降到 $0.5a_d$ 时，可用于检查的时间间隔几乎增加一倍。

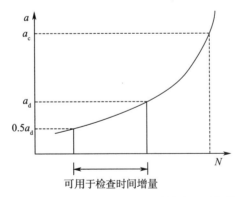

图 6 - 22　降低最小可检裂纹尺寸使检查时间增加

6）对于那些较长、较大的零件应考虑止裂措施，如采用止裂孔、止裂带和结构分段等，以防止裂纹快速扩展。

7）合理地控制结构的设计应力水平。应当综合强度、刚度、损伤容限、耐久性和可靠性几方面的要求，减小结构质量的情况下，合理确定应力水平和设计指标。

损伤容限设计是一项十分复杂而又重要的工作，需要一系列的分析、计算和试验。特别对于采用高强度材料的承力结构，承受多次重复载荷的构件，尤其是有较大应力集中部位、反复受高温作用或受到剧烈振动及气流扰动部位，以及环境条件恶劣、抗应力腐蚀较差的部位。要认真、细致地执行损伤容限设计要求，采用一些抗断裂的工艺措施，对重要的危险部位必须在加工和使用中提出特殊的工艺及检查要求，同时应有相应措施以保证危险构件的可跟踪性。

6.2.4.2　损伤容限设计步骤

损伤容限设计的目的是保证飞行器的安全性，为此损伤容限设计工作必须从总体设计阶段开始。在飞行器结构形式确定、受力构件安排、材料选择和制造工艺方法确定等过程中均应考虑损伤容限设计原则。尽量将结构设计成破损安全结构，并使其具有良好的可检查性，损伤容限设计步骤如下：

1）确定设计使用载荷谱。

2）确定飞行器安全结构和断裂关键结构。

3）合理选择材料。兼顾静强度、刚度和疲劳设计要求，选择抗断裂性能好的材料。对选定的结构材料，如材料手册中缺乏该材料的断裂韧度和裂纹扩展计算所需的材料常数，则需通过材料实验确定上述材料常数。

4）进行结构分类。根据各类型破损安全结构的特点、局部应力场分析、结构的可检查性、规范规定的 6 种可检查度以及设计使用经验，初步确定结构类型和检查级别。在损伤容限设计过程中不断修改，使其达到损伤容限设计要求。

5）进行结构细节设计。

6）确定初始缺陷尺寸。

7）对关键部位进行裂纹扩展和剩余强度分析，确定临界裂纹长度、剩余强度水平和裂纹扩展寿命，修改结构设计直到满足设计要求。

8）进行结构损伤容限试验。

9）制定维修计划，并给出使用维修大纲。针对飞行器达到使用寿命前需要修理的全部部位，根据分析与试验结果给出相应的检查方法、检修周期和允许的最大初始损伤尺寸等，制定维修计划并给出使用维修大纲。

10）使用期间进行跟踪。可重复使用新型航天飞行器在飞行任务过程中，需要测出并记录其实际的载荷谱，以便与设计载荷谱相比较；通过数据处理，定出实际损伤度和实际可用寿命；根据实际寿命的差别调整航天器的检修周期和部件的更换计划，直到经济上不值得再修理为止，这种用经济价值来决定的飞行器寿命称经济寿命。故跟踪也是损伤容限设计中的一个重要环节。

6.2.4.3　损伤容限设计内容

（1）确定飞行安全结构和断裂关键结构

航天飞行器结构损伤容限设计规范要求对飞行安全结构必须进行损伤容限设计，以满足损伤容限设计规范要求。损伤容限设计规范并不要求全部结构满足损伤容限设计要求，其仅仅是对飞行安全结构而言的。因此在飞行器结构设计时首先要确定飞行安全结构，飞行安全结构确定后，根据结构形式、应力分析、制造工艺和材料特性确定断裂关键结构和危险部位。

（2）载荷谱和应力谱确定

载荷谱的确定是损伤容限设计的关键，其直接关系到结构的安全可靠性。载荷谱的确定工作可以和疲劳设计以及耐久性设计中的载荷谱确定工作相结合。载荷谱编制一般是应用疲劳累积损伤统计理论，将飞行任务中作用于结构上的复杂的载荷谱，按一定程序编制成设计和试验中应用的疲劳载荷谱。损伤容限设计中采用载荷谱时应注意下列问题。

①高低载荷的排列顺序问题

在可重复使用新型航天飞行器所经历的载荷时间历程中，高低载荷排列顺序对裂纹扩展速率影响较大。在损伤容限设计中一般要求使用反映载荷顺序的"飞—续—飞"谱。"飞—续—飞"载荷/环境谱中包含航天飞行器所经历的重复载荷和环境，例如机动载荷、阵风载荷、地面载荷、内部增压和冲击振动等其他载荷，环境条件主要考虑温度、湿度和腐蚀环境。"飞—续—飞"谱是飞行器以一次飞行接一次飞行的排列所经历的载荷时间历程。

由于航天飞行器在每次飞行中所经历的载荷及其顺序具有随机性，目前排列每次飞行中载荷顺序的方法有两种：一种是在每次飞行中，首先按实际情况排列一些可预计的载荷因素、顺序或条件，然后用随机抽样的办法排列那些不可预测的载荷因素、顺序或条件，该方法能够较好地反映载荷谱的随机性；另一种方法是在每次飞行中按低—高—低的顺序排列所有的载荷循环，此方法目前应用较少。

②高载的截取问题

高载是造成构件破坏的主要原因，高载循环也是造成疲劳损伤的重要组成部分，如何防止高载引起的破坏，以及如何获取载荷谱中最高级（或称截取级）载荷的峰值与最低级载荷的谷值，多半与高载引起的迟滞、负载抵消迟滞或加速扩展的现象相关联，其对裂纹扩展的准确预计是至关重要的。过高的截取级使裂纹扩展延缓而延长使用寿命，这种有利影响的过高估计会造成安全性问题；但过低的估计又会造成保守的设计或采用昂贵的维修计划。比较合理的选择是：首先从安全出发，选择每一架飞行器在使用寿命期内有把握至少能经受一次的高载作为截取级较合理。

③低载截除问题

低应力幅对裂纹扩展的贡献很小，尤其是在迟滞效应作用下显得更突出。为了加快裂纹扩展试验和模拟计算的速度，节省经费和周期，需将低于某一应力幅值的载荷截除，并称之为低载截除（即截除级）。一般来说，在短裂纹阶段，疲劳极限可作为截除的极限应力；但长裂纹阶段，裂纹扩展阈值 ΔK_{th} 以下的裂纹不扩展，而低于疲劳极限应力仍可能造成裂纹扩展，应力比 R 较大的小循环在疲劳裂纹扩展中将引起较大的损伤。因此低载截除不能简单地从应力上规定，而是采用等损伤办法将循环数减少，即截除低应力幅，将次低应力幅的循环数增加。

（3）初步确定损伤容限设计结构类型

对于飞行安全结构，规范中定义了 5 种可检查度。

1）地面明显可检。结构损伤的性质和程度使地勤人员不需对结构进行专门检查即可迅速无误地查出损伤。

2）巡回目视可检。结构损伤的性质和程度使检查人员不必开启舱盖和使用特殊工具，从地面对结构表面进行目视检查即可查出损伤。

3）特殊目视可检。结构损伤的性质和程度使检查人员必须拆下舱盖等，使用助视工具对结构进行详细目视检测可查出损伤。

4）场站或基地级可检。结构损伤的性质和程度要求监测人员采用一种或多种选定的无损检测技术对结构进行检查，并允许卸下设备和可拆卸部位。

5）使用中不可检。受结构损伤尺寸或可达性限制，检查人员无法用上述方法查出使用结构中的损伤。

设计初期选择结构类别后，如损伤容限评定不能满足设计要求，可更改结构类型达到最佳结构。

（4）确定初始缺陷尺寸

初始缺陷尺寸 a_0 与保证结构安全性和维修的经济性密切相关。在损伤容限设计中，应确定作为裂纹扩展计算起点的初始裂纹（缺陷）尺寸 a_0。初始裂纹长短很大程度上影响计算寿命的长短，而精确地估计初始裂纹尺寸又是一个比较困难的问题。

通用的无损检测裂纹的方法有：液体着色、超声波、涡流、磁粉和 X 光探伤。各种无损检测裂纹技术所能发现的最小裂纹尺寸不同，同一种检测手段检测同一尺寸的裂纹的检出概率也不同。这与操作人员的技术水平和工作态度，结构的几何尺寸和材料，检测操作的环境，裂纹位置、方向和尺寸都有关系。因此采用定常裂纹检出概率（POD）来描述。POD 的定义为：具有代表性的操作人员在某一给定的环境下对结构元件总体用无损检测技术可检测到裂纹的概率。因此在损伤容限设计时，要针对所设计部位给出一定检测概率和一定置信度的初始裂纹尺寸 a_0，对不同的结构类别可采用不同的检测概率和置信度。由于破损安全结构具有较强的抗断裂能力且要求使用中可检测，因此在确定 a_0 时置信度较低。这意味着破损安全结构具有比缓慢裂纹扩展结构更小的初始裂纹尺寸假设。在损伤容限设计规范中，针对不同的结构类型、裂纹形式和可检查度，给出不同的初始裂纹尺寸 a_0。

6.2.5　结构剩余强度分析

含裂纹结构在使用期中任一时刻所能达到的静强度值称为结构的剩余强度。结构剩余强度在使用过程中随裂纹增长而递减，这要求在整个使用寿命期间给出最低限度的剩余强度，即大于最小剩余强度要求的最低值随时间变化的曲线。结构剩余强度最低要求值是结构类型和可检查度的函数，对于完整结构（包括缓慢裂纹扩展结构和一条传力途径破坏前的破损安全结构），剩余强度最低要求值至少是载荷谱中最大载荷的 1.2 倍；对于场站或基地级检查的结构，其剩余强度最低要求值也不小于谱中最大载荷的 1.2 倍。当检查间隔或维修使用期缩短时，结构所遇到高载荷概率减小，并且高载值也会降低。若所遇到设计载荷概率很低，则剩余强度最低要求值将低于设计载荷。因此，各种可检查度的破损安全结构类型的剩余强度最低要求值不同，其可以根据具体任务分析所得到的载荷谱数据来确定。

剩余强度的最低要求值可以由内部元件载荷 P_{syu} 确定，P_{syu} 表示航天飞行器在规定检查间隔内可能遇到的最大载荷，其根据载荷谱确定，而飞行器载荷谱制定是以代表航天飞行器平均使用情况的基本载荷系数的超越数为基础的。考虑到个别飞行器在寿命期内可能遇到的载荷超越数大于平均值，而其剩余强度必须大于在规定检查间隔内预期的最大载荷，因此需采用放大检查间隔的方法，表 6-2 给出了不同检查度在确定剩余强度时检查间隔的放大倍数 M，M 值的规定根据使用经验。

破损安全结构中，当多途径传力结构中某一元件破坏后，该元件上载荷应由其他未破坏结构承受，由于该结构破坏均是使用过程中突然破坏，因此应考虑突然加载的动荷系数，规范规定其取 1.15。

确定结构剩余强度主要采用下列破坏准则：应力强度因子判据、弹塑性断裂准则、净截面屈服判据和费德森法。

表 6-2 剩余强度载荷与检查间隔放大倍数

	可检查度	放大倍数 M
P_{GE}	地面明显可检	100
P_{WV}	巡回目检	100
P_{SV}	特殊目检	50
P_{DM}	场站或基地级可检	20
P_{LT}	不可检	20

注：P_{syu}等于在 M 倍检查间隔内将出现一次的最大平均内部元件载荷。当P_{DM}或P_{LT}小于使用载荷时，所要求的剩余强度载荷取使用载荷。若P_{syu}大于使用载荷，则其不必大于一个寿命期内最大载荷的 1.2 倍。

6.2.5.1 应力强度因子判据

（1）脆性断裂

采用线弹性断裂力学的应力强度因子判据，即构件的裂纹尖端应力强度因子 K 值达到该结构材料的断裂韧度 K_{IC} 时，裂纹便发生不稳定快速扩展，造成结构突然断裂。其断裂判据为

$$K \geqslant K_{IC} \tag{6-39}$$

当处于平面应力状态时，应采用平面应力断裂韧度 K_{IC}，上述断裂判据也可表示为：在给定 σ 时

$$a \geqslant a_c = \frac{1}{\pi}(\frac{K_{IC}}{\beta\sigma})^2 \qquad\qquad (6-40)$$

在给定 a 时

$$\sigma \geqslant \sigma_c = \frac{K_{IC}}{\beta\sqrt{\pi a}} \qquad\qquad (6-41)$$

式中 a——裂纹长度；

  a_c——临界裂纹长度；

  σ——远离裂纹尖端应力场的应力；

  σ_c——临界应力；

  β——应力强度因子修正系数。

（2）表观断裂韧度

对于薄板或韧性较好材料，当裂纹开裂后并不立即产生不稳定扩展，而是随载荷增加，裂纹经过一段稳定扩展阶段然后再快速扩展（如图 6-23 所示）。取不同的初始裂纹长度重复试验可得到图 6-24 中曲线，最下面曲线 K_i 表示缓慢裂纹扩展的开始，最上面曲线 K_c 表示快速扩展开始。

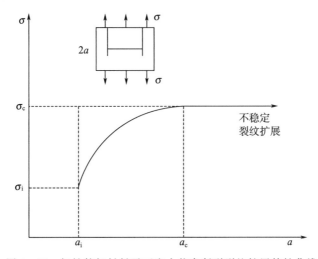

图 6-23 韧性较好材料平面应力状态断裂裂纹扩展特性曲线

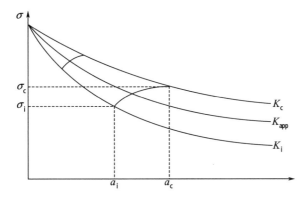

图 6-24 平面应力状态断裂剩余强度特性变化曲线

由于裂纹起始扩展的载荷 σ_i 和失稳开始时裂纹长度 a_c 很难测得，工程上以一组容易实测的初始裂纹长度 a_i 和临界应力 σ_c 组成一曲线，称其为表观临界应力强度曲线。其相应的破坏判据为

$$K \geqslant K_{app} \tag{6-42}$$

式中　K_{app}——表观断裂韧度。

6.2.5.2　弹塑性断裂准则

当裂纹尖端塑性区已大到不能忽略时，采用上述线弹性断裂判据已不合适，必须采用弹塑性断裂力学方法，其断裂判据如下。

（1）J 积分断裂准则

结构在外载荷作用下裂纹尖端 J 积分大于或等于材料的 J 积分临界值 J_c（一般取开裂点的 J 积分值）时，其裂纹长度为临界裂纹长度 a_c，或其载荷达到临界应力值，即

$$J \geqslant J_c \tag{6-43}$$

（2）能量释放率准则

外载荷作用下结构的能量释放率 G 大于或等于材料的能量释放率的临界值 G_{IC}，能量释放率准则也适用于线弹性断裂力学。能量释放率临界值一般取开裂时的临界值。

（3）裂纹张开位移 COD 准则

结构在外载荷作用下裂纹尖端张开位移 δ 大于或等于裂纹尖端张开位移的临界值 δ_c，即

$$\delta \geqslant \delta_c \tag{6-44}$$

（4）阻力曲线法

该准则认为在破坏时用于扩展裂纹的能量等于或超过材料的裂纹扩展阻力，即能量释放率 G 等于裂纹扩展阻力 R，同时能量释放率 G 随裂纹长度 a 变化曲线的斜率等于裂纹扩展阻力 R 随裂纹长度 a 变化曲线的斜率，则该断裂准则可表示为

$$G = R$$
$$\frac{\partial G}{\partial a} = \frac{\partial R}{\partial a} \tag{6-45}$$

6.2.5.3　净截面屈服判据

对于高韧性材料，构件上应力会高到使整个净截面在断裂发生前先产生屈服，最后再导致构件破坏，即

$$\sigma_j \geqslant \sigma_{ys} \tag{6-46}$$

式中　σ_j——净截面应力；

　　　σ_{ys}——材料屈服应力。

6.2.5.4　费德森（Feddersen）法

该方法为一种工程计算方法，主要适用于有限宽度薄板。图 6-25 表示剩余强度和裂纹长度关系曲线。结构破坏可分成三个区域，当应力大于或等于 2/3 材料屈服应力 σ_{ys} 或裂纹长度 a 大于或等于 2/3 板宽 W 时，可采用净截面破坏准则，否则采用 K 判据，即

$$当\ \sigma \geqslant \frac{2}{3}\sigma_{ys}\ 或\ 2a \geqslant \frac{2}{3}W\ 时,\ \sigma_{j} = \sigma_{ys}$$

$$当\ \sigma < \frac{2}{3}\sigma_{ys}\ 或\ 2a < \frac{2}{3}W\ 时,\ \sigma_{c} = \frac{K_{c}}{\sqrt{\pi a}}\ 或\ a_{c} = \frac{K_{c}^{2}}{\sigma^{2}\pi}$$

式中　σ_{j}——净截面应力；

　　　σ——远离裂纹尖端处应力；

　　　K_{c}——材料平面应力状态时断裂韧度。

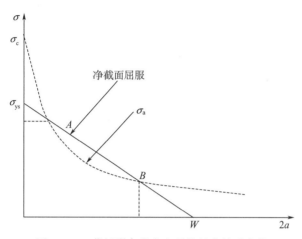

图 6-25　薄板剩余强度和裂纹长度关系曲线

6.3　复合材料结构的耐久性/损伤容限设计

美国 1975 年颁布的军用标准《飞行器结构完整性大纲——飞行器要求》中尚不包含复合材料结构的内容。当时对复合材料的损伤、断裂和疲劳的研究和认识很不充分，在设计时基本上套用金属结构的方法。从 20 世纪 70 年代中期到 80 年代初的研究和使用经验使设计人员逐步认识到，复合材料的损伤、断裂和疲劳性能与金属有很大差别，金属结构的设计与验证方法往往不能直接用于复合材料结构，还发现冲击损伤和湿热效应等是影响复合材料结构性能的重要因素，必须在耐久性/损伤容限设计中加以考虑。在 20 世纪 80年代美国的一些公司均对有关问题进行了深入的研究，美国空军和海军相继在 1985 年、1987 年及 1990 年制订或增补了有关复合材料结构的耐久性/损伤容限的设计和验证的有关内容，并于 1995 年提出了统一的规范文本，明确了对复合材料结构的损伤容限要求和低能量冲击的耐久性要求，还明确了冲击损伤的试验标准、湿热环境对冲击损伤的影响以及新的材料体系引入后这些要求的适用性等。国外民用机复合材料结构的耐久性/损伤容限设计也大致经历了这一过程。我国通过十余年的研究和型号研制，对复合材料结构的耐久性/损伤容限的设计与验证技术逐渐形成了比较系统的认识，并积累了一定的数据和经验，于 1995 年编制出版了《复合材料飞行器结构耐久性/损伤容限设计指南》。

6.3.1　复合材料结构损伤、断裂和疲劳的特点

目前用于飞行器结构的主要是纤维增强树脂基复合材料层合板或层压结构，这类复合材料的损伤、断裂和疲劳性能与金属材料（主要指铝合金）有很大差别。这些差别的主要来源是复合材料层合板的各向异性、脆性和非均质性，特别是层间性能远低于层内性能等特点。另一方面，复合材料构件的制造目前很多靠人工铺贴和热压成型，加上加工及运输过程中可能受到的外来物冲击，复合材料制件会不同程度地带有各种缺陷/损伤，并在质量以及损伤、断裂和疲劳性能方面（与各向同性材料构件相比）具有较大的分散性。这些差别主要反映在以下几方面。

6.3.1.1　主要的缺陷/损伤类型

裂纹是金属结构的主要损伤形式。复合材料结构的主要缺陷损伤形式是界面脱胶、分层和外来物产生的低能量（特别是低速）冲击损伤。由于复合材料是由纤维和基体组合成铺层，再由若干铺层叠压而成，所以形成的缺陷和损伤形式繁杂多样，就其来源看大致有以下几种。

1）制造缺陷。制造缺陷通常可以分为两类。一类是铺贴和固化过程中产生的，例如空隙、分层、脱胶、夹杂、贫脂或富脂、树脂固化不完全、纤维方向偏离（或纤维弯曲）和铺层顺序错误等。另一类是在机械加工和装配时产生的，例如刻痕、擦伤、撞击脱胶、钻孔不当和螺栓拧紧力矩过大等。

2）冲击损伤。冲击损伤按其形态主要为两类。一类是高能量冲击，一般情况下是高速冲击，例如子弹、非包容发动机碎片和鸟撞等外来物的冲击造成的损伤，其往往具有穿透性，并伴随着一定范围的局部分层。雷击虽不属冲击，但其也可能导致蒙皮被击穿、产生深度分层或严重烧蚀。上述这些损伤均目视易检，可以及时发现并很快采取修理措施或更换受损部件。另一类是低能量冲击，多数情况下是低速冲击。其包括生产或维修所用工具的掉落，叉车、卡车和工作平台这一类维护设施的撞击，维修人员无意中的粗暴脚踩，起飞、着陆时从跑道上卷起的碎石的撞击，以及在地面或空中飞行时冰雹的撞击。这类损伤往往从冲击表面很难察觉，目视不可检，但结构内部可能已产生了大范围的基体开裂和分层，因此会带来更大的威胁（见图 6 - 26）。

3）孔。孔是设计中不可避免的，虽然其不属于缺陷和损伤，但确实引起了结构强度的削弱，是耐久性/损伤容限设计时必须考虑的因素之一。

上述损伤中对于复合材料结构最严重的是冲击损伤。当金属结构受冲击后可能仅仅引起一些凹坑（除非能量很大以至击穿），但复合材料层压结构受低能量冲击后一般都会引起内部局部分层，因此，冲击后在压缩载荷、层间剪切载荷和剪切载荷下复合材料均显得很脆弱，尤其是在压缩载荷下，分层很易进一步扩展。冲击后的压缩静剩余强度一般只剩原无损强度的 40%，远比金属严重。在周期载荷谱环境下，损伤将进一步扩展（图 6 - 27），其还会使结构的强度和刚度有所下降，压缩强度可能比上述静剩余强度再减少 40%。综上所述，复合材料结构的耐久性/损伤容限设计时，注意力应更多地集中于冲击损伤而非疲劳。

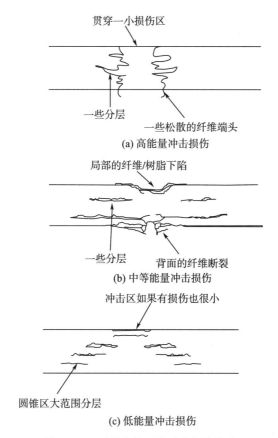

图 6-26　不同能量下的冲击损伤模式

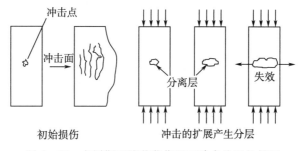

图 6-27　在周期压缩载荷作用下冲击分层的扩展

6.3.1.2　疲劳性能

金属材料对疲劳一般比较敏感,特别是含缺口结构受拉-拉疲劳时,其疲劳强度会急剧下降。但复合材料一般都具有优良的疲劳性能,在拉-拉疲劳下,其能在最大应力为 80% 极限拉伸强度的载荷下经受 106 次循环。在拉-压或压-压疲劳下,其疲劳强度略低一些,但均不低于相应静强度的 50%。

6.3.1.3　缺口敏感性

复合材料的静强度缺口敏感性远高于金属材料,但在疲劳载荷下基本不受缺口的影响，其疲劳缺口系数远小于其静应力集中系数。

6.3.1.4　损伤扩展性能

复合材料结构主要考虑冲击损伤和分层在疲劳载荷下的扩展性能。试验结果表明，一般很难观察到其在疲劳下的扩展，即使出现损伤扩展，往往是在寿命后期，并且很难确定其扩展规律。

6.3.1.5　分散性和环境影响

复合材料静强度和疲劳强度的分散性均高于金属材料，特别是疲劳强度尤为突出，因此在对复合材料结构进行疲劳验证时，除寿命分散系数外，有时还需考虑载荷放大系数。此外，复合材料的性能一般均应考虑湿热环境的影响。

6.3.2　复合材料结构耐久性/损伤容限设计要求

6.3.1.1　复合材料结构疲劳/耐久性设计要求

总结复合材料结构已有设计应用实践，在结构疲劳/耐久性方面获得以下认识和经验：

1）复合材料疲劳数据分散性大，对压缩载荷和高载荷敏感；

2）疲劳寿命对载荷谱中高载荷的数目是敏感的；

3）薄层合板蒙皮和蜂窝夹层板对低能量冲击损伤（产生表面目视勉强可检损伤BVID）敏感，蒙皮表面目视勉强可检的冲击损伤、不可见的蒙皮/芯子之间的损伤（脱胶和芯子凹陷）会加速水分浸入，使修理频率增加，甚至更换构件，带来高的维修成本；

4）薄层合板维修性/后勤保障的经验严重缺乏；

5）按限制许用应变设计的复合材料结构对疲劳是不敏感的。

复合材料结构疲劳/耐久性设计应满足下列要求：

1）复合材料结构初始质量允许含有表面目视勉强可检的低能量冲击损伤和制造工艺质量标准允许的空隙、分层和表面划伤等缺陷。

2）疲劳损伤扩展是可能发生的基体开裂、分层、界面脱胶和纤维断裂等多种损伤形式的无规则扩展与其组合积累的结果，其往往是缺乏规律性的。因此，疲劳破坏准则允许强度不足，但多数情况下表现为结构的刚度下降，导致不能满足设计要求而失效。

从结构完整性考虑，规范要求：特别是对树脂基复合材料，应考虑服役使用引起的损伤（如低速低能量冲击损伤、维护和操作损伤等），还必须研究其对修理、维护和功能的可能影响；应该证明结构表面不易目视检出的损伤，将不会引起随后的部件退化/功能削弱或维护需要（例如检查）。

3）疲劳寿命设计分析方法十分有限。采用限制设计许用应变小于复合材料疲劳极限阈值的疲劳阈值设计方法，其以结构静强度设计覆盖结构疲劳问题，需要有试验支持。

4）低能量冲击损伤及耐久性要求。低能量冲击以使结构产生目视勉强可检的外表面损伤作为上限界划定。分析结构可能遇到的使用与维护环境，并编制典型的损伤源。

6.3.2.2　复合材料结构损伤容限设计要求

结构损伤容限设计目的在于避免因未检测到的损伤引起结构发生灾难性破坏。

总结复合材料结构已有设计应用实践，在结构损伤容限方面获得以下认识和经验：

1）目视可检冲击损伤（VID）是复合材料（层合）结构最严重的缺陷/损伤形式。

2）冲击损伤面积（IDA）、剩余强度以及破坏形式在很大程度上取决于结构的构造形式。

3）现有复合材料结构的冲击损伤扩展特性可归为缓慢裂纹扩展。复合材料结构与金属结构相比，冲击损伤虽然使复合材料承载能力突然明显下降，但在载荷谱作用下，其扩展是缓慢的，即含冲击损伤复合材料结构对疲劳载荷是不敏感的；相比之下，复合材料结构具有更好的破损安全特性。

4）冲击损伤分析技术十分缺乏，使用经验有限。

复合材料结构损伤容限设计应满足下列要求。

（1）初始缺陷/损伤假设

应当在对设计制造方法和检测方法能力评定后建立初始缺陷尺寸假设。具体表现为，对树脂基复合材料，当对结构进行分类/定义可检度和建立初始缺陷尺寸假设时，必须考虑使用中引起的缺陷（外来物损伤、操作损伤等）。

使用损伤假设是指结构使用中遭受作战弹伤、鸟撞、雷击或发动机高速旋转零件的非包容破坏等外来物高能量冲击而产生的目视易见损伤。使用损伤尺寸应由试验或试验支持的分析方法确定。

应该用验证过程中所用的尺寸来定义临界缺陷，所选尺寸与制造和使用缺陷/损伤的检查计划有关，并由其支持；所选尺寸还与出现的概率有关，例如，对于某个具体结构部位，其与具有一定强度和出现频率的外部物体的损伤敏感性有关。当没有全面的检测验证计划时，则应假设发生如表 6-3 所给出的缺陷/损伤类型和尺寸。应注意，不能把使用中的冲击损伤要求用于不会遭受外部冲击的飞行安全结构，如内部的框和梁。

表 6-3　初始缺陷/损伤尺寸假设（军用飞行器）

缺陷/损伤形式	缺陷/损伤尺寸
划伤	长 100 mm 深 0.5 mm 的表面划伤
分层	分层面积当量于直径为 50 mm 的圆，并具有相对所在位置是最危险的分层形状
冲击损伤	由 25.4 mm 直径半球形端头的冲击物造成的冲击损伤，其冲击能量为 136.1 J 和产生 2.5 mm 深凹坑所需冲击能量值中的较小者；当板厚小于 2.5 mm 时，其冲击能量为产生等于板厚深度凹坑所需冲击能量值

对表 6-3，需解释以下几点：

1）划伤是指普通检验员可能漏检的最大尺寸，而不应是大多数熟练的检验员能注意到的最小尺寸；

2）分层考虑了可能发生且在维护修理时可能漏检的分层；

3）冲击损伤假设按层合板厚度大致可分为 3 个厚度范围对应的不同冲击损伤假设，见图 6-28 和图 6-29。

对厚度小于 $t_1 \approx 20$ 层（2.5 mm 以下）的薄层合板，按表面凹坑深度等于板厚确定冲击损伤假设，以避免薄蒙皮层合板出现穿透性冲击损伤；

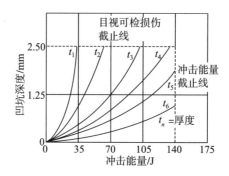

图 6-28　初始冲击损伤假设冲击能量与可检凹坑深度的截取值

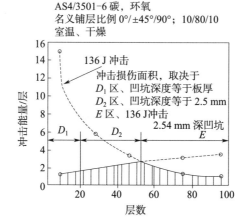

图 6-29　不同厚度层合板初始冲击损伤假设

对厚度 $t_1 \sim t_4 \approx 20 \sim 50$ 层（相当于 $2.5 \sim 6$ mm）的层合板，按表面凹坑深度等于 2.5 mm 确定冲击损伤假设；

对厚度大于 $t_4 = 50$ 层（相当于 6 mm 以上）层合板，按最大冲击能量等于 136 J 确定冲击损伤假设。

对油箱等有特殊要求部位，应按具体要求确定冲击损伤尺寸。有的技术文件还针对制孔或紧固件安装不当的缺陷/损伤进行规定，在每一紧固件群中有一个孔径过大，其超差为 0.38 mm 或有一个紧固件歪斜 10°，则取其中严重的情况。

（2）结构剩余强度要求

复合材料结构应有足够的损伤容限能力，在缺陷/损伤被发现前，应当承受合理水平的载荷而不发生破坏或过大变形，确保飞行器安全。含损伤结构的剩余强度，根据损伤的可检度和检查间隔，规范规定了不同的要求。

含初始缺陷/损伤的结构，在一倍寿命期内，其剩余强度应不小于使用载荷或期间所出现最大载荷的 1.2 倍（应不大于 1.2 倍使用载荷）。

含使用损伤的结构，在检查间隔期间内，其剩余强度应不小于（规定的）M 倍检查间隔内出现 1 次的最大平均内部元件载荷，以保证飞行器能安全返航。

（3）结构损伤扩展要求

复合材料结构损伤扩展归为缓慢裂纹扩展范畴。对初始缺陷/损伤，要求在两倍使用寿命期内，初始缺陷/损伤尺寸应不增长或止裂；而对使用损伤，要求在两倍使用寿命期内，使用损伤尺寸应不增长到使结构发生破坏的程度。

结构损伤容限分析必须采用有试验支持或试验验证的分析技术。

对民机 FAA AC20 - 107A 规定的冲击损伤容限设计要求如图 6 - 30 所示，设计载荷按结构冲击损伤目视勉强可检阈值确定。

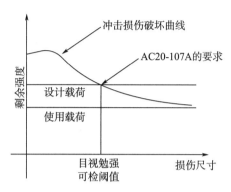

图 6 - 30　FAA AC20 - 107A 冲击损伤的设计要求

6.3.3　复合材料结构耐久性/损伤容限设计方法概述

复合材料结构的耐久性/损伤容限设计和评定主要通过设计选材、限制设计许用值、改善结构细节设计、工艺筛选、质量保证以及采用积木式研制和验证试验等措施来实现。复合材料结构的耐久性/损伤容限设计方法与金属结构有较大差别，其基本特点如图 6 - 31 所示。据此以下对复合材料结构的耐久性/损伤容限设计的一些主要特点作简单介绍。

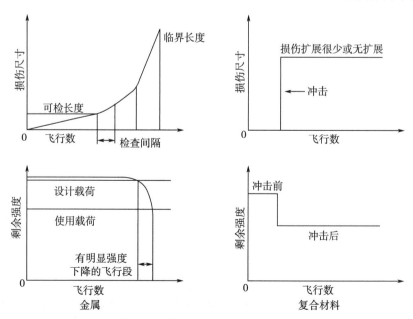

图 6 - 31　复合材料结构的耐久性/损伤容限的设计特点

耐久性/损伤容限的设计方法主要是正确地制定和执行对结构的耐久性/损伤容限控制计划。其包含两项任务，即关键件的选择以及对关键件进行质量控制；就复合材料结构和金属结构而言其原理是相同的，只是针对复合材料结构的弱点和特点有一些问题需特别注意。

6.3.3.1　关键件的选择

除与金属结构相同的一些考虑因素外，要特别注意以下几点：

1）易受外来物冲击的部位；

2）可能承受非平面内的载荷（即面外载荷），受载复杂的承力区的构件和部位；

3）受高温、湿/热或特殊环境因素长期作用的部位；

4）加工、装配困难，易产生缺陷的部位。

6.3.3.2　复合材料结构损伤容限结构类型

通常将复合材料结构归为缓慢裂纹扩展结构，对此可采用两种设计概念，即损伤无扩展概念和损伤扩展概念。

1）损伤无扩展概念。为了满足含冲击损伤时的剩余强度要求，一般设计许用值取得比较低，然而复合材料与金属相比有优异的疲劳性能（包括含冲击损伤后）。此外，复合材料结构中的缺陷和损伤往往很难预测，并且在疲劳载荷下的扩展目前还无规律可循，鉴于上述原因，目前设计时通常采用损伤无扩展概念。按此概念设计的结构在规定的检查间隔内若出现明显的缺陷/损伤扩展，则必须重新设计。

2）损伤扩展概念。采用损伤扩展概念设计的前提条件是：对可能出现的每种缺陷/损伤类型，在使用载荷谱下的扩展特性时有可靠的数据和足够可靠的检测方法。

由于损伤无扩展概念的主要设计措施是控制设计使用应变，目前一般取拉压应变为（4 000～5 000）$\mu\varepsilon$，剪切应变约为 7 000 $\mu\varepsilon$。该许用值较低，因此不利于充分发挥复合材料的潜在优势。目前国内外均在进行研究，包括提出一些适合复合材料的新的结构损伤容限设计概念、新的结构型式、新的材料体系以及新的制造工艺等，使设计许用应变值有所提高。

6.3.3.3　复合材料结构耐久性/损伤容限的设计考虑

所谓设计考虑主要是指从设计方面对关键件进行质量控制所采取的一些措施。这些措施和相应的设计原则与金属结构基本相似，例如合理地选材，控制应力/应变水平，合理地进行结构布局，精心的细节设计，保证结构的可检性、可修理性和可更换性，以及尽量降低全寿命周期成本等，但其具体内容有所不同。下面我们主要就材料选材和结构设计方面进行一些讨论。

6.3.4　复合材料结构耐久性/损伤容限的设计选材和材料设计

根据结构完整性要求，对所用的材料体系性能的要求应进行综合考虑。除了材料的基本性能和工艺性外，针对耐久性和损伤容限设计的要求应主要考虑材料的韧性和最高使用温度等环境因素的影响。其重点是抗冲击损伤的性能，包括冲击后剩余压缩强度和冲击后损伤面积、层间断裂韧性 G_{IC} 和 G_{IIC}。此外还有开孔试样的拉伸、压缩性能。

提高层间断裂韧性主要从两方面考虑。

（1）选取韧性好的基体

因为层间性能主要取决于基体性能，一般来说，基体的韧性高可有效地提高 G_{IC} 和 G_{IIC}，从而可抑制分层、减少冲击后损伤面积（不同复合材料的断裂韧性见表 6 - 4）。热塑性基体能显著地提高抗冲击能力，但其加工方法尚未得到充分的研发，且成本较高。

表 6 - 4　不同基体和纤维复合材料的断裂韧性值

材料体系	基　体	$G_{IC}/(J \cdot M^{-2})$	$G_{IIC}/(J \cdot M^{-2})$
T300/5208	环　氧	97	350
T300/QY8911	双　马	252	665
T300/5405	双　马	267	1 358
T800/5245	双　马	352	556
IM7/5250 - 4	双　马	280	620
IM6/APC2	热塑性	1 800	2 200
AS6/2220 - 3	环　氧	252.9	887.2
AS6/5245C	双　马	301.6	817.2
AS6/PEEK	热塑性	1 167.5	2 411.7

对复合材料结构整体油箱要防止冲击后漏油，因此选材时除了要使冲击引起的损伤面积尽量小之外，还要同时考虑应该有较高的击穿临界能量值，使其在高能量冲击下不易被击穿。

（2）利用复合材料可设计性提高韧性

1）采用混杂复合材料，主要是用玻璃纤维或芳纶（凯夫拉）纤维与碳纤维混杂。由于玻璃纤维等有高延伸率和高断裂韧性，因此可有效地提高受损结构的剩余拉伸和压缩强度（图 6 - 32）。图 6 - 32 中的临界应变对应于受拉时裂纹失稳扩展时的应变值。

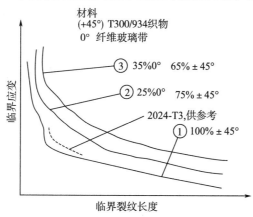

图 6 - 32　S-玻璃纤维和碳纤维混杂对损伤容限特性的改善

　　2）利用铺层设计改善损伤容限特性（图 6 - 33）。一般来说，±45°层压板对冲击损伤和含孔拉伸均相对不敏感，所以受损后其强度下降不明显。采用不同的纤维（如高应变纤维 AS6）、不同的铺层比，甚至不同的预浸料供应形式（单向带或织物）都可获得不同的改善效果。

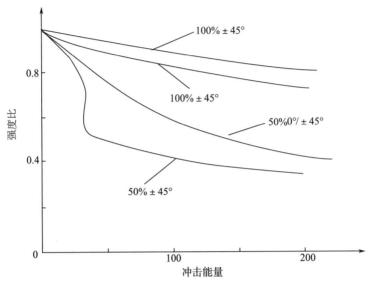

图 6 - 33　冲击损伤对拉伸和压缩强度的影响

6.3.5　提高复合材料结构耐久性/损伤容限的特殊设计技术

　　为了充分发挥复合材料的潜在优势，近年来国内外对提高耐久性/损伤容限的设计技术作了很多研究。除了前面介绍过的有关材料和结构设计上的考虑外，还提出一些如软蒙皮设计概念、软化带设计技术、止裂带和三维增强等措施。这些方法主要均基于以下设计思想：

　　1）提高结构的抗损伤能力，抑制损伤的形成或减小损伤（如受冲击后）范围，抑制和阻止损伤进一步扩展。

　　2）提高结构包容损伤的能力，即提高复合材料结构受损后的剩余强度和疲劳强度/疲劳寿命。

　　以下就其中的几种做简要介绍。

6.3.5.1　软化带设计技术

　　软化带用于受拉壁板时有可能对损伤扩展起抑制作用，并提高拉伸剩余强度，其也可用于提高机械连接区强度。以后者为例，所谓软化带就是在构件连接区沿着螺栓排列线取一定宽度的带区，用模量较低的材料（如玻璃纤维）或铺层（例如原碳/环氧复合材料的±45°层）取代原构件层合板中某些高模量层（如 0°层）而构成的软化带。软化带区层合板的模量比基本层合板的模量低，可减小孔边的应力集中，使破坏延缓发生；对于多钉连接，软化带可使其钉载分配趋于均匀，使钉载最大的螺栓所占载荷比例下降以延缓破坏发生，以上各点均可使连接强度有所提高。

6.3.5.2 三维增强（Z 向增强）技术

三维增强包括三维编织及缝纫、紧固件机械连接增强等多种方法，主要是为了抑制冲击等引起的分层损伤的扩展，提高结构的损伤容限，尤其是三维编织是改善结构抗冲击损伤能力的一种很有潜力的方法。三维编织结构不属于层压结构，由于三维编织时大约有5％的纤维用于垂直于板平面的 Z 向，且编织结构中的纤维互相嵌套，因此不会出现分层。即使有裂纹等损伤出现，纤维的嵌套和架桥作用也可对其扩展起一定的阻滞作用。

6.3.5.3 胶膜夹层技术

在铺层之间夹入一些胶膜可提高结构的断裂韧性。

首先需要注意的是，复合材料的损伤形式众多，其形成和扩展的机理不同，必须针对不同的损伤采取相应的措施。例如主要着眼于改善冲击损伤容限的措施，就不一定适用于含孔或穿透损伤的受损结构。其次，提高结构损伤容限的措施，可能会在无损强度、刚度或质量上带来一些不利的影响，因此设计时必须结合具体结构，根据该结构件易出现的损伤形式和受载情况对结构的强度、刚度、耐久性/损伤容限性能、质量和成本综合考虑，才能得到最佳的结构效率、低成本以及各种性能之间的平衡。

参 考 文 献

［1］邱志平，王晓军．飞机结构强度分析和设计基础．北京：北京航空航天大学出版社，2012.

［2］陶梅贞．现代飞机结构综合设计．西安：西北工业大学出版社，2001.

［3］郦正能．结构耐久性和损伤容限设计理论与方法．北京：北京航空航天大学出版社，1998.

［4］沈真．复合材料飞机结构耐久性、损伤容限设计指南．北京：航空工业出版社，1995.

第7章　可重复使用新型航天飞行器结构设计与制造一体化

7.1　概述

由于复合材料的设计与制造周期长、低层次重复劳动量大、设计更改困难、图纸易读性差以及设计成果共享难等缺点已经严重制约了新型号研发周期的缩短和研制能力的提升，因此迫切需要发展复合材料设计制造一体化设计。

7.2　结构设计制造一体化设计平台

7.2.1　设计制造一体化设计平台总体架构

复合材料整体结构设计是世界航空航天领域的研制难点，在借鉴国外先进设计经验的基础上，结合新型航天飞行器项目特点和生产制造单位的研制水平，基于 FiberSIM/VPM 系统，搭建了基于设计制造一体化的复合材料结构数字化设计平台，如图 7-1 所示。

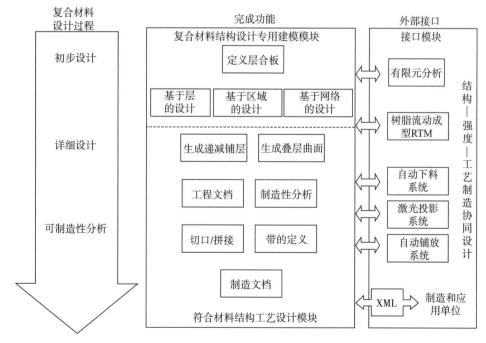

图 7-1　基于设计制造一体化的复合材料结构数字化设计平台总体架构

7.2.2 基于 FiberSIM/VPM 搭建复合材料设计制造一体化设计平台

FiberSIM 是集成于 CAD 系统中的一个软件工具包，其可以使 CAD 系统成为高性能的设计和制造复合材料零件的软件工具。FiberSIM 软件独有的复合材料仿真技术，能够预测复合材料如何与复杂的表面贴合，并将贴合的结果形象地表示出来。FiberSIM 软件支持整个复合材料的工程过程，可以使设计人员同时在零件几何、材料、结构要求以及工艺过程约束之间进行权衡。

VPM（Virtual Product Management，虚拟产品管理）具有产品定义和管理、产品结构管理、产品构型管理、任务流程管理、关联设计管理、扩展企业信息交流、发布/预定机制及人员与组织结构管理等功能，这些功能组合起来可以协同完成产品开发工作。

基于 FiberSIM/VPM 搭建的复合材料设计制造一体化设计平台可以实现复合材料结构从初步设计阶段到生产制造的全周期管理。复合材料设计流程如图 7-2 所示。

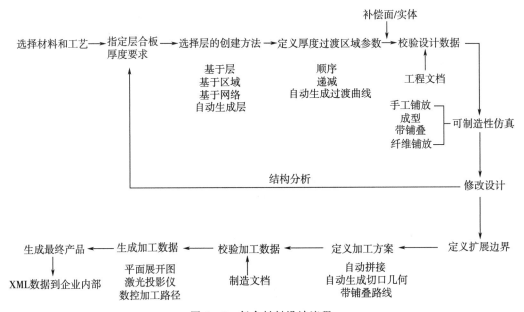

图 7-2　复合材料设计流程

在初步设计阶段，可以实现如下技术特点：

1）按设计意图定义层合板规范和对应的材料规范，如图 7-3 所示；

2）与其他软件进行数据交换；

3）可结合工艺要求对材料和层合板定义进行权衡，实现工艺优化。

在具体设计阶段，可以实现如下技术特点：

1）可以进行基于真实纤维方向的有限元分析，如图 7-4 所示；

2）支持可制造性分析与仿真，如图 7-5 所示。

Design Station	Ply Total	±45° fabric	0° tape	45° tape	−45° tape	90° tape	Gage Thickness
A	8	2	2	1	1	2	0.045
B	14	2	2	4	4	2	0.075
C	22	2	6	4	4	6	0.115
D	34	2	8	8	8	8	0.175
E	42	2	10	10	10	10	0.215
F	54	2	13	13	13	13	0.275

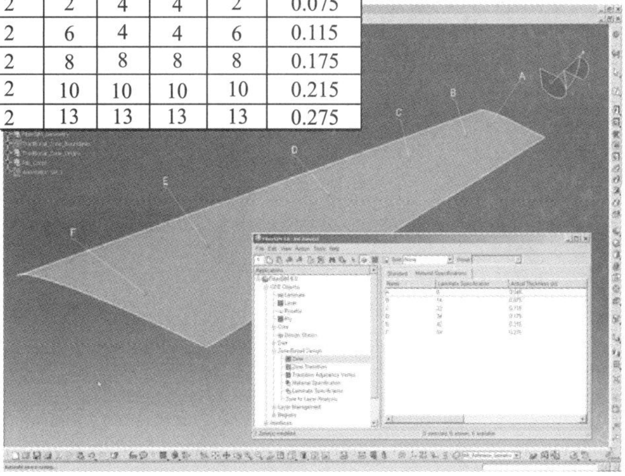

按设计意图定义层合板规范和对应的材料规范

将定义的层合板规范指定给特定的区域

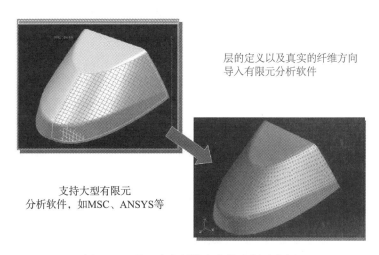

图 7 - 3　定义层合板规范和对应的材料规范

层的定义以及真实的纤维方向导入有限元分析软件

支持大型有限元分析软件，如MSC、ANSYS等

图 7 - 4　基于真实纤维方向的有限元分析

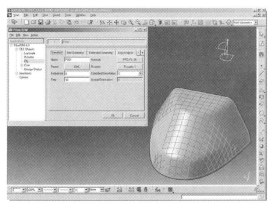

图 7 - 5　复合材料可制造性分析与仿真

在生产制造阶段，可以实现如下技术特点：

1）支持定义加工方案；

2）支持生成并校验加工数据和文档，如图 7-6 所示。

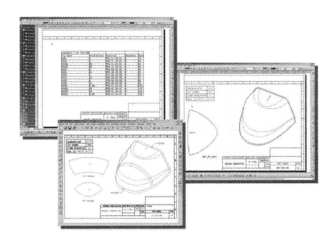

图 7-6　复合材料加工数据和文档

7.2.3　复合材料结构快速优化设计

复合材料结构设计的一大难点在于铺层顺序的安排及相邻的不同厚度区域间的铺层递增或递减。设计中应充分利用复合材料结构性能的可设计性的优点，通过 Hypersizer 与 FiberSIM/VPM 等系统的有效集成（图 7-7），提高复合材料结构性能预测的精度，实现铺层的递增/递减及顺序的分析自动化，达到结构减重和提高机械性能的效果，并且同时实现剖面尺寸、形状、材料选择及铺层设计的优化，提高设计人员的工作效率，缩短研制周期。

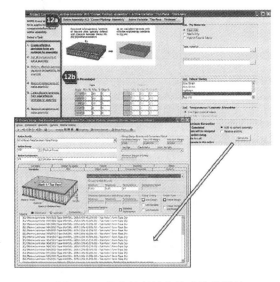

图 7-7　复合材料结构快速优化设计

7.2.4 制订基于 MBD 的装配体设计规范

以往采用的基于模型定义（MBD）设计技术是以三维数字化零件为基础的，虽然其集成了三维空间尺寸公差标注和制造要求标注在内的特征信息，但对于部段及全飞行器装配并没有提供足够的信息。新型航天飞行器数字样机大规模采用复合材料一体化成型技术，对于装配工作提出了更高的要求，传统的二维装配图纸已无法满足其需求。因此，应建立基于装配体的 MBD 设计规范，如表 7－1 所示。

表 7－1 数字样机规范

序号	标准规范名称	主要内容
1	材料选用指南	规范了数字样机结构材料选用范围
2	数字样机结构机构系统金属材料选用规则	规范了数字样机金属材料选用范围
3	数字样机金属结构详细设计指导手册	规范了数字样机结构系统金属材料零部件设计的准则
4	数字样机复合材料结构详细设计指导手册	规范了数字样机结构系统复合材料零部件设计的准则
5	数字样机结构零件设计技术要求	规定了数字样机结构零件设计的通用规范
6	数字样机复合材料结构零件建模规范	规定了数字样机复合材料结构件数字化建模的标准规范
7	数字样机金属结构零件建模规范	规定了数字样机金属材料结构件数字化建模的标准规范
8	数字样机结构系统编号规则	规定了数字样机结构系统零部件的命名规则
9	数字样机结构着色要求	对数字样机着色规范进行了原则性定义
10	数字样机 MBD 装配要求	根据本规范对数字样机开展 MBD 装配
11	数字样机紧固件选用手册	规定了数字样机结构系统紧固件选用范围
12	数字样机紧固件标注规范	规定了数字样机结构系统紧固件标注的通用规则
13	数字样机尺寸定义	规定了数字样机结构系统零件的基本尺寸
14	数字样机 FiberSIM 设计规范	对协同设计的使用、数据发布传递进行规范

7.2.5 实现总装过程的有效管理

国内多数企业数字化装配技术现处于起步阶段，设计部门建立全机数字样机的工作已经取得实质性的成果，在各型号任务中已经基本实现了三维化的零件和部件设计。因此如何在数字样机基础上结合实际情况，通过协同工作平台建立三维数字化装配设计和装配过程仿真环境，实现产品设计、装配工艺设计和装配工装设计的并行工作方式，是进行全数字化装配设计/制造继续解决的问题。

基于数字化装配设计/制造软件 SyncroFIT 在 ADE（airframe development environments）环境中，可详细地编制紧固件、零件和部件的设计数据，完成三维产品定义，直接将设计数据存储于三维 CAD 模型中，将数据与相关的几何相关联，最终实现自动化重复设计任务，比如计算紧固件孔边距和叠层厚度。通过该项工作，不仅减少了重复性工作，而且直接根据设计数据定义不同的装配状态，同时其包含了相应的工艺制造信息，避免了错误的发生，实现了总装过程的有效管理。图 7 - 8 为基于 ADE 进行的数字化装配设计示意图。

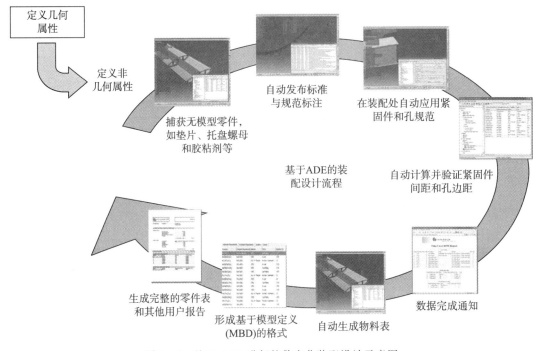

图 7 - 8　基于 ADE 进行的数字化装配设计示意图

7.2.6　构建复合材料设计基础资源库

随着技术的发展，新一代飞行器结构将大规模采用复合材料。相较于金属结构，复合材料结构设计需要更紧密地与制造工艺结合；且复合材料结构设计的核心技术之一就是直接关系到结构承载能力的零件铺层序列，因此该设计工作量极大。研发团队通过借鉴学习 NASA、波音、空客等国外机构的先进的设计理念，创建了适用于新型航天飞行器的复合材料设计基础资源库，将常用的复合材料结构设计所需资源进行整合。其作为提高设计效率的重要举措，可简化设计流程，降低重复性工作。

（1）复合材料体系与铺层信息库

复合材料结构件是由多层织物等按一定方向铺制而成，因此复合材料结构设计的核心技术之一就是零件的铺层顺序，铺层顺序直接影响零件的力学性能。

研发团队在借鉴 NASA、波音等国外机构的先进复合材料体系与铺层技术的基础上，建立了适用于新型航天飞行器载荷工况的复合材料体系与铺层信息库，形成了 5 类、共计 73 种规格的铺层序列，如图 7 - 9 所示。

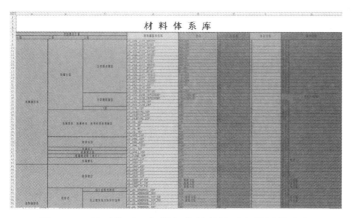

图 7 - 9　新型航天飞行器复合材料体系与铺层信息库

（2）紧固件库

紧固件库由螺栓、螺母、螺钉、铆钉、销钉和垫片等组成，主要用于飞行器结构的传力及设备的固定连接。研发团队梳理了适用于航天飞行器的常用紧固件，利用 ADE 参数化设计功能，形成了 75 个系列、共计 2 366 种规格的紧固件（相对于传统金属结构，该紧固件规格减少了 60%），如图 7 - 10 所示。

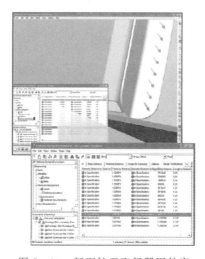

图 7 - 10　新型航天飞行器固件库

7.3　基于 MBD 的结构设计

长期以来，结构设计一直依靠二维平面工程图进行产品的定义。然而受二维表现力的约束，复杂型面产品的三维特性很难通过二维图进行完全的表达，设计师/工程师需要花费大量的时间去定义和识别，但仍然不可避免地经常出现歧义和偏差，使得制造工艺很难完全贯彻设计意图。因此二维工程图的设计与判读成为了一项需要严格专业训练的、高度复杂的技术工作。随着数字化信息时代的到来，基于模型定义（MBD，Model Based

Definition）的设计技术在航空领域率先兴起，极大程度地提高了结构设计技术，推动了结构设计精细化设计和准确化制造能力的提升。信息定义的便捷化、准确化和精细化使产品数字化三维模型逐步取代二维工程图纸，成为了设计制造的唯一依据[1]。

7.3.1　基于 MBD 的产品结构定义方式

MBD 用集成的三维实体模型来完整地表达产品定义信息，基于 MBD 的三维模型贯穿于产品设计、工装、工艺、制造和装配等生产的各个环节，如图 7-11 所示。

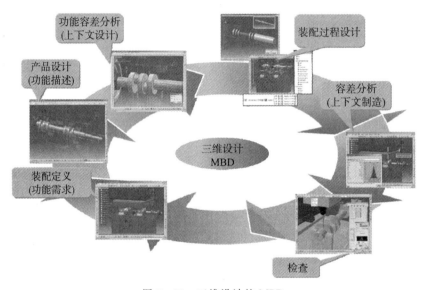

图 7-11　三维设计的 MBD

基于 MBD 的产品设计是采用全三维数字化的方式实现产品几何信息与非几何信息的综合一体化定义。当前在航空航天企业中，大部分采用 CATIA 作为产品 MBD 的设计平台。飞行器结构的类型主要包括零件和装配件，两者的定义内容和方式虽然有所区别，但其基本的表达方式一致，均采用结构树与文本结合的定义方式。

MBD 结构树定义的方法可实现三维模型的尺寸与公差等几何信息和技术要求等非几何信息的集成化，根据不同的设计/制造单位的数字化标准可以开展方法定制，实现 MBD 标准化定义；下游工艺单位可以根据定制开发相应的工具软件，将 MBD 信息提取到 PDM 系统中，并利用智能设备实现自动化生产。

7.3.2　MBD 技术工程应用关键技术

全面使用 MBD 技术，将三维产品制造信息（PMI，Product Manufacturing Information）与三维设计信息共同定义到产品的三维数字模型中，实现产品设计（含工艺设计）、工装设计、零件加工、部件装配、零部件检测检验的高度集成、协同和融合，并将基于 MBD 的三维模型贯穿于产品设计、工装、工艺、制造和装配等各个环节，所需主要关键技术如下：

　　1）基于 MBD 的数字化定义技术；

　　2）基于 MBD 的数字化工艺设计与仿真技术；

　　3）基于 MBD 的工艺装备设计制造集成技术；

　　4）基于 MBD 的数字化检测与质量控制技术；

　　5）基于 MBD 的产品数据管理系统集成技术。

7.3.3　基于 MBD 的产品数据管理系统集成技术

　　数模的版本变化将直接引发数模工艺、数模检验的版本变化，需以零部件为对象，建立产品设计数据、工艺数据和检验数据与 BOM 结构树的关联关系，即开展厂所协同研制单一数据源管理技术，基于 BOM 的设计、制造、检验数据管理技术，以及工程更改管理技术和构型管理技术研究。

7.3.4　基于 MBD 的产品设计

　　基于 MBD 的产品设计主要包含产品三维模型、几何尺寸定义、产品属性和技术要求等[2]，如图 7-12 所示。

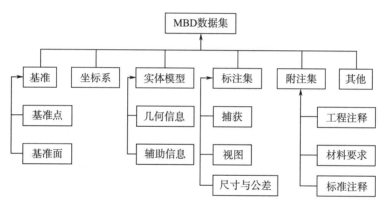

图 7-12　基于 MBD 产品设计

　　零件的三维模型采用三维设计平台 CATIA 创建，结构尺寸采用真实比例。零件的三维模型是零件最基本的信息，是制造、装配与检验的依据。在 CATIA 设计平台的同一个窗口界面内即可以将产品的所有信息集中展现（图 7-13）。窗口中左侧是产品信息结构树，包含产品的设计过程信息、记录图形集、工程注释、标准注释及标注图形集等。在设计完成后发图之前，需要隐藏与制造不相关的过程记录图形集等附注制图信息。结构树中的各类注释信息可以通过二次开发的 VBA 接口程序对信息自动读取，形成整个产品结构的 BOM 文件，以便于制造单位进行信息的汇总。

　　当产品的标注信息过多、无法仅通过排版的方式进行清晰读图时，可以利用 Capture 功能进行自定义视图，保留某类相关的技术信息。关于标注信息的格式要求应当按照规范执行。

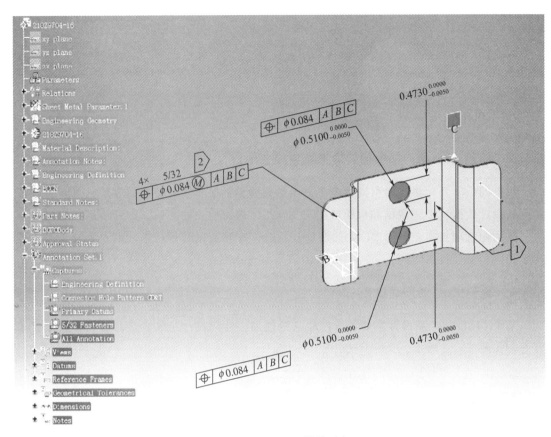

图 7 – 13　CATIA 设计平台

　　基于 MBD 的产品设计中，首先应当给出产品的制造基准，对于产品的几何信息，如尺寸与公差等标注通常按照 GB/T 1804《一般公差　未注公差的线性和角度尺寸的公差》执行。当该标准的公差范围无法满足设计要求时，可以在模型中单独标注出该尺寸的公差值。

7.3.5　基于 MBD 的三维设计规范

　　全三维设计技术的实现以三维模型与信息为载体，在统一的产品设计规范定义下，集成几何属性、非几何属性和管理属性等信息，使这些信息作为设计、指导生产制造和装配、检测的唯一数据源，如表 7 – 2 所示。为得到完整的零件结构树定义信息，当产品为钣金或复合材料结构时，结构树上还应根据需要给出零件的制造参考信息。

表 7 – 2　结构树定义要求

结构树	说明	适用范围
xy plane CATIA	默认	必需
yz plane CATIA	默认	必需
zx plane CATIA	默认	必需

续表

结构树	说明	适用范围
PartBody	实体特征造型	必需
External References	关联设计时引用的其他模型几何元素	根据需要
Construction Geometry	建造本模型所必须的一些基础点线面	根据需要
Engineering Geometry	有关坐标系与基准面信息	根据建模需要
Reference Geometry	引用有关零件实体模型	根据建模需要
Standard Notes	标准说明	必需
Part Notes	零件说明	必需
Annotation Notes	标注说明	必需
Material Description	材料描述信息零件模型	必需
Approval Status	管理信息	必需
Annotation Set	标注集	根据需要
Publication	其他模型管理设计时引用信息	根据零件模型需要

基于 MBD 设计的方法要求三维模型能够确定产品统一信息所包含的内容，梳理面向产品全生命周期的集成化过程信息，提高制造工艺信息（如加工、装配和检测等）、构型管理信息及物料信息建模水平，建立全三维的信息模型，采用统一的规范对过程信息进行规范，保证信息在不同的设计和生产单位中能够得到术语一致的数据，并实现过程信息的集成、数据源一致和形式的统一。这就要求设计部门必须联合制造单位开展三维模型尺寸与公差标注技术、剖视图生成技术、加工要求标注技术、特征适于捕获创建与管理技术等的研发，编写制订统一的 MBD 三维建模规范和标注规范，保证结构设计过程中能够真正地对规范贯彻实施，确保结构设计信息的准确性和规范性，以及保证下游生产制造单位的可用性。为实现标注格式的标准化，可以通过开发格式检查软件，制定相应的规范要求进行格式检查，对检查出的格式问题进行报告，并由设计人员手动更改或自动更改。

7.3.6　预期效果

基于 MBD 的设计方法解决了国内目前产品研制仅局限于 MBD 模型定义和制造、装配及维护等环节数字化程度低、效率低下的现状，建立了涵盖设计、制造和维护的完整的产品全生命周期业务的设计制造一体化体系，在各环节实现了 MBD 模型的顺畅流通和直接使用，为构建基于模型的企业（MBE）奠定坚实的技术基础，大幅提高了航天飞行器研制的效率和品质，大幅缩小了与美国先进设计制造一体化企业的差距。

7.4　自动化制造技术

从复合材料的价值链来看，原材料的附加值为 30%，而结构件制造的附加值占 55%，预浸料等中间产品占 10%。第一项及第三项成本具有相对稳定性，因此降低结构件的制造成本是关键，而目前有效的方法是采用自动化及大批量生产工艺。根据国外 2005 年的统计，在复合材料制造工艺中，手工占 20%，自动纤维铺放只占 17%，因此采用一体化模压成型及铺带、自动化检验尚有很大的发展空间。自动铺丝、自动铺带以及自动模压成型等大批量生产工艺，是促进复合材料产品降低成本、进入市场的必由之路[3]。

7.4.1　自动铺层技术及设备

2007 年，大型民机复合材料结构中只有 43% 是用自动化技术制造的，预计在 2017 年内将达到 64%。自动铺带及丝束铺放的材料利用率在 80% ~ 97% 之间，而手工铺层的材料利用率仅为 40%。复合材料制造自动化包括铺放、编织、缝纫和检验等多个方面，其中自动铺放技术是军民用飞行器生产自动化技术中发展最为迅猛的部分。在自动铺带领域，目前铺带宽度最大可达到 300 mm，铺带速度为 1.3～20.4 kg/h，生产效率可达到手工铺叠的数十倍；丝束铺放技术适用于大曲率机身和复杂曲面成型，目前铺丝速度为 6.8 ~ 11.3 kg/h，最高可达 23 kg/h。最新的 Viper6000 系统可以铺放并控制 32 个丝束，每束宽为 3.2 mm，以前的机器为 24 个丝束，从而使铺层带宽从 7.6 cm 增到 10.2 cm，铺放速度达到 30 m/min，精度为 ±1.3 mm。

在自动铺带及丝束铺放领域，目前全球有 100 多台设备。马格·辛辛那提公司近日又推出 2 种设备，一种是 69Charger 铺带机，一种是 49 纤维铺放机，两者均体现了在铺层机领域革命性的变化。

（1）马格·辛辛那提公司的自动铺层技术及设备

自动铺带机是在 20 世纪 60 年代初无纬布预浸带出现后的几年为加速铺层的工艺过程而开发的，早期的铺带机都是由美国开发的。在美国，第一台电子计算机控制的龙门式铺带机就是根据美国空军材料实验室计划、由通用动力公司与 Conrac 公司合作开发的，此后又大量开发了用于大型复合材料结构的自动铺带机及纤维铺放机。

第一代铺带机及其以后出现的纤维铺放机是由一些传统的计算机数控机床制造商开发的，自其面世起就与飞行器复合材料制造业密切结合起来。其中马格·辛辛那提公司继承了辛辛那提米拉克龙公司，其他类似的公司还有英格索尔（Ingersoll）机床工具公司、Forest - Line 以及 MTorres 公司。

在铺带机方面，马格·辛辛那提提供了品牌 Charger 型机，可以铺 75 mm、150 mm 或 300 mm 的无纬布预浸带。Charger 型面铺带机可以铺达 25°锐角的特型铺层，其应用的是 CNC 十轴龙门型系统，可自动下料及压实预浸带。该系统应用了独特的侧面加载头，可提供快速、简单的更换 300 mm 宽、650 mm 直径的铺放压辊功能。空客及其欧洲合作伙伴曾购买 10 台铺带机用于生产 A320/330/340/380 及 A400M 的机翼桁条、梁、蒙皮、升降舵、尾翼蒙皮、平尾、发动机短舱、机身蒙皮及机腹整流罩等。

除了通用的铺带机外，马格·辛辛那提公司还开发出形状相同或相似的用于大批量生产的专用铺带机。例如为沃特飞行器公司开发的平面铺带机，用于制造长的平面的构件，该机有 18.5 m 长的平面钢制真空台以及用伺服系统进行从一端到另一端运输的机构，铺带速度达 30.48 m/s、22.7～27.2 kg/h，精度为±0.75 mm，启动停车精度为±0.75 mm。

后续该公司还开发了小型平面铺带机（SFTL），用于生产长窄的平面构件、多件铺层、板和隔膜成型蒙皮等，其典型用途为大梁、桁条、梁、剪切带、框、襟翼及蒙皮的生产。其还提供长、窄的结构件，特别适用于生产飞行器用的复合材料桁条、大梁及梁。该机器可用于 300 mm 宽的预浸带，特点是铺带头能力高、运载结构及支承结构能量大，其既可铺无纬带，也可铺织物。

在丝束铺放方面，马格·辛辛那提公司提供了品牌 Viper 的 49Charger 铺放机，其中最新的型号是 Viper6000（如图 7-14 和图 7-15 所示），其能操作达 86 180 kg 的心轴，可对 32 条丝束或窄带进行供料、夹持、下料及铺放。目前，沃特飞行器公司用其来生产波音 787 的机身段，空客订购了 6 台 Viper6000 用于 A350XWB 的机身制造，其中 A350XWB 机身的 92% 将用 Viper 制造，下翼板的铺放如图 7-16 所示。

图 7-14　马格·辛辛那提公司 Viper6000 铺放机

图 7-15　马格·辛辛那提公司的纤维铺放设备

在目前全球 100 多台复合材料部件生产的机器中将增加 2 种设备：69Charger 铺带机和 49 纤维铺放机（Viper），二者均体现了在机床领域的一些革命性进展。这两种设备将飞行器专业公司推向世界的领导地位，该公司已为代表航空未来的机床制造的创新途径制定了规范。

图 7 - 16　　A350XWB 下翼板的铺放

随着空客及波音等制造商铝合金使用量的减少，生产复合材料零部件的机器便有了机会走向前台。在马格·辛辛那提公司希伯伦（Hebron）厂的张贴画上展示了用本公司生产的机器制造的飞行器型材。铺带机始于 B - 2 轰炸机。Viper 铺放机有 4 种类型，可生产更复杂的曲线及角形零件，如机身、短舱及尾椎。

铺带机及纤维铺放机目前被用来制造 18 种飞行器零件，已被 29 家公司所采用，其中波音有 24 台 Charger、3 台 Viper，空客有 7 台 Charger、10 台 Viper。

Viper 纤维铺放系统是马格·辛辛那提公司在复合材料领域内的珍宝。其用先进的计算机控制器完成铺带及纤维缠绕，可生产不同厚度、高度特性的结构，废料率低至 2％。

马格·辛辛那提公司的首个 Viper 产品是霍克比奇公司的首相 1 号公务机。该机中复合材料比铝合金轻 20％，但更重要的优点是结构简单，首相 1 号的前机身由 3 000 多个零件组成，而现在则由 2 部分组成。

几十年前，研制关注的重点是用设备能否制出产品，后来转为能否制出合格产品，目前已转化为制出低成本的合格产品。

（2）其他公司自动铺层技术及设备

除马格·辛辛那提公司外，英格索尔（Ingersoll）及 MTorres 公司等近年来在航空复合材料自动铺层技术及设备开发上也成果倍出。

首先，英格索尔（Ingersoll）机器工具公司宣称已完成了 A350XWB 龙骨制造设备的方案论证，可造龙骨结构长为 18 m，最大厚度为 0.12 mm，最大半径为 5.2 m。该机器为 Mongoose V3 立式纤维铺放机，可铺 32 条 6.25 mm 的丝束，详见图 7 - 17。

其次，西班牙 MTorres 公司的自动铺带机也有长期的开发历史，A350XWB 将用 TORRES LAYUP 十一轴的龙门式高速铺带机（图 7 - 18），该机器可铺 75 mm、150 mm 和 300 mm 的宽带，铺带头内装有预浸带缺陷检测系统。该公司的自动铺带设备在 A400M 机翼生产中也发挥了重要作用，自动化设备的应用在加快效率的同时，还降低了废料率。A400M 翼梁采用自动铺带后，铺放效率比手工快了 40 倍，孔隙率降低为 1％～ 1.5％（小于 4％ 为合格），14 m 长的翼梁精度保持在 0.5 mm 内，而相应的金属件精度在

300 mm 内。国外认为，丝束铺放是对自动铺带技术的补充：后者虽在生产大型平面件时的性能极佳，但在加工高度复杂构件时易产生纤维屈曲；前者虽不如后者那样能快速铺出大面积构件，但能精确铺出更极端的曲线及方向变化构件。GKN 公司正在评估这项技术用于要求更高的翼梁、发动机的混杂构件以及消音衬里的可能性。为发展铺丝技术，为复合材料翼梁专门设计的 MTorresAFP 机已在 2010 年交货。

图 7-17　铺带加工中的 A350XWB 壁板

图 7-18　加工 A350XWB 桁条用的十一轴铺带机

　　为提高效率，除了采用通用的自动化铺层设备外，另一个发展趋势是采用专用定制的铺层设备，如桁条、梁等结构件专用的铺层设备。现行的自动铺放机的脱机编程软件都是由自动铺放机制造商提供的，飞行器制造商被迫使用这种专用的软件，这与 20 世纪 50～60 年代的金属切削用 CNC 机床的情况一样。在该方面，美国 CG 技术公司介绍了新的自动纤维铺放机的编程及模拟软件。CG 技术公司的创新则是开发出与机器无关的编程及模拟软件，即 VCP 和 VCS（图 7-19）。该公司开发的 Electroimpact 多机 AFP 单元具有铺放头更换器，可高速运转、制造整体飞行器机身筒体，目前该飞行器正在用户的工厂中进行装配。

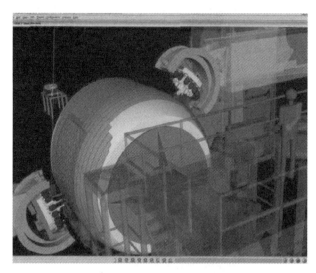

图 7-19 VCS模拟仿真软件

7.4.2 热塑性复合材料自动化成型技术及自动化设备配套

（1）自动化成型技术

自动化热成型法批量生产热塑性复合材料零件是未来又一发展趋势。未来的飞行器为了节能和减少 CO_2 排放，将采用轻质量结构，因此热塑性碳纤维增强复合材料将发挥越来越重要的作用。目前的障碍是缺少经济、快速且可靠的零件制造工艺。例如尽管聚苯硫醚（PPS）、聚醚胺（PEI）及聚醚醚酮（PEEK）已经过波音、空客认证可用于飞行器结构，但热塑性复合材料的应用范围依然不大，只用在空客的 A340-600 和 A380 机翼前缘（J 形鼻）、龙骨梁或副翼，其原因正是目前的热成型法的效率不高。

为此，德国的不来梅纤维所、施塔德复合材料技术中心及不来梅大学生产工程系开发了高度自动化热塑性 CFRP/GFRP 的制造单元。目前的热成型工艺不包括无损检验、型面切削和打标记，由于这些工艺不是组合在一起的，因此零件生产成本非常高。而自动化热成型工艺的目标是将工艺各个步骤组合在一起，以保证周期为 1 分钟。其中一个关键要素是用超声试验以及数字成像分析法进行检验，其检验的对象是孔穴、分层、纤维取向、结晶度以及几何形状。

在热塑性复合材料成型方面，德国弗劳恩荷夫生产技术所开发了用激光辅助铺热塑性复合材料预浸料的自动化技术，以提高生产承力结构的能力。这一技术是在红外、微波以及激光辅助缠绕技术的基础上的进一步开发。

此外，由于航空制造是多品种小批量生产，手工劳动量大，因此用机器人代替手工劳动的需求显得越来越突出。近年来在该方面进展显著，据国外专家所述，凡是能用手工劳动的地方均可用机器人操作，如图 7-20 所示。

（2）自动化设备的配套使用

由于复合材料结构件品种多、结构复杂，因此其加工既需要通用自动化设备，也需要专用设备。自动化投资主要取决于工件及结构种类，以 HITCO 公司为例，该公司配备了一系列复合材料自动化加工设备，设备总成本可达几百万美元。

该公司配备了 2～3 台自动铺带机和 1～2 台自动铺丝机来取代某些复合材料手工铺层工艺。这些自动铺带及铺丝机还需要有相应的配套设备，包括 CNC 钻孔机及层板切割系统、运送设备和热压罐等。HITCO 公司为此增加了 2 台新热压罐，其中 1 台长为 12.2 m、高为 4.6 m。此外，该公司还配备了格伯（Gerber）技术公司提供的 CNC 铺层切割系统、1 台从 Flow 国际公司采购的六坐标喷水切割机、1 台由 Virtek Vision 国际公司提供的激光定位系统、1 台来自铺层技术公司（英国）的热隔膜成型机，以及 1 台购自 Radivs 工程公司的自动化三角型材拉挤设备。

图 7 - 20　莫托曼（Motoman）公司加工复合化工材料用的双头机器人

7.4.3　复合材料零件自动化生产流水线

自动化技术的应用不应局限于单个设备的自动化，应把多种自动化设备集成到一个大系统里，从而实现某种零件或产品的生产流程的自动化，这样才能更加充分地发挥自动化的优势。

下面以空客 A350XWB 的机翼（图 7 - 21）翼板桁条生产线为例进行说明。德国空客施塔德（Stade）工厂负责生产的 A350 上翼板为空客迄今为止生产的最大的碳纤维复合材料整体零件，其尺寸达 31.6 m×5.6 m，质量达 2 t；其内表面安置的长短不一的碳纤维桁条，最长的接近 30 m，桁条总长度超过 300 m；并且按照空客的预想，施塔德工厂的翼板生产将来必须满足每月生产 7～13 架 A350 客机的效率要求。

图 7 - 21　空客 A350XWB 客机复合材料翼板

施塔德工厂之前采用的复合材料翼板桁条生产流程是：首先采用自动铺带机（ATL）铺放大面积的碳纤维预浸料带，得到层压件；然后将层压件切割成所需要的形状并去除废料；接着将不需要立即使用的层压件做包装处理并冷冻入库，需要立即使用的层压件装入模具进行成型，所有不同类型的桁条均使用同一台成型机进行加工；成型完成后，手工涂抹粘合剂，最后在激光跟踪仪的辅助下人工将桁条安装到由自动铺带机铺放完成的上翼蒙皮内表面上。

此流程具有以下几个缺点：自动铺带机所铺放的料带比较宽，在切割后浪费量较大；由于不同类型的桁条都采用同一机器进行成型加工，更换模具消耗了大量时间，导致生产效率低下，同时不使用的模具也将占用仓储空间；由于生产效率比较低，需要对不立即使用的层压件做包装和冷冻处理，到使用时再解冻，这就需要一整套复杂的物流系统支持；对于 A350XWB 客机的超长零件，其长度、质量以及整体零件的技术要求决定了不适合采用人工安装桁条操作。

为达到 A350 翼板的生产要求，施塔德工厂决定采用全新的自动化生产线来解决现有的问题。这条生产线的基本理念是流水线作业，也就是说桁条的生产是沿着一个固定的方向脉动式地前进，每一个工位完成不同的工序，从而达到提高生产效率和简化流程的目的。桁条的铺放、切割、废料去除、成型和安装都需要采用自动化的加工设备完成，同时桁条在流水线上各个工作站位之间的运输也必须没有人工干预。要保证各个工位和运输系统的协同运作，就必须要具备一套高效的控制软件对流程进行精确控制。

图 7 - 22 为全新的复合材料桁条自动化生产线的工作流程图。在此自动化流水线中，前部位均采用统一规格的、长度达 40 m 的工作台进行操作，因此桁条的运输采用的是计算机自动控制的厂房吊车直接运输至工作台的方式，从而最大限度地减少装卸操作和对部件的意外损伤。整个吊装过程不需要任何人工干预，吊装的最大尺寸不超过 40 m，最大质量不超过 20 t，重复定位精度可达 0.25 mm，生产线全长达 140 m。

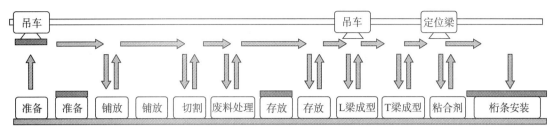

| 准备 | 准备 | 铺放 | 铺放 | 切割 | 废料处理 | 存放 | 存放 | L梁成型 | T梁成型 | 粘合剂 | 桁条安装 |

图 7-22　空客 A350 上翼板桁条流水线工作流程图

此自动化流水线中的一个重大变革是采用自动铺丝机代替之前的自动铺带机进行预浸料铺放。由于自动铺丝机铺放的丝束宽度（6.35 mm）远远低于料带，并且可以执行对每条丝束的切割、夹紧和重送等功能，所以其可以更加精确地铺放每根桁条所需要的平面形状。这不仅减少了材料的浪费，而且大大节省了切割的工作时间，从而大幅提高工作效率。这样的快速生产还使之前生产中的冷冻储存预浸料层压件环节可以完全去除，从而减少了大量的包装、仓储、解冻和物流运输的时间，使流程大大简化。

在桁条成型方面，为了提高效率和产品质量，生产线上装备了针对每种类型的桁条设计的专用成型机，因此在连续生产中无须更换模具；由于之前环节的时间优化为桁条成型预留了更长的加工时间，从而可以得到更高的产品质量。在桁条的安装环节上，此自动化流水线采用的是集成了高精度测量系统的定位梁、并将涂有粘合剂的桁条精确地安装到相应位置的方案，从而保证了定位的精度和产品质量。

在此桁条生产线（图 7-23）中，没有任何人工参与的产品运输和移动，桁条统一由厂房吊车向一个方向进行流水线式的加工作业，整个流程全部为自动化，操作员只需在操作室进行监督工作和参数设置即可。生产线的控制系统还具有智能工装和工作台管理功能，能够实时对工装和工作台进行定位和追踪，从而满足连续生产时的效率要求。此生产线经测试可满足月产 7~13 架 A350XWB 客机的需求，并且可以 365 天不间断地进行 3 班运转，可进行最多 50 000 次工作循环。同时，此生产线还可以全面适应量产 A350-800/900/1000 等 3 种不同分机型上翼板的生产任务。

图 7-23　空客 A350 碳纤维桁条生产线

　　在这条自动化生产线中，系统集成是整个项目的核心。生产线中涉及的各种自动化加工设备，包括自动铺丝机、自动切割机、自动废料去除设备、复合材料成型机、自动测量系统、自动化吊装和定位系统以及控制软件等都是生产线中的元素，把这些元素有机地结合起来，并且以最有效最科学的方式进行控制，才能使生产线达到高产、高质、高效的要求。鉴于全自动流水线在德国空客施塔德工厂的成功应用，为空客生产 A350 机翼下翼板的西班牙伊雷斯卡斯（Illescas）工厂也引进了该生产线进行桁条生产，相信这两条先进的生产线会为 A350XWB 客机快速占领市场作出积极贡献。

7.4.4　复合材料自动化检测技术

　　复合材料检测技术的自动化是传统检测技术的发展，极大地推动了检测技术的进步，其中激光超声及相控阵超声检测等是发展迅速的领域。

　　与传统检验相比，相控阵超声检验提高了探测的概率，并明显加快了检测速度。传统超声检测要用许多不同探头来做综合分析，而相控阵检验仅用一个多元探头即可达到同样的结果。

　　GE 公司开发了复合材料检测用的相控阵技术，该公司拥有 UTxx 先进缺陷探测器，该探测器采用 NuScan 成像软件包。NuScan 相控阵机既可采用脉冲回波技术，也可采用穿透技术；其有 128 元探头，每一个探头 10 cm 宽，全部探头以同一顺序启动而不是离散分批启动，扫描速度达到 20 m^2/h。这种 NuScan 相控阵缺陷探测器的一个非常重要的特征是可以检测半径范围及边角的缺陷，其原理是逆向延迟，具体方法是将所有的探头指向半径范围，根据返回每一探头的响应时间来测定曲率半径，然后将半径范围转换为平面。检测结果可以用各种形式显示，包括 A、B、C、D 扫描以及三维成像。通过波束的自扫描、面积测量以及横断面的切取即可对缺陷进行探测，并确定其尺寸。

　　相控阵超声试验机已在航空界用于复合材料结构的检测，例如对 JAS 39 机体结构、发动机风扇叶片的检测。其检测疏松的灵敏度可达 3%，已成功用于分层、脱胶及孔隙的检验；还可以提供极好的探测概率和重复性好的检验结果，并达到复合材料制造所需的检验速度。

　　激光超声利用高能激光脉冲来激发超声波并用激光来检测超声回波，具有非接触、远距离探测、频带宽以及检测可达性好等优点，尤其适用于处于一些恶劣环境（如高温、腐蚀、辐射）及具有较快运动速度的被检件。

　　目前，激光超声主要用于检测复合材料结构，由洛克希德·马丁公司开发的 Laser UT 用于 F-22 进气道的检测。该系统有 2 个激光器，其中 1 个激光器利用热弹性膨胀的机理在复合材料中产生超声。在此过程中，在构件表面之上 10～100 μm 范围内激光能转变成热，温度的升高使材料产生局部膨胀。如果激光器加热的速度快（10～100 ns），那么膨胀将在超声频率范围内（1～10 MHz）产生；超声波将垂直于表面传播而与激光的入射角无关，其入射角可以达到 45°，而传统的水浸系统的入射角必须保持在 3° 以内才能产生超声。

　　该系统可检测零件的厚度、大小及几何形状，至今已检测了厚达 43 mm 的构件。据悉，采用该系统检测零件实际上并无尺寸及几何形状方面的限制，唯一受到限制的是材料的匹配性。采用该系统检测，所用时间不到 2 h，而采用第一代检测设备则需花费 24 h，检验时间减少了 90%，使制造周期可缩短数周。

7.5　低成本制造技术

　　复合材料的成本主要包括 3 个方面：原材料成本、设计制造成本以及使用维护成本。低成本复合材料技术包括了低成本设计技术、低成本制造技术和低成本材料技术，其中低成本制造技术是核心。根据美国制造商提供的信息，应用中的复合材料成本组成为材料（15%）、预浸料铺叠（25%）、装配（45%）、固化（10%）及紧固工艺（5%）。可以看出，在实际生产中，为降低成本，设计/材料/制造一体化技术和成型工艺技术是复合材料低成本制造技术的研究重点。目前已开发了多种低成本制造技术，包括树脂传递模塑成型技术（RTM）、树脂膜渗透技术（RFI）、真空辅助树脂渗透成型技术（VARI）、纤维缠绕、拉挤成型以及自动铺放等。

7.5.1　低温固化复合材料技术

　　纺织复合材料构件的低温固化和低压成型技术，可以大大降低主要由昂贵的模具、高投资、高能耗设备等带来的高费用，是降低纺织复合材料成本的一个重要因素。低温固化不仅能降低固化的温度，而且可以降低固化的压力，以便不采用传统的、昂贵的热压罐成型技术，而是采用较便宜、易于操作的烘箱/真空袋固化技术。

　　低温固化的主要优点是：设备投资低，模具材料来源广泛且成本低廉，适于生产大尺寸和形状复杂的复合材料构件，操作简单，制品设计自由度高，以及工艺辅料费用显著降低。

　　低温固化过程中，环氧体系使用的环氧树脂与通常的环氧树脂体系没有特殊的区别，该环氧树脂的固化温度主要取决于固化剂与环氧树脂的反应活性。但是环氧树脂的结构和性质对固化反应活性有很大的影响，在低温固化环氧树脂体系中，除考虑反应活性要求外，还要考虑树脂体系的流变特性要求。

　　低温固化复合材料，特别是低温真空压力成型的复合材料，由于其成型压力和温度较低，通常空隙率较高，严重影响了复合材料力学性能、湿热性能等。为了减少裹进预浸料内部的空气，因此在预浸料的铺贴过程中采用预抽真空的方式尽量排除裹进的空气，从而降低复合材料的孔隙率。

　　热固性树脂在固化和使用过程中，由于树脂的交联和温度的变化等其会产生收缩。树脂的固化过程中的体积收缩会在复合材料内部形成内应力，该内应力的存在有可能使材料内部出现裂纹和损伤，进而影响材料的性能。研究表明，低温固化体系具有较低的体积收缩，有利于复合材料体系保持较高的尺寸稳定性。

7.5.2　RTM

RTM 工艺具有效率高、投资少、工作环境好、能耗低及工艺适应性强等一系列优点，因此备受青睐。其发展迅速，广泛用于建筑、交通、电信、卫生、航空和航天等领域。

RTM 工艺的主要原理为，在模腔中铺放按性能和结构要求设计的增强材料预成型体，采用注射设备将专用注射树脂体系注入闭合模腔。模腔具有周边密封和紧固、注射及排气系统，以保证树脂流动流畅且排出模腔中的全部气体并彻底浸润纤维；其还具有加热系统，可加热固化成型复合材料构件。这是一种不采用预浸料，又在很大程度上不采用热压罐的成型方法，从而大大降低了复合材料结构的制造成本。

RTM 工艺过程包括树脂充模流动、热传递和固化反应，其重点是充模流动问题。在RTM 过程中，模腔内填充着纤维预成型坯，通常称之为纤维床，其中包含有纤维固体相和空气流动相。树脂的充模流动过程就是保证树脂流过这些不规则的空隙并将其中空气置换出去，从而使树脂填充满空隙的过程。树脂在这些不规则的空隙中同时有 2 种类型的流动：一种是树脂通过整个模槽的流动，即宏观流动；另一种是树脂渗透到纤维束的流动，即微观流动。宏观流动是在纤维束之间，微观流动是在纤维束内的纤维间。

一般 RTM 成型的结构存在着孔隙含量较高、纤维体积含量较低、树脂在纤维中分布不均、树脂对纤维浸渍不够充分等缺点，为此在原有 RTM 基础上发展了一种称为 VRTM 的技术。其主要特征是在 RTM 模具一头的进胶口和另一头出胶孔上连接真空系统，在树脂注入模腔前首先将进胶口封严，并在出胶口不断抽真空，以抽去夹杂在纤维层中的空气和附在纤维表面的水汽，从而降低孔隙分量。真空使预成型纤维更紧密，使纤维体积含量大幅度提高；真空形成负压，树脂就顺真空通路沿预成型体各层面流动，充分浸渍纤维，并使纤维/树脂分布均匀。

此外，RTM 工艺系列中还有 VIM、SRIM 等派生工艺。在 SRIM 成型中有 2 种树脂组分，通过计量泵混合注射进入模腔；在进入模腔后的瞬间，2 种树脂组分立即发生反应，固化形成复合材料整体。

7.5.3　RFI

先进的 RFI 工艺，由于只采用传统的真空袋压成型方法，免去了 RTM 工艺所需的树脂计量注射设备及双面模具加工程序，可在制造出性能优异的制品的同时大大降低制品的成本，因此 RFI 工艺以其诸多优点在航空和船舶制造领域率先发展起来。

RFI 工艺是一种树脂膜熔渗和纤维预制体相结合的一种树脂浸渍技术。其成型过程是：将树脂制成树脂膜或稠状树脂块，将其安放于模具的底部，并在其上层覆以缝合或三维编制等方法制成的纤维预制体；然后依据真空成型工艺的要点将模腔封装，在热环境下采用真空技术将树脂由下向上抽吸，树脂膜受热后黏度降低，沿着预制体由下向上流动，从而填满整个预制体空间；随即依照固化工艺，制成复合材料制件。

RFI 工艺具备以下优点：树脂基体便于存贮和运输，且操作简便；成型压力低，一般只需 1 个大气压；模具制造与材料选择的机动性强，无须庞大的成型设备，因而成本低；复合材料性能优异，纤维体积含量高（接近 70%），空隙率低（0～0.1%）；树脂体系挥发物质少，VOC 含量符合 IMO 标准，更有利于环境保护。

预制体技术是包括 RFI 工艺在内的所有树脂浸渍工艺的一项关键技术，所用材料主要有玻璃纤维、碳纤维、凯芙拉纤维和石墨纤维等，一般采用编织、缝合和辫织等方法成型，其中以编织及缝合应用得最为广泛。

7.5.4　辐射固化技术

鉴于热固性成型工艺存在周期长、需要昂贵的成型模具等不足，研究工作者不断研究改进热固化成型的新方法，而树脂基辐射固化就是在这样的背景下发展起来的一种低成本技术。其是应用高能粒子引发复合材料树脂基体发生交联反应，制成高交联密度的热固性复合材料的一种技术。

复合材料电子束固化是复合材料辐射固化的主要方式。电子加速器是电子固化技术的主要设备，其类型可以按能量范围分为高能量（5 MeV 以上）、中能量（300 keV ～ 5 MeV）和低能量（300 keV 以下）。

辐射固化工艺相对复合材料的热固性成型工艺而言，具有许多独特的优点。

1) 辐射固化速度快，成型周期短，且辐射固化工艺可以实现室温或低温固化。由于需要的固化温度较低，可以采用低成本材料，如泡沫、木材等，代替价格昂贵、加工困难的钢和殷钢等材料。

2) 复合固化技术可以实现区域选择固化，适于制造大型复合材料构件。

3) 复合固化树脂体系一般对热不敏感，因此辐射固化复合材料预浸料更适合采用热熔法制备，从而减少或不使用易挥发的有毒有机溶剂。辐射固化树脂中基本不采用有毒和致癌的化学固化剂。

4) 辐射固化工艺便于实现连续化操作，可以与 RTM、编织和拉挤等成型工艺结合起来，进一步降低复合材料的制造成本。

5) 其中的电子束固化也可以对不同材料进行固化或者共胶结，大大节约了能源。

辐射固化复合材料制造技术具有低成本和污染低两大优点，其中电子束固化技术可以节约成本 25%～65%。

辐射固化也是在低温下固化制造复合材料的一种新技术。辐射固化可以与树脂传递模塑工艺结合起来，进一步提高复合材料的生产效率，降低生产成本。

7.6　基于 MBD 数字化设计与制造

随着数字化设计与制造技术在航天航空制造业的广泛应用，三维数模取代二维图纸已成为新产品研制的发展趋势。MBD 将设计、制造、检验和管理信息融为一体，是目前被国外航空航天业普遍认同的、解决数字化设计与制造的先进技术，是数字化制造的关键技术之一。MBD 核心思想是：使用全三维基于模型特征的表述方法和基于文档的过程驱动，融入知识工程、过程模拟和产品标准规范等。其用一个集成的三维实体模型可完整地表达产品定义信息，即将制造信息和设计信息（三维标注、各种制造信息和产品结构信息）共同定义到产品的三维数字化模型中，从而取代二维工程图，保证了设计数据的唯一性。

7.6.1　流程设计

MBD 技术打通了从设计到制造过程的全三维数字化之路，是当今制造业的发展方向和必由之路。MBD 模型中包含了产品的几何属性（尺寸、公差等）、制造属性（材料定额等）和管理属性（产品结构、EBOM 等），只需要将 MBD 模型作为唯一数据源下发到工艺部门即可；工艺人员可以从 MBD 模型上获取产品全部信息，进而进行三维工艺设计，保证了整个过程的数据源唯一性。为了能够规范基于产品的模型定义方法，企业需要根据实际需求定义一系列标准来支持，例如，建模标准、尺寸和公差标注标准以及注释标准等。基于 MBD 的产品设计将产品的设计属性、工艺属性、制造属性和检测属性等都高度集成在三维实体模型中。

在 MBD 环境中，工艺设计统一在 CAD 平台下进行，工艺信息集成在 PDM 系统中进行管理。工艺部门通过 PDM 系统接收到设计部门下发的三维 MBD 模型后，主要进行以下几个步骤的工作。

1）进行工艺性审查。主要对设计模型的几何特征、产品属性、尺寸标注、基准、技术要求等进行审查，发现问题及时提交设计部门，设计部门修改后重新下发。

2）进行 EBOM 到 MBOM 的转换。所谓 EBOM 是指设计部门发放的产品结构，而 MBOM 是制造部门从加工和装配角度搭建的产品结构，MBOM 去除 EBOM 的虚拟件后转换成了实体件，并增加了工装等工艺资源。

3）进行工艺路线规划，即构建基本的工艺路线卡，进而对每道工序进行详细设计，即针对每一道工序完善加工方法（数控加工、表面处理、检验等），并关联相应的制造资源（刀具、夹具、设备等）。其中在数控编程阶段，需要生成每道工序的加工模型用于 NC 程序的编制和检验，并结合关联的制造资源（机床、刀具、夹具等）进行仿真验证，最后将验证结果（NC 代码、仿真动画等数据）保存回对应的工序中。

4）进行可视化发布，生成的三维可视化工艺文件进行审核后提交至 PDM 系统进行管理，并通过 MES 下发车间生产。

基于 PDM 系统将工艺数据（三维作业指导书、工时定额、材料定额等）通过 MES 系统传递到制造车间。车间生产计划员根据接收到的相关工艺数据，结合车间资源和库房资源等信息进行计划排产和生产调度。车间工人利用现场终端，通过访问 PDM 系统中保存的工艺数据，可以对三维工艺模型进行旋转、缩放、测量尺寸和标注等操作，还可以查看三维作业指导书。在制造过程中发现设计或者工艺问题时可以直接在三维模型上进行标注，并及时反馈给设计、工艺部门进行修改后重新下达。基于 MBD 的数字化设计与制造流程如图 7 - 24 所示。

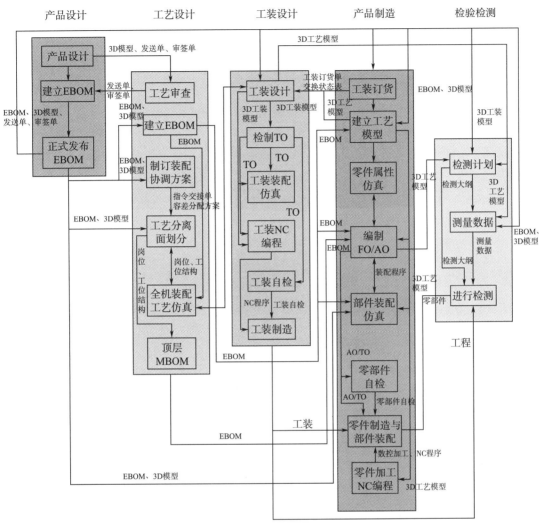

图 7-24　基于 MBD 的数字化设计与制造流程

其中复合材料构件研制过程中强调设计、材料和制造的一体化，基于 MBD 的复合材料数字化设计与制造研制流程如图 7-25 所示。首先设计人员与工艺人员并行工作，利用三维 CAD 软件集成复合材料构件设计/制造软件的设计平台进行几何建模和铺层设计，期间需要与分析人员反复交互，以确定设计参数、验证设计结果并修改设计直至达到最优设计。设计人员进行优化的同时，工艺人员进行工艺设计并在三维主模型的基础上进行可制造性分析，然后生成制造数据，包括排样下料数据、激光投影数据和数控切割数据等，并将工艺反馈数据返回给设计人员指导修改设计。工装模具设计人员在接到工艺人员制定的工装技术要求后，从设计获取模具表面数据进行工装的设计和制造。工艺设计完成并且工装模具到位后，工人在制造车间依次进行自动下料、激光辅助定位手工铺放、热压罐固化、切边和钻孔等机械后处理。最后，经无损检测得到最终合格的复合材料产品。

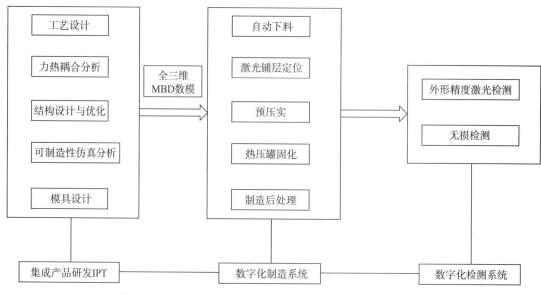

图 7-25　基于 MBD 的复合材料数字化设计与制造研制流程

7.6.2　自动下料

运用 Cutwork 工业排版软件或 CAD 图形软件，通过正向数据采集生成样片，对展开料片进行核对、修改生成下料切割文件，并传给下料机准备切割。下料前，对下料机参数进行设置（切割不同的材料设置不同的相应参数），设置准备好后由下料机完成自动下料。复合材料预浸料及胶膜等材料的数字化精确下料的实现，是先进复合材料的数字化自动生产的基础。

自动下料通常可保证材料利用率在单件生产时达到 70% 以上，而批量生产由于可以大量套裁，材料利用率甚至可达到 90% 以上；相对于 50% 的手工下料利用率，自动下料机效率有了很大的提升，在多机种批量生产中其优越性更加突出。图 7-26 所示为自动裁剪设备。

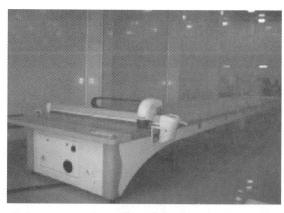

图 7-26　自动裁剪设备

7.6.3　激光投影

复合材料构件手工铺放时铺层定位困难，并且随着铺放的进行，积累误差越来越大。激光投影系统通过在模具表面（或构件表面）显示铺层轮廓来实现铺层准确定位。激光投影设备如图 7 - 27 所示。

图 7 - 27　激光投影设备

（1）激光数据文件

基于数字化模型，复合材料构件设计软件可以生成激光数据文件，激光数据文件包括激光投影数据和工装校准数据两部分。

激光投影数据是进行铺层投影的源文件，包含铺层形状、铺层原点、铺设方向和铺层标记等。其中，铺层形状投影数据是由一系列引导激光路径的三维点组成的，这些三维点通过按照给定的步长在铺层轮廓上取离散点得到。

工装校准数据是工装定位点在理论坐标系中的坐标值。工装定位点布置在铺放工装上，通过扫描工装定位头来校准激光投影系统。

（2）设计数据到激光投影系统的集成

工装定位头和激光头是激光投影系统的关键元器件。工装定位头是一种光敏元件，其具有使激光束沿着入射方向进行反射的特性；激光头则是激光束的发射设备。将铺放工装固定在激光头下面后，通过扫描各工装定位头来获取铺放工装与激光头之间的位置关系。

7.7　虚拟装配技术

7.7.1　需求与国内外研究状况

7.7.1.1　需求分析

（1）研究背景

在产品制造的生命周期中，装配是产品生命周期的重要环节，是产品功能实现的主要过程。在工业化国家的产品生产过程中，装配工作量占整个制造工作量的 20%～70%，装配的工作效率和工作质量对产品的制造周期和产品的最终质量都有极大的影响。因此，研究产品的装配技术对制造业的发展具有重要的意义。

长期以来，产品的装配设计与规划主要由有经验的技师设计完成，很大程度上依赖于人的技能，因此不可避免地会存在大量缺陷。随着数字化设计与制造技术的广泛应用，基于计算机辅助设计的数字化虚拟装配技术作为可解决传统装配模式弊端的有力手段，成为研究产品装配设计与规划的重要技术，逐渐受到世界先进设计制造技术领域专家的重视。

数字化虚拟装配技术是虚拟制造中的核心技术之一，是装配过程在计算机上的本质实现。其将产品设计阶段产生的产品数字信息在计算机内进行虚拟实物复现，并进行装配过程仿真、装配序列规划及产品的可装配性验证等，以验证产品装配质量性能，便于及时发现产品设计和工艺规划中的缺陷与错误，指导设计者进行产品设计的改进，从而提高产品的可装配性及装配质量[4]，如图 7-28 所示。

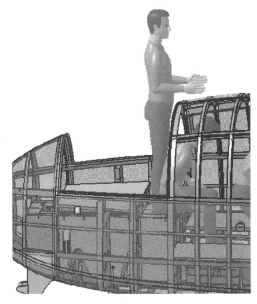

图 7-28　数字化虚拟装配人机功效分析

数字化虚拟装配是实际装配过程在计算机上的映射，与传统的装配技术相比，其具有以下特点[5]。

①数字化

虚拟装配技术的数字化体现在三个层次上：

1）产品模型。完整地表达产品装配分析所必需的约束信息。

2）环境。对现实环境在一定程度上的反映。

3）过程。实际装配过程在虚拟环境中的数字映射，如图 7-29 所示。

②拟实性

拟实性主要体现在：

1）几何形状上，数字化虚拟装配模型在计算机中以数字数据的形式存在，并通过可视化技术展现在工程师面前；

2）属性信息上，与实际物体具有一致性，满足装配分析的需要；

3）运动行为上，与实际情况类似，以保证装配分析的有效性，如图 7-30 所示。

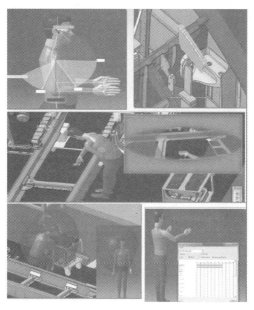

图 7-29　数字化虚拟装配人机交互模型

图 7-30　F35 虚拟装配数字化生产线

③集成性

集成性主要体现在：

1）对设计结果进行可装配/拆卸性验证，并为再设计提供参考；

2）进行装配规划，并获得可行且较优的装配工艺信息，用于指导生产，如图 7-31 所示。

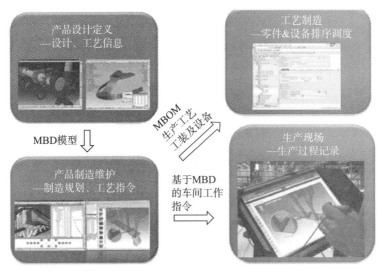

图 7 - 31　全数字化虚拟装配制造集成图

④敏捷性和安全性

通过计算机对产品容差进行分析，可以实现高速仿真，更快捷地发现问题、纠正错误；由于无实物生产的材料和能源消耗，可节省大笔生产开销，降低成本，如图 7 - 32 所示。

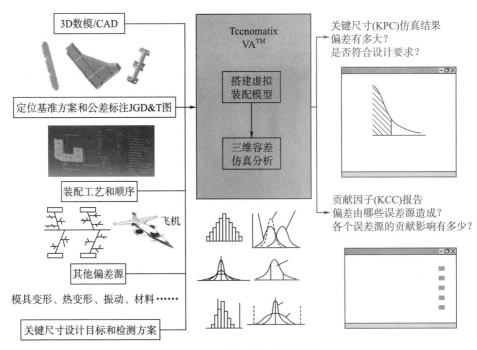

图 7 - 32　虚拟装配容差分析

（2）必要性分析

装配技术水平体现了现代制造业的核心竞争力，但目前我国制造企业的装配水平相对落后，经过我国"九五"以来各类项目的资助，数字化虚拟装配技术的研究和实践已经取得了一些进展，但是这些成果大多局限于技术的某个部分，如装配建模、装配顺序规划或装配路径规划等，在众多方面目前仍停留在国外的理论消化与国内环境的结合上，各种理论和方法还不成熟、未成系统，导致数字化虚拟装配技术的实际应用工程化程度不高，成为打通产品数字化设计、制造、装配道路的关键难点，具体存在以下三个技术瓶颈急需突破。

①三维数字化装配设计与工艺集成技术

目前我国飞行器基本实现了三维数字化设计，但没实现全三维的装配工艺设计；经过虚拟装配的产品模型普遍仍需要二维工艺卡片进行传递和实施，在虚拟装配分析阶段大部分未实现数字化检测与仿真过程集成，导致产品装配和检测过程中频频出现技术状态不一致、接口不协调等质量问题。

②电缆管路柔性件虚拟装配仿真技术

当前，多数航天产品线缆和管路仍然主要依靠现场人工取样，造成线缆管路装配不规范、可靠性差；装配现场仍然主要以纸质的工艺卡片指导工人操作，导致工艺的指导性不强。航空产品虽然在电缆三维布线方面开展了研究，但是多数研究单位是基于理论几何尺寸进行电缆铺设，未考虑电缆刚柔耦合下变形的影响，导致数模计算所得电缆长度与实际长度偏差较大。

③基于公差和物理特性的高精度虚拟装配建模和仿真技术

制造复杂机电产品具有产品结构复杂、精度高、零部件繁多、线缆和管路复杂等特点，有时还要求安全性装配或不可逆性装配（所谓不可逆性或少可逆性装配，是指多次拆装将导致产品达不到性能指标甚至报废的装配），其装配过程以手工操作为主。当前开展的虚拟装配设计中对物理特性技术状态考虑不足，特别是具有公差要求的接口零件，虚拟装配模型准确度不足，仿真效果实用性差，难于满足高精度装配工序仿真需求。

目前就产品制造技术的发展来看，数字化虚拟装配技术将会主导未来的走向。想要解决产品制造和装配技术中的一些技术难点，需要加大对数字化虚拟装配技术的应用研究，解决基于物理特性的高精度装配仿真等关键技术问题，提出明确可行的虚拟装配仿真技术指标并将其应用于产品及工装装配设计和制造研究中。

7.7.1.2　国内外研究状况

（1）国外研究现状

传统的装配体设计采用自下向上的方式，需要将零件制造出来后进行装配，在装配时可能会出现两类问题：一是产品的设计有误无法进行装配，这往往会导致产品的重新设计；二是装配的过程不合理，需要重新调整装配过程。这两类错误都会导致产品设计成本增加及开发周期延长。虚拟装配作为虚拟制造的关键技术之一，借助虚拟现实技术可以在产品设计阶段进行装配仿真，很好地解决了传统装配设计的上述问题，具有广阔的应用前景。美国、英国、德国、日本、意大利和希腊等世界各国的政府、企业、大学等机构对其进行了全方位多层次的研究，开发出很多虚拟装配系统，并应用于军用、民用产品的研制中，其效果显著。

在波音 777 的研制过程中，通过虚拟装配技术在各个环节的应用，确保了组成波音飞行器的 40 000 个零件能恰到好处地装配在一起，并且使其开发周期从 8 年缩短到 5 年，节省了大量的资金。在研制 X-32 战斗机的过程中，当零件汇聚到 JSF 方案验证机总装地——加利福尼亚州帕姆戴尔时，运用虚拟装配技术的通用支架已经彻底取代了传统的支架。同样，在波音 787 的研制开发中，虚拟装配技术也被广泛采用，如图 7-33 所示。

图 7-33　波音飞行器数字化虚拟装配生产线

休斯飞行器公司在其第四代空空导弹响尾蛇 AIM-9X 的研发中采用了虚拟装配技术，从而使得其 471 个零件有效地装配在了一起，不仅大大缩短了研发周期，还使导弹打击精度得到了很大的提高。

在美国空军 F18 战斗机的改进设计过程中，Northrop 公司将自动飞行器机身装配系统（AAAP）用于辅助设计。在这个设计过程中，设计者可以直接在虚拟环境中操纵零部件进行装配，并对装配结果进行改进和优化。由于 AAAP 的运用，使得此次改进设计相当成功，不仅缩短了开发周期，而且其花费远远低于预算。

美国政府与加拿大普拉特·惠特尼公司签署的一份高达 48 亿美元合同中，普拉特·惠特尼公司开发出了一个可以通过无线 mo-cap、头盔式 VR 显示器以及数据手套进行交互设计的虚拟装配环境。美国洛克希德·马丁公司将其运用在了 F-35 战斗机设计中，并且取得了良好的效果。

综合国外数字化虚拟装配研究情况可以看出，国外虚拟装配技术在具体工程中的应用已经比较广泛，取得的效益也非常显著。洛克希德·马丁公司在研制 JSF 战斗机 X-35 过程中，具体实现了表 7-3 中生产效益指标。

表 7-3　战斗机 X-35 数字化虚拟装配效益指标

效益指标	装配周期	工艺装备	制造成本
提升情况	缩短 67%	减少 95%	降低 50%

（2）国内研究现状

在基础科研方面，国内的高等学校以及科研院所也在积极进行有关虚拟装配方面的课题与项目研发工作，并取得了大量的研究成果。清华大学在国家"863"重大攻关项目中，为了从可视化角度解决产品的可装配性问题，结合 DFA 课题研制出了一种装配仿真系统 ASMLS。该系统可有效验证装配工艺规划结果，在一定程度上改进和完善装配工艺；并在此基础上生动直观地进行产品的虚拟装配，提供装配顺序规划及评价等功能。张林箑、童秉枢等在装配过程通过可视化与干涉检查工具，在产品设计阶段进行了数字化虚拟装配，验证与改进了产品的装配工艺，并在商用 CAD 软件 Pro/Engineer 的基础上用 C 与 Pro/Develop 进行了系统实现。浙江大学 CAD&CG 国家重点实验室万华根等在基于虚拟现实的 CAD 方法研究中，提出通过"用户引导的拆卸"进行拆卸过程仿真，得到了零部件的拆卸顺序和拆卸路径，从而确定了产品的装配序列。在此基础上，浙江大学 CAD&CG 国家重点实验室在四面投影虚拟环境 CAVE 中，开发出了完全沉浸式虚拟装配原型系统 WAS。在 WAS 中，装配规划人员可以直接通过三维操作选择零部件并进行拆卸规划，系统通过实时碰撞检测机制自动保证拆卸过程的有效性。中国科学院软件研究所程成、陈由迪和戴国忠从人机交互的角度，提出了一个基于场景的虚拟环境用户界面模型，以虚拟装配为应用实例进行了验证与实现，并给出了装配车间场景的五个情节：零件进入装配车间、零件匹配、装配特征匹配、约束识别与装配。基于场景的虚拟环境用户界面模型的一个突出优点是，使交互不仅仅是计算机用户输入的简单反映，而且还融进了场景环境因素，从而更能反映用户的真实意图。北京理工大学王志彬提出了基于物理特性的电缆布局方法，实现了电缆布线精度达到 3.5 mm。

在飞行器工程应用方面，洪都飞机工业有限公司在 L15 飞行器机翼上使用了虚拟装配模型，如图 7-34 所示。中航通飞华南飞机公司在某水陆两用飞行器设计中使用了全三维数模虚拟装配技术，如图 7-35 所示，成都飞机工业公司率先在国内 ARJ21 飞行器机头装配工艺设计中以 DELMIA 软件为平台实施了虚拟装配技术，中国商用飞机有限责任公司在 C919 研制、航天五院在载人航天器密封舱内某大型设备工艺设计中也有相关深入应用，并取得了显著的效果。

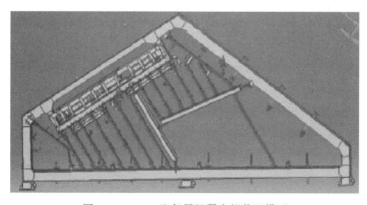

图 7-34　L15 飞行器机翼虚拟装配模型

图 7 - 35   某水陆两用飞行器虚拟装配模型

综合国内数字化虚拟装配的研究现状，当前国内研究主要集中在虚拟装配环境建设和工艺过程规划方面进行原理性方案论证，尚未在工程应用方面形成系统的技术指标体系，仍存在较大深入研究空间。

7.7.2   关键技术

通过分析当前国内外制造企业产品数字化装配技术现状，当前产品虚拟装配与仿真验证的关键技术如下。

（1）三维数字化装配设计、工艺、检测一体化集成技术

需突破三维数字化装配工艺、数字化装配工装和数字化检测的集成技术（图 7 - 36），解决装配现场数据集成难的问题，实现装配现场可视化和装配过程管理，将三维装配技术推向应用。

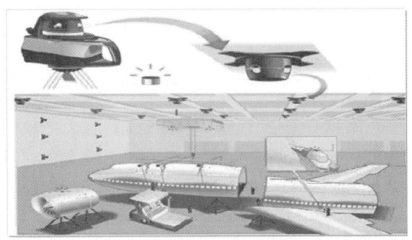

图 7 - 36   虚拟装配设计工艺集成技术

（2）基于公差和物理特性的高精度虚拟装配建模与仿真技术

目前虚拟装配技术主要基于理想几何尺寸，主要用于原理方案性演示，具体工程应用价值不高；需突破以公差和物理特性为核心的数字化装配过程仿真相关关键技术（图7-37），实现装配精度和装配性能的预分析。

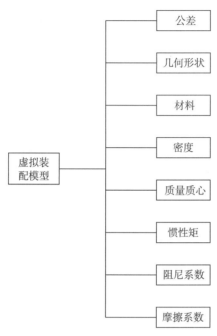

图 7-37　基于物理特性的虚拟装配模型

（3）密集式电缆和管路布局刚柔耦合与虚拟装配仿真技术

目前数字化装配技术主要针对刚性结构件开展研究，需突破柔性线缆和复杂管路的布局、装配规划与信息管理相关的关键技术，为解决长期困扰线缆和管路的设计、施工和管理集成难的问题提供有效途径，如图7-38所示。

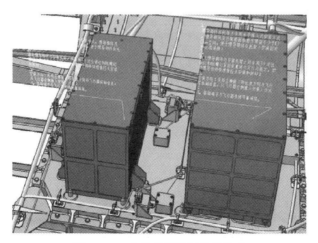

图 7-38　电缆虚拟装配仿真模型

7.7.3 研究方法及途径

7.7.3.1 研究方法

在对产品结构进行分析的前提下，在现有制造能力（车间、设备、工艺方法、标准和人力）的基础上，建立数字样机产品模型、工装模型和厂房环境模型，制定装配流程，确定装配方法，并定义各装配环节所需的制造资源；在协同三维数字化虚拟装配环境中，根据工艺流程在软件中完成零件、组件和成品等数模上架、定位、装夹、装配和下架等工序的虚拟操作，验证设计方案的准确性，并用数字样机产品实物进行试验验证。技术研究方案流程见图 7 - 39。

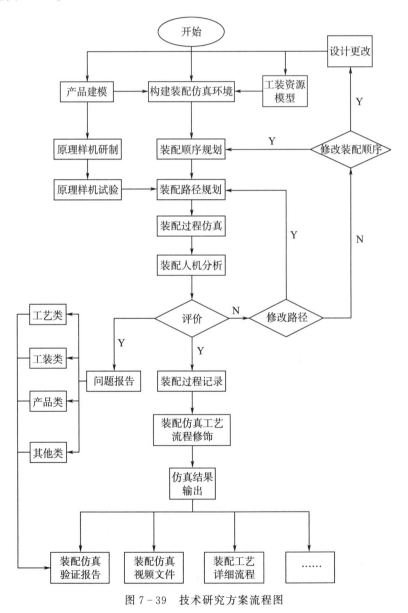

图 7 - 39 技术研究方案流程图

7.7.3.2　技术途径

针对特定结构产品提出的虚拟装配方案，可从以下几个方面开展研究。

（1）虚拟装配建模技术研究

建立数字样机整体及其零部件物理特性的三维模型、人体模型、工具模型、设备模型和电缆管路模型，构建虚拟装配环境，根据装配线设计方案建立虚拟装配生产线。

建立合理的装配模型的关键步骤如下：

1）零件数字化实体和装配特征的表达与获取；

2）零件数字化实体和装配特征获取后的处理与转换；

3）产品精度信息（包括尺寸公差、形状公差、位置公差等）的生成与表示；

4）模型物理特性赋值；

5）数字样机全三维模型；

6）模型试验取样验证。

（2）基于模型的协同式设计、制造、检测仿真过程研究

综合考虑机体结构的装配特点，自产品方案设计阶段开始，通过建立基于 MBD 的集成仿真模型和协同设计环境，构建虚拟装配资源库，实现相应项目兼具统一数据源、高仿真度、可移植、量化程度高特性的目标。

针对产品结构特征和装配特点，运用基于结构分层的序列推理方法，对产品的装配序列进行规划；建立序列评价指标和模型，对生成的装配序列进行评价。

对装配路径规划和路径规划中的干涉检查问题进行阐述。基于 DELMIA 仿真软件平台完成装配路径规划和碰撞检查，给出交互式路径规划的流程和过程。

（3）多刚体动力学的物理特性虚拟装配和人机功效分析研究

建设设计制造一体化虚拟装配半实物仿真系统，并通过赋于零组件合理的物理特性，确定其在装配路径中的位置和在装配空间中的姿态；分析零组件在装配路径上的局部碰撞问题；对零组件的装配路径进行可行性检查。

在工艺分离面划分的基础上，对每个工艺大部件进行初步装配流程设计，划分装配工位，确定在每个工位上装配的零组件项目，并在三维数字化设计环境下构建各装配工位组件装配的工艺模型；确定装配工艺基准和装配定位方法，并制定出各工位之间的装配流程图。

在虚拟装配环境中，依据设计好的装配工艺流程，对每个零件、组件和成品进行移动、定位、夹紧和装配操作过程，并引入三维人体模型进行人体操作的动态仿真，分析操作人员在该环境中的姿态、负荷和舒适度等，验证人体操作的可达性及舒适性，进一步优化工艺流程、改进工装设计。在虚拟装配的过程中进行产品与产品、产品与工装的动画表达，人对物体进行干涉检查；当系统发现存在干涉情况时报警，并且给出干涉区域和干涉量，以帮助工艺设计人员查找和分析干涉原因。该项检查可判断零件沿着模拟装配的路径、在移动过程中，零件的几何要素是否与周边环境有碰撞。

（4）大范围、多目标装配评价技术研究

根据不同生命周期范围内的设计目标，通过装配模型的干涉、间隙检查分析或人机分析，进行装配过程仿真分析，生成相关仿真动画；分析报表，对比预先设置的评价参数，对设计方案的合理性、工艺分离面的合理性、零组件的装配顺序、装配路径从装配复杂度、并行度、成本和工艺性进行评价并反馈给设计人员，使其做出对总体设计方案或者工艺方案的更改或者优化决策。

（5）基于知识工程的虚拟装配资源库开发研究

在协同平台下创建合理的虚拟装配模型资源库，实现异地的、不同 CAD 系统的产品零件、紧固件、工具、设备、设计模板、工艺模板、标准规范及使用手册等模型和知识在协同环境装配过程中数据之间的相互交换、反馈及协调；确保仿真过程中装配仿真活动顺利、连续进行。

（6）数字化虚拟装配综合性能验证试验

通过多轮总体方案论证和技术攻关，逐步优化总体方案。为了不断综合验证总体方案和关键技术的可行性，需逐步开展高精度总装和电缆铺设试验，验证基于物理特性虚拟装配仿真的性能，为实现高精度、稳定、高仿真的数字化装配能力奠定技术基础。

参 考 文 献

[1] 周秋忠，范玉青．MBD 技术在飞机制造中的应用．航空维修与工程．2008（3）：55 - 57．

[2] ASME．Dimensioning and tolerancing，engineering drawings and related documentation practices．Y14.5．[S. l.]：ASME Press，2009．

[3] 贺光军．复合材料一体化制造工艺研究．纤维复合材料，2004，23（3）：24 - 26．

[4] 李建广，夏平均．虚拟装配技术研究现状及其发展．航空制造技术，2010（3）：35 - 36．

[5] 李兵，陶华．基于网络的可视化飞行器装配工艺系统的研究．机床与液压，2007（2）：101 - 103．